U0058435

3分鐘學會！提高10倍工作效率的Excel技巧

感謝您購買旗標書,
記得到旗標網站
www.flag.com.tw
更多的加值內容等著您…

- FB 官方粉絲專頁: 旗標知識講堂
- 旗標「線上購買」專區: 您不用出門就可選購旗標書!
- 如您對本書內容有不明瞭或建議改進之處, 請連上旗標網站, 點選首頁的 聯絡我們 專區。

若需線上即時詢問問題，可點選旗標官方粉絲專頁留言詢問, 小編客服隨時待命, 盡速回覆。

若是寄信聯絡旗標客服emaill, 我們收到您的訊息後, 將由專業客服人員為您解答。

我們所提供的售後服務範圍僅限於書籍本身或內容表達不清楚的地方, 至於軟硬體的問題, 請直接連絡廠商。

學生團體 訂購專線：(02)2396-3257 轉 362
傳真專線：(02)2321-2545

經銷商 服務專線：(02)2396-3257 轉 331
將派專人拜訪
傳真專線：(02)2321-2545

國家圖書館出版品預行編目資料

3 分鐘學會！提高 10 倍工作效率的 EXCEL 技巧 /
リブロワークス 作.許淑嘉 譯.
臺北市：旗標, 2015. 11 面； 公分

ISBN 978-986-312-300-2 (平裝)

1. EXCEL (電腦程式)

312.49E9 104020717

作　者／リブロワークス
翻譯著作人／旗標科技股份有限公司
發 行 所／旗標科技股份有限公司
台北市杭州南路一段15-1號19樓
電　話／(02)2396-3257(代表號)
傳　真／(02)2321-2545
劃撥帳號／1332727-9
帳　戶／旗標科技股份有限公司
執行企劃／林佳怡
執行編輯／林佳怡
美術編輯／張家騰
封面設計／古鴻杰
校　對／林佳怡

新台幣售價：320 元
西元 2020 年 6 月 初版 10 刷
行政院新聞局核准登記-局版台業字第 4512 號
ISBN 978-986-312-300-2

本書的閱讀方式

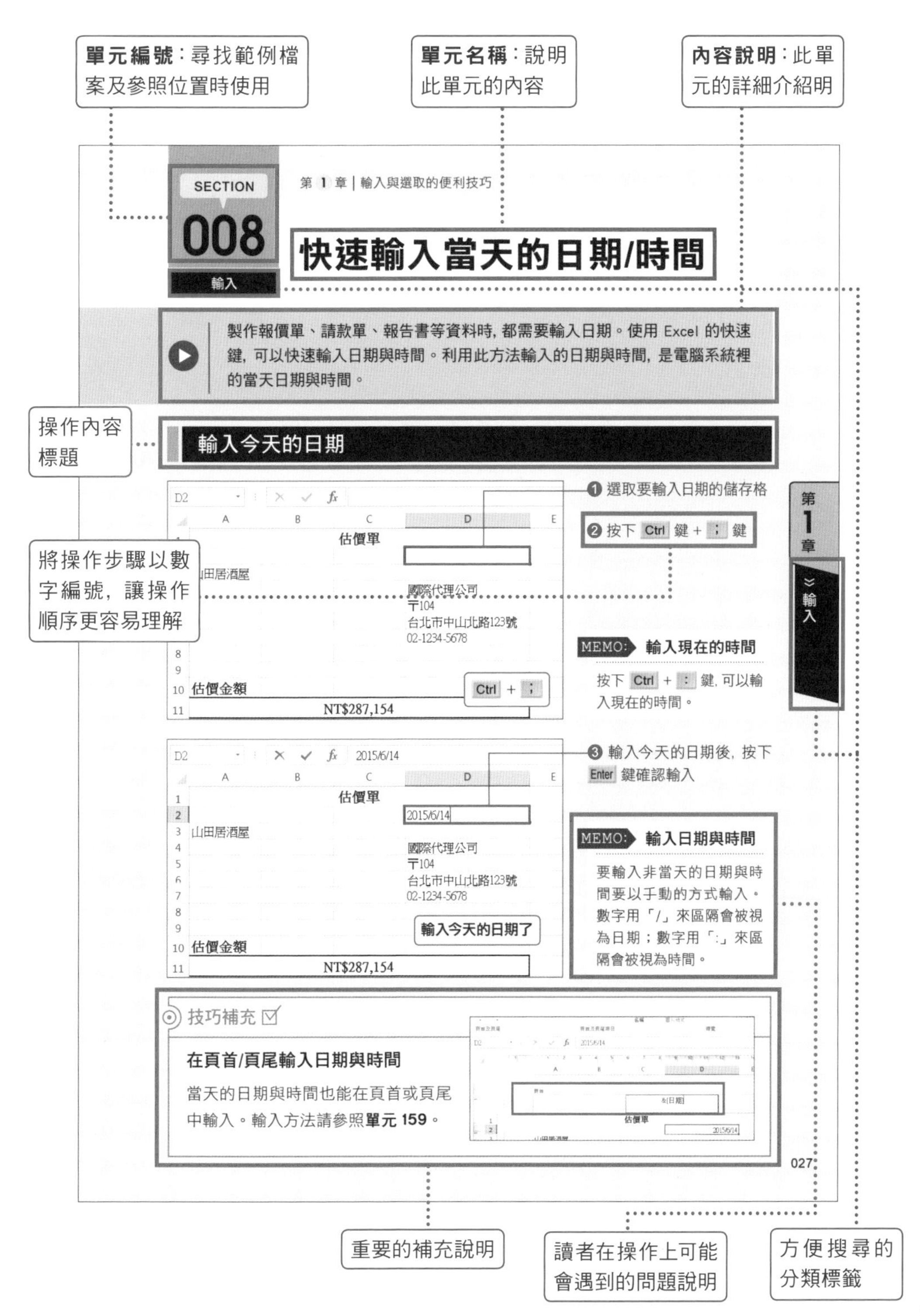

單元編號：尋找範例檔案及參照位置時使用
單元名稱：說明此單元的內容
內容說明：此單元的詳細介紹明
SECTION
008
輸入
第 1 章 | 輸入與選取的便利技巧
快速輸入當天的日期/時間
製作報價單、請款單、報告書等資料時，都需要輸入日期。使用 Excel 的快速鍵，可以快速輸入日期與時間。利用此方法輸入的日期與時間，是電腦系統裡的當天日期與時間。
操作內容標題
輸入今天的日期
將操作步驟以數字編號，讓操作順序更容易理解
❶ 選取要輸入日期的儲存格
❷ 按下 Ctrl 鍵 + ; 鍵
MEMO: 輸入現在的時間
按下 Ctrl + : 鍵，可以輸入現在的時間。
❸ 輸入今天的日期後，按下 Enter 鍵確認輸入
輸入今天的日期了
MEMO: 輸入日期與時間
要輸入非當天的日期與時間要以手動的方式輸入。數字用「/」來區隔會被視為日期；數字用「:」來區隔會被視為時間。
第 1 章
輸入
技巧補充
在頁首/頁尾輸入日期與時間
當天的日期與時間也能在頁首或頁尾中輸入。輸入方法請參照單元 159。
027
重要的補充說明
讀者在操作上可能會遇到的問題說明
方便搜尋的分類標籤

關於光碟

本書光碟收錄了書中所用到的練習檔案及完成的範例檔，方便您一邊閱讀、一邊操作練習，讓學習更有效率。使用本書光碟時，請先將書附光碟放入光碟機中，稍待一會兒就會出現**自動播放**交談窗，按下**開啟資料夾以檢視檔案**項目，就會看到如圖的畫面。

逐一點開各個資料夾，即可瀏覽範例檔案，範例檔案的命名方式即為單元編號，在檔案上雙按即可開啟，請務必將範例檔案複製一份到您電腦中的硬碟以便操作。

目錄 CONTENTS

第 1 章 瞬間就能完成結果！輸入與選取的便利技巧！

第 2 章 練就高人一等的功力！製作表格的便捷技巧

第 3 章 學會這些就是高手！ 格式設定的密技

第 4 章

麻煩的計算也能輕鬆上手！

用公式與函數提升 3 倍效率的技巧

第 5 章 用超完美的格式傳達！靈活調整的列印技巧

第 6 章

引人注目的資料！

圖表的製作與呈現技巧

第 7 章 大量資料的整理攻略！資料的篩選與分析技巧

快速鍵一覽表

SHORTCUT KEY

儲存格的選取技巧

快速鍵	說明
Tab	往右移動一個儲存格
Shift + ← → ↑ ↓	逐格延伸儲存格的選取範圍
Ctrl + Shift + ← → ↑ ↓	將儲存格的選取範圍延伸到表格的邊緣
Shift + 空白鍵	選取整列
Ctrl + Shift + ↓	選取整欄,先選取該欄第一個儲存格，再按快速鍵
Ctrl + A	選取整個工作表
Ctrl + Shift + *	選取整個表格
Ctrl + Shift + End	將選取範圍延伸到表格資料的最後一個儲存格
Ctrl + ← → ↑ ↓	移動到該方向空白儲存格的前一個儲存格
Ctrl + 8	顯示大綱符號
Shift + F2	插入註解
Ctrl + Home	移動到工作表的開頭
Ctrl + End	移動到表格中最後一個儲存格
Home	移動到同列的開頭

加快檔案操作的快速鍵

快速鍵	說明
F12	另存新檔
Ctrl + S	儲存檔案
Ctrl + W	關閉檔案
Ctrl + O	開啟檔案
Ctrl + N	新增檔案
Ctrl + Page Down	切換到右邊的工作表
Ctrl + Page up	切換到左邊的工作表
Ctrl + P	顯示預覽列印窗格
Ctrl + F1	隱藏功能頁次標籤
F11	利用目前的資料繪製成的圖表後，顯示在另一個工作表
Ctrl + F6 或 Ctrl + Tab	切換到其他開啟的活頁簿

加快公式輸入的快速鍵

快速鍵	說明
在公式中按下 F4	切換儲存格的參照方式
Alt + =	插入自動加總
Ctrl + B	設定/解除粗體
Ctrl + I	設定/解除斜體
Ctrl + U	設定/解除底線
Ctrl + 5	設定/解除刪除線
Shift + F3	開啟**插入函數**交談窗

加快文字輸入的快速鍵

快速鍵	說明
F4	重複前一個操作動作
Ctrl + Z	復原上一個操作動作
Ctrl + Y	重複執行前一個操作
Ctrl + D	輸入與上一個儲存格相同的內容
Ctrl + R	輸入與左邊儲存格相同的內容
Alt + ↓	將作用儲存格上方輸入的所有資料以清單顯示
Ctrl + ;	輸入今天日期
Ctrl + :	輸入現在的時間
Ctrl + Enter	在所有被選取的儲存格中輸入相同資料
F2	編輯儲存格中的資料
Ctrl + C	複製
Ctrl + V	貼上
Ctrl + X	剪下
Alt + Enter	在單一儲存格中的指定位置換行
Ctrl + F	尋找資料
Ctrl + H	取代資料
Ctrl + 1	開啟**儲存格格格式**交談窗
Ctrl + Shift + $	套用**貨幣** 顯示格式
Ctrl + Shift + !	套用**千分位樣式**
F7	拼字檢查

加快表格製作的快速鍵

快速鍵	說明
Ctrl + +	插入欄/列 (先選取整欄/整列)
Ctrl + −	刪除欄/列 (先選取整欄/整列)
Ctrl + 9	隱藏列 (先選取整欄/整列)
Ctrl + 0	隱藏欄 (先選取整欄/整列)
Ctrl + Shift + 9	再次顯示隱藏的列
Ctrl + Shift + &	設定儲存格範圍的外框線
Ctrl + Shift + _	刪除外框線
Ctrl + Shift + ~	套用**通用格式**設定
Ctrl + T	開啟**建立表格**交談窗
Ctrl + Q	顯示選取資料的**快速分析**
F5	開啟**到**交談窗
Ctrl + K	開啟**插入超連結**交談窗

加快繪製圖形的快速鍵

快速鍵	說明
繪製圓/四角形時，Shift +拉曳	繪製正圓/正方形
Ctrl + 6	在物件的顯示/隱藏間切換

其他快速鍵

快速鍵	說明
F1	顯示 **Excel 說明**視窗
Alt	顯示功能按鍵提示
Ctrl + Tab	切換交談窗中的下一個頁次標籤

第 1 章

瞬間就能完成結果！

輸入與選取的便利技巧！

SECTION 001 輸入

快速移動選取框，以便輸入資料

製作表格時，通常要一邊輸入資料一邊用滑鼠來移動選取框，這樣在操作上很不順手。其實你可以利用鍵盤來移動選取框，這樣手不需要離開鍵盤就能有效率的選取想要的資料。

利用鍵盤操作移動選取框

	A	B	C	D	E
1	2015年第1季銷售收入（單位：萬元）				
2	廠商	1月	2月	3月	
3	大新公司				
4					
5					
6	合計				
7					
8					
9					
10					

❶ 資料輸入後，按下 Tab 鍵

MEMO: 使用 Tab 鍵

在儲存格中輸入資料，除了 Enter 鍵外，也可以透過 Tab 鍵來確認輸入。按下 Enter 鍵後，選取框會往下移動，按下 Tab 鍵後，則會往右移動。

	A	B	C	D	E
1	2015年第1季銷售收入（單位：萬元）				
2	廠商	1月	2月	3月	
3	大新公司	88	74	114	
4					
5					
6	合計				
7					
8					
9					
10					

❷ 選取框往右移動後，再輸入資料

❸ 重覆操作步驟，直到表格最右邊的儲存格為止

❹ 按下 Enter 鍵

	A	B	C	D	E
1	2015年第1季銷售收入（單位：萬元）				
2	廠商	1月	2月	3月	
3	大新公司	88	74	114	
4					
5					
6	合計				
7					
8					
9					
10					

選取框移動到下一列的起始位置

❺ 選取框會移動到開始輸入儲存格的下一列

只在選取範圍中輸入資料

利用拉曳方式選取多個儲存格後，選取框只會在選取範圍中移動。先選取要輸入資料的儲存格範圍後再進行輸入動作，可以增加編輯效率。

在選取儲存格範圍中輸入資料

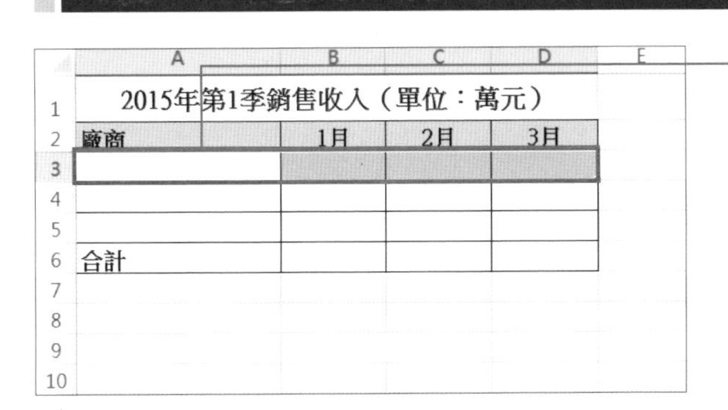

	A	B	C	D	E
1	2015年第1季銷售收入（單位：萬元）				
2	廠商	1月	2月	3月	
3					
4					
5					
6	合計				
7					
8					
9					
10					

❶ 利用拉曳方式選取要輸入資料的儲存格範圍

MEMO: 儲存格範圍

「儲存格範圍」是指多個儲存格利用拉曳方式選取後，由多個儲存格所組成的範圍。

	A	B	C	D	E
1	2015年第1季銷售收入（單位：萬元）				
2	廠商	1月	2月	3月	
3	大新公司				
4					
5					
6	合計				
7					
8					
9					
10					

❷ 輸入資料

❸ 按下 Enter 鍵

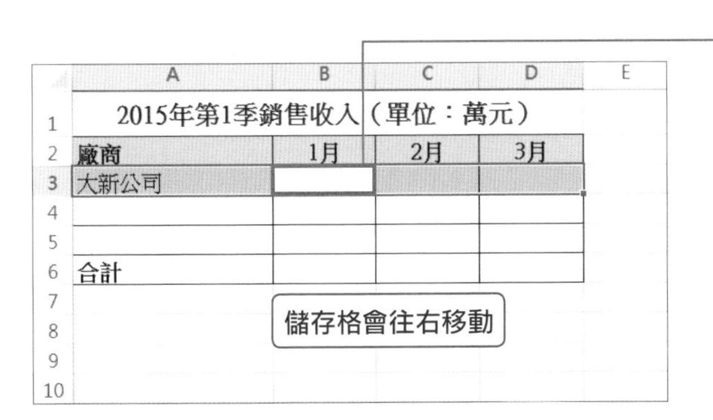

	A	B	C	D	E
1	2015年第1季銷售收入（單位：萬元）				
2	廠商	1月	2月	3月	
3	大新公司				
4					
5					
6	合計				
7					
8					
9					
10					

❹ 選取框只會在選取範圍中移動。因此只能在這個儲存格範圍中連續輸入資料

MEMO: 按下方向鍵可以解除選取範圍

按下方向鍵會解除選取範圍，因此要選取「選取範圍」中的儲存格時，要特別注意。

SECTION
003 快速輸入與上一列儲存格相同的資料

輸入

在 Excel 中，要在其他儲存格輸入相同資料的方法有很多種，選取單一儲存格後按下 Ctrl + D 鍵，可以立即輸入與上一列儲存格相同的資料。利用複製/貼上的方法也能將資料快速輸入。

複製上一列儲存格的資料

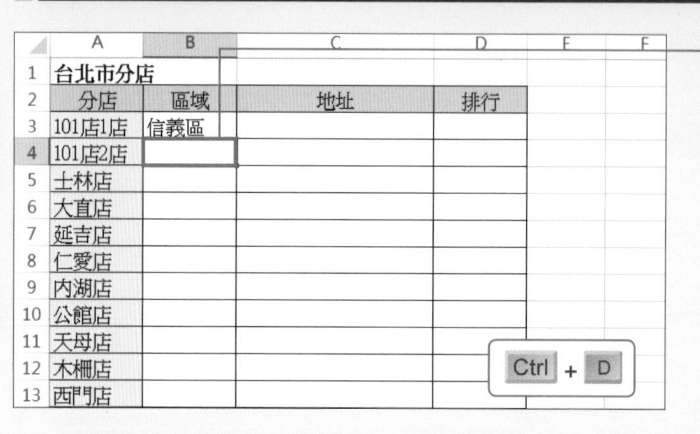

	A	B	C	D	E	F
1	台北市分店					
2	分店	區域	地址	排行		
3	101店1店	信義區				
4	101店2店					
5	士林店					
6	大直店					
7	延吉店					
8	仁愛店					
9	內湖店					
10	公館店					
11	天母店					
12	木柵店					
13	西門店					

❶ 輸入資料後，按下 Enter 鍵，選取框會往下移動

❷ 按下 Ctrl + D 鍵

	A	B	C	D	E	F
1	台北市分店					
2	分店	區域	地址	排行		
3	101店1店	信義區				
4	101店2店	信義區				
5	士林店					
6	大直店					
7	延吉店					
8	仁愛店					
9	內湖店					
10	公館店					
11	天母店					
12	木柵店					
13	西門店					

輸入相同資料

❸ 輸入與上一列儲存格相同的資料

MEMO: 輸入與左邊相鄰儲存格相同的資料

按下 Ctrl + R 鍵，可以輸入與左邊相鄰儲存格相同的資料。

技巧補充

在多個儲存格中輸入最上列的資料

選取多個儲存格後按下 Ctrl + D 鍵，在最上列儲存格中輸入的資料會複製到下方所有被選取的儲存格中。

	A	B
1	台北市	
2		
3		
4		
5		
6		
7		
8		

	A	B
1	台北市	
2	台北市	
3	台北市	
4	台北市	
5	台北市	
6	台北市	
7	台北市	
8		

使用「自動完成」功能輸入相同資料

Excel的「自動完成」功能會在使用者輸入數個文字後，顯示預測所要輸入的資料內容。此功能可以大幅減少文字輸入的動作。

利用「自動完成」功能輸入資料

	A	B	C	D
1	廠商清單			
2	廠商名稱	縣市	地址	
3	北電有限公司	台北市	北投區石牌路三段56號3樓	
4	來德股份有限公司	台中市	南屯區五權西路一段600號	
5	京英股份有限公司	新北市	汐止區新台五路一段500號	
6	巨錄有限公司	台北市	大安區忠孝東路四段155號8樓	
7	中洋有限公司	高雄市	前鎮區成功一路1號	
8	七福股份有限公司	高雄市	鼓山區九如四路70號	
9	良成有限公司			
10	台港股份有限公司			

已在 B 欄輸入多筆資料

❶ 要在此輸入「台中市」

	A	B	C	D
1	廠商清單			
2	廠商名稱	縣市	地址	
3	北電有限公司	台北市	北投區石牌路三段56號3樓	
4	來德股份有限公司	台中市	南屯區五權西路一段600號	
5	京英股份有限公司	新北市	汐止區新台五路一段500號	
6	巨錄有限公司	台北市	大安區忠孝東路四段155號8樓	
7	中洋有限公司	高雄市	前鎮區成功一路1號	
8	七福股份有限公司	高雄市	鼓山區九如四路70號	
9	良成有限公司	台中市		
10	台港股份有限公司			
11	耐普股份有限公司			
12	保來股份有限公司			
13	太林有限公司			

❷ 在輸入「台中」後，會顯示候選的「台中市」

❸ 按下 Enter 鍵

MEMO: 自動完成

「自動完成」功能是指從同一欄中所輸入的資料裡，預測並顯示使用者所要輸入的內容。

	A	B	C	D
1	廠商清單			
2	廠商名稱	縣市	地址	
3	北電有限公司	台北市	北投區石牌路三段56號3樓	
4	來德股份有限公司	台中市	南屯區五權西路一段600號	
5	京英股份有限公司	新北市	汐止區新台五路一段500號	
6	巨錄有限公司	台北市	大安區忠孝東路四段155號8樓	
7	中洋有限公司	高雄市	前鎮區成功一路1號	
8	七福股份有限公司	高雄市	鼓山區九如四路70號	
9	良成有限公司	台中市		
10	台港股份有限公司			
11	耐普股份有限公司			
12	保來股份有限公司			
13	太林有限公司			

❹ 確定輸入

輸入「台中市」了

從清單中選取要輸入的資料

選取要輸入資料的儲存格並按下 Alt + ↓ 鍵後, 會顯示「同一欄中選取儲存格上方的所有儲存格」資料清單。資料可以從該清單中輸入, 因此若有相同資料需要重複輸入時, 此方法會很方便。

快速輸入同一欄中輸入過的資料

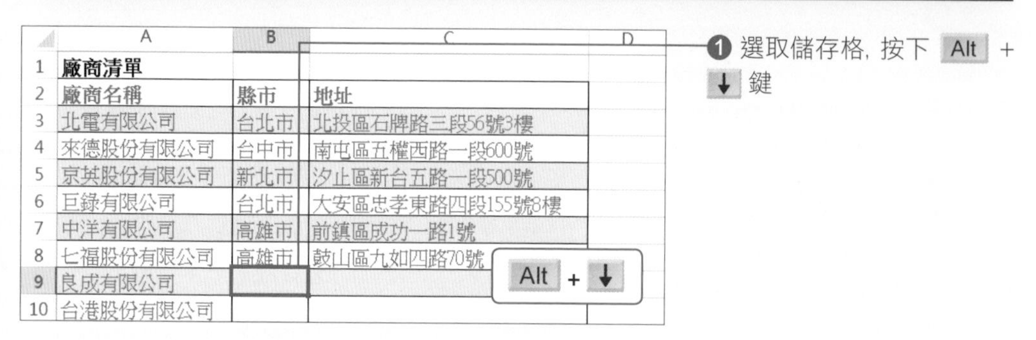

	A	B	C	D
1	廠商清單			
2	廠商名稱	縣市	地址	
3	北電有限公司	台北市	北投區石牌路三段56號3樓	
4	來德股份有限公司	台中市	南屯區五權西路一段600號	
5	京英股份有限公司	新北市	汐止區新台五路一段500號	
6	巨錄有限公司	台北市	大安區忠孝東路四段155號8樓	
7	中洋有限公司	高雄市	前鎮區成功一路1號	
8	七福股份有限公司	高雄市	鼓山區九如四路70號	
9	良成有限公司			
10	台港股份有限公司			

❶ 選取儲存格, 按下 Alt + ↓ 鍵

	A	B	C	D
1	廠商清單			
2	廠商名稱	縣市	地址	
3	北電有限公司	台北市	北投區石牌路三段56號3樓	
4	來德股份有限公司	台中市	南屯區五權西路一段600號	
5	京英股份有限公司	新北市	汐止區新台五路一段500號	
6	巨錄有限公司	台北市	大安區忠孝東路四段155號8樓	
7	中洋有限公司	高雄市	前鎮區成功一路1號	
8	七福股份有限公司	高雄市	鼓山區九如四路70號	
9	良成有限公司			
10	台港股份有限公司	台中市		
11	耐普股份有限公司	台北市		
12	保來股份有限公司	高雄市 新北市		
13	太林有限公司	縣市		

❷ 出現儲存格上方所輸入的資料後, 利用 ↓ 鍵 (或 ↑ 鍵) 來選擇資料

❸ 按下 Enter 鍵

	A	B	C	D
1	廠商清單			
2	廠商名稱	縣市	地址	
3	北電有限公司	台北市	北投區石牌路三段56號3樓	
4	來德股份有限公司	台中市	南屯區五權西路一段600號	
5	京英股份有限公司	新北市	汐止區新台五路一段500號	
6	巨錄有限公司	台北市	大安區忠孝東路四段155號8樓	
7	中洋有限公司	高雄市	前鎮區成功一路1號	
8	七福股份有限公司	高雄市	鼓山區九如四路70號	
9	良成有限公司	台中市		
10	台港股份有限公司			
11	耐普股份有限公司			

輸入「台中市」了

❹ 輸入所選的資料了

從自訂的清單中輸入資料

當我們要一再重覆輸入廠商名稱、商品名稱、…等資料時，逐字輸入往往容易打錯字。若是能夠從清單中選擇所要輸入的項目內容，就可避免資料不一致或是打錯字的情形。這裡以銷售表中的分店名稱為例，示範自訂清單的方法。

從清單中選取要輸入的資料

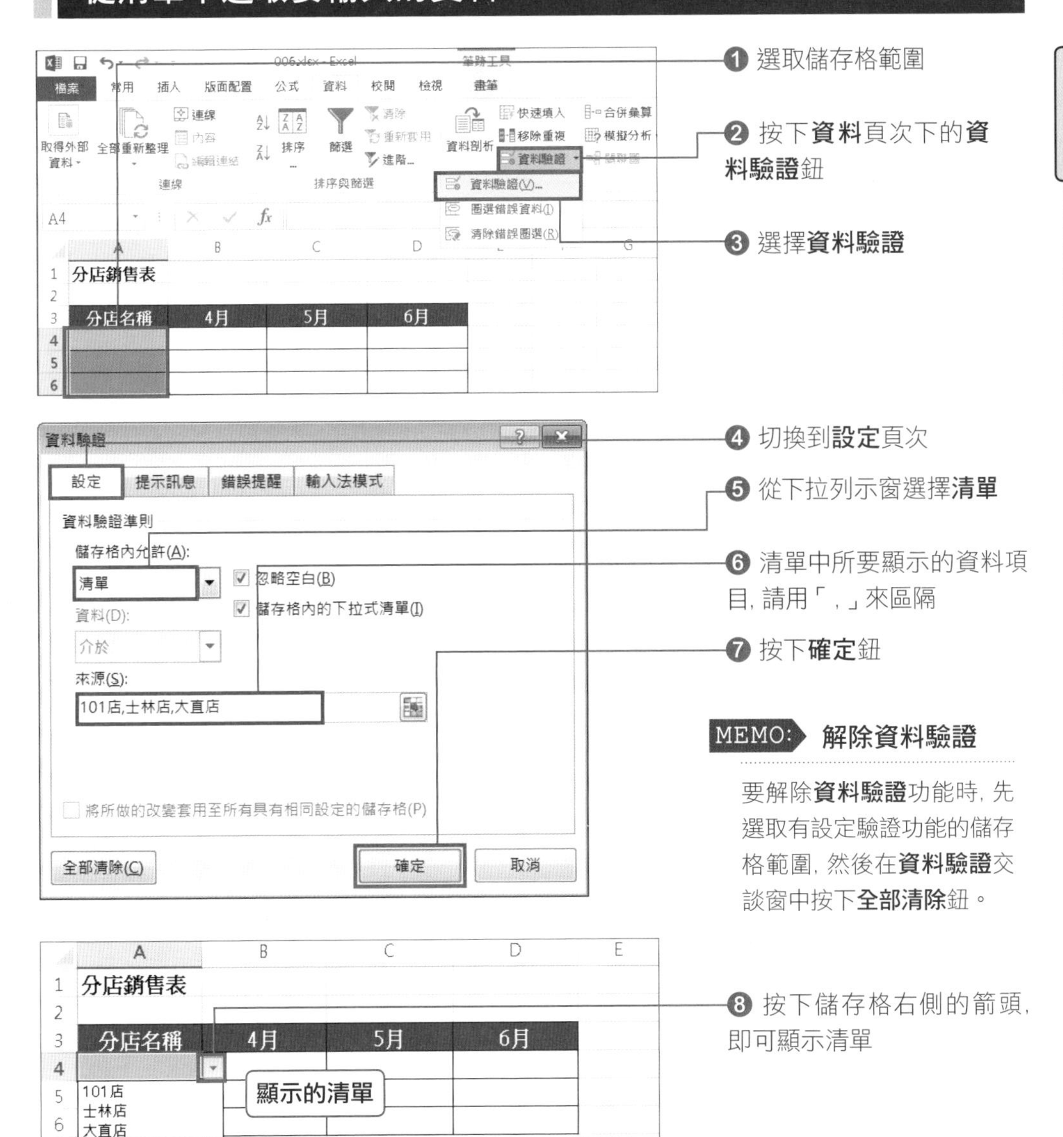

MEMO: 解除資料驗證

要解除**資料驗證**功能時，先選取有設定驗證功能的儲存格範圍，然後在**資料驗證**交談窗中按下**全部清除**鈕。

在不相鄰的儲存格中輸入相同資料

選取多個儲存格後在其中一個儲存格中輸入資料，接著按下 Ctrl ＋ Enter 鍵，就可以同時將資料輸入到所有已選取的儲存格中。當你需要大量輸入相同資料時，這是非常方便的做法。

在多個儲存格中輸入相同資料

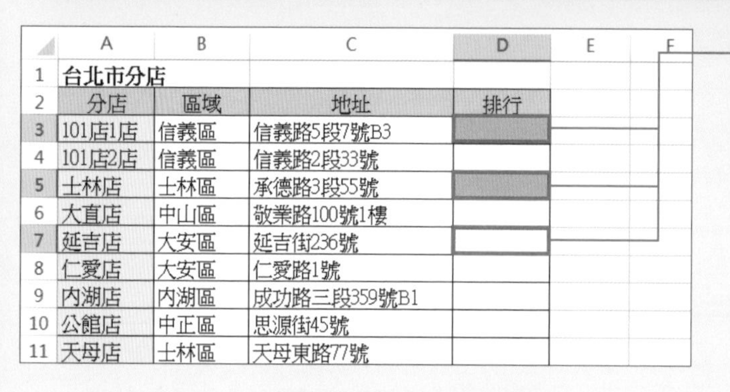

	A	B	C	D	E	F
1	台北市分店					
2	分店	區域	地址	排行		
3	101店1店	信義區	信義路5段7號B3			
4	101店2店	信義區	信義路2段33號			
5	士林店	士林區	承德路3段55號			
6	大直店	中山區	敬業路100號1樓			
7	延吉店	大安區	延吉街236號			
8	仁愛店	大安區	仁愛路1號			
9	內湖店	內湖區	成功路三段359號B1			
10	公館店	中正區	思源街45號			
11	天母店	士林區	天母東路77號			

❶ 按住 Ctrl 鍵的同時，選取不相鄰的儲存格

	A	B	C	D	E	F
1	台北市分店					
2	分店	區域	地址	排行		
3	101店1店	信義區	信義路5段7號B3			
4	101店2店	信義區	信義路2段33號			
5	士林店	士林區	承德路3段55號			
6	大直店	中山區	敬業路100號1樓			
7	延吉店	大安區	延吉街236號	A		
8	仁愛店	大安區	仁愛路1號			
9	內湖店	內湖區	成功路三段359號B1			
10	公館店	中正區	思源街45號			
11	天母店	士林區	天母東路77號			

Ctrl ＋ Enter

❷ 輸入資料

❸ 按下 Ctrl ＋ Enter 鍵

	A	B	C	D	E	F
1	台北市分店					
2	分店	區域	地址	排行		
3	101店1店	信義區	信義路5段7號B3	A		
4	101店2店	信義區	信義路2段33號			
5	士林店	士林區	承德路3段55號	A		
6	大直店	中山區	敬業路100號1樓			
7	延吉店	大安區	延吉街236號	A		
8	仁愛店	大安區	仁愛路1號			
9	內湖店	內湖區	成功路三			
10	公館店	中正區	思源街45			
11	天母店	士林區	天母東路77號			

在多個儲存格中輸入相同資料

❹ 在多個不相鄰的儲存格中輸入相同資料

MEMO：在相鄰的多個儲存格中輸入相同資料

剛才的操作方法，讓不相鄰的儲存格輸入相同資料。利用相同的操作方法，也能讓相鄰的多個儲存格輸入相同資料。

SECTION 008 輸入

快速輸入當天的日期/時間

製作報價單、請款單、報告書等資料時，都需要輸入日期。使用 Excel 的快速鍵，可以快速輸入日期與時間。利用此方法輸入的日期與時間，是電腦系統裡的當天日期與時間。

輸入今天的日期

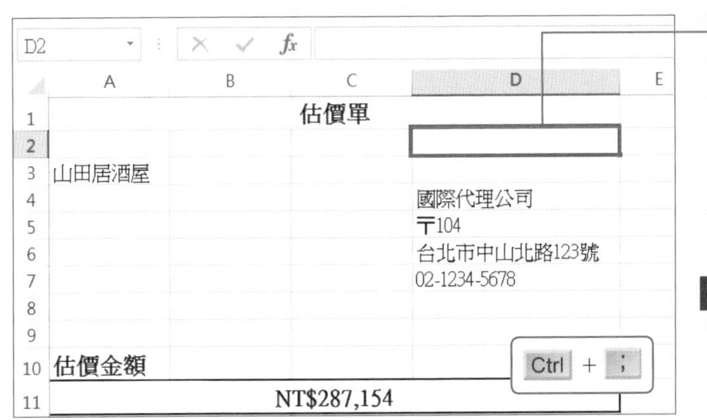

❶ 選取要輸入日期的儲存格

❷ 按下 Ctrl 鍵 + ; 鍵

MEMO: 輸入現在的時間

按下 Ctrl + : 鍵，可以輸入現在的時間。

2015/6/14

輸入今天的日期了

❸ 輸入今天的日期後，按下 Enter 鍵確認輸入

MEMO: 輸入日期與時間

要輸入非當天的日期與時間要以手動的方式輸入。數字用「/」來區隔會被視為日期；數字用「:」來區隔會被視為時間。

技巧補充

在頁首/頁尾輸入日期與時間

當天的日期與時間也能在頁首或頁尾中輸入。輸入方法請參照**單元 159**。

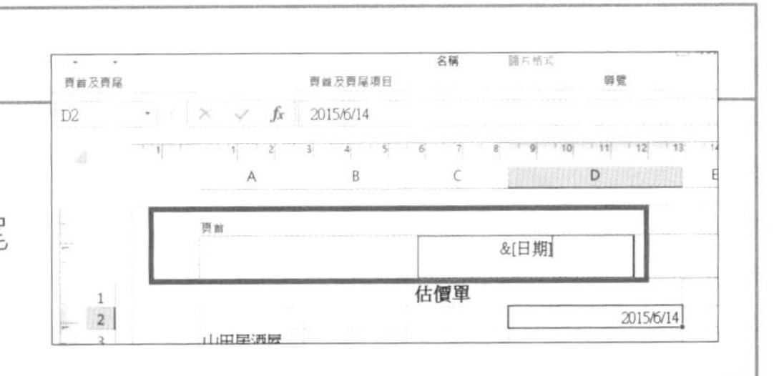

SECTION 009 輸入

輸入開頭為「0」的文字

在 Excel 中輸入以「0」為開頭的數值，其「0」會被省略。在編輯商品編號、電話號碼等資料時，開頭想顯示「0」的話，不要將資料以「0」為開頭的數值輸入，而是以文字格式的方式輸入。

顯示以「0」為開頭的數值

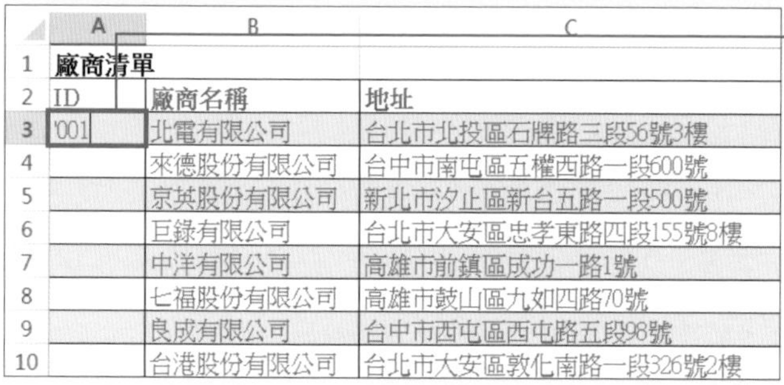

	A	B	C
1	廠商清單		
2	ID	廠商名稱	地址
3	'001	北電有限公司	台北市北投區石牌路三段56號3樓
4		來德股份有限公司	台中市南屯區五權西路一段600號
5		京英股份有限公司	新北市汐止區新台五路一段500號
6		巨錄有限公司	台北市大安區忠孝東路四段155號8樓
7		中洋有限公司	高雄市前鎮區成功一路1號
8		七福股份有限公司	高雄市鼓山區九如四路70號
9		良成有限公司	台中市西屯區西屯路五段98號
10		台港股份有限公司	台北市大安區敦化南路一段326號2樓

❶ 在「'」後面接著輸入「001」

❷ 按下 Enter 鍵

MEMO: 在開頭輸入「'」

在「'」後面接著輸入數值，其資料會被視為文字。「'」不會被顯示或列印出來。

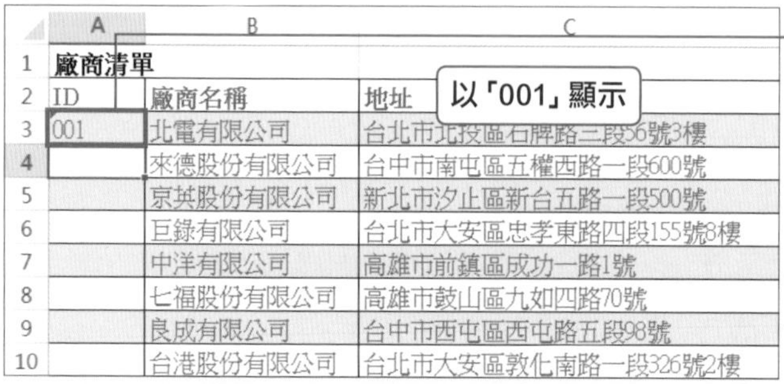

	A	B	C
1	廠商清單		
2	ID	廠商名稱	地址
3	001	北電有限公司	台北市北投區石牌路三段56號3樓
4		來德股份有限公司	台中市南屯區五權西路一段600號
5		京英股份有限公司	新北市汐止區新台五路一段500號
6		巨錄有限公司	台北市大安區忠孝東路四段155號8樓
7		中洋有限公司	高雄市前鎮區成功一路1號
8		七福股份有限公司	高雄市鼓山區九如四路70號
9		良成有限公司	台中市西屯區西屯路五段98號
10		台港股份有限公司	台北市大安區敦化南路一段326號2樓

以「001」顯示

❸ 數值被當成文字輸入

技巧補充

隱藏錯誤標示

將數值以文字輸入時，儲存格的左上角會出現錯誤標示 。要隱藏錯誤標示時，先選取顯示錯誤標示的儲存格，然後按下右邊的 ，接著選擇**忽略錯誤**。

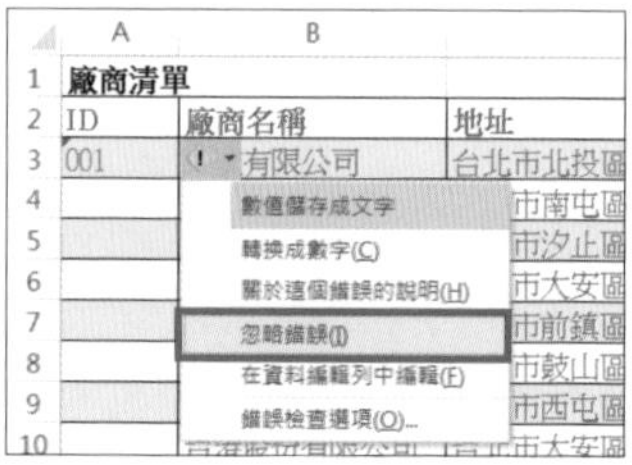

	A	B	
1	廠商清單		
2	ID	廠商名稱	地址
3	001	有限公司	台北市北投區

數值儲存成文字
轉換成數字(C)
關於這個錯誤的說明(H)
忽略錯誤(I)
在資料編輯列中編輯(F)
錯誤檢查選項(O)...

SECTION 010 輸入

刪除儲存格中的數值資料

想要重新輸入數值時，可以將數值儲存格一個個選取後，再將資料刪除，但此方法在操作上會花費較多時間。利用**尋找與選取**功能，可以快速選取所有輸入數值資料的儲存格。

只選取並刪除數值資料

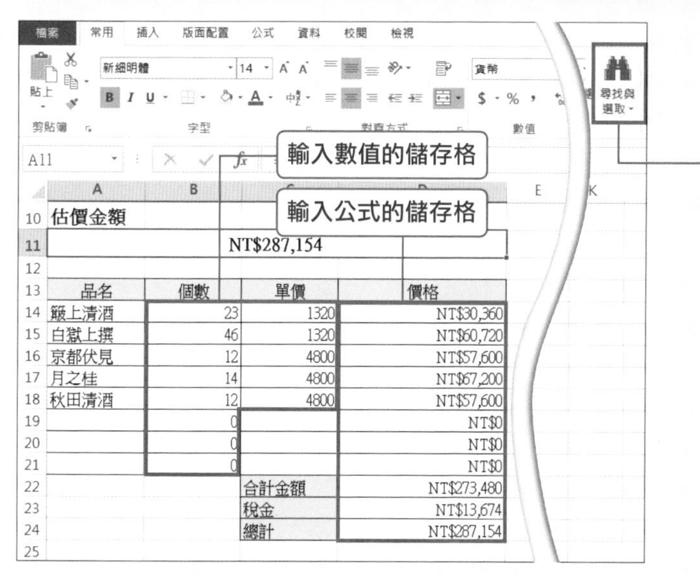

先開啟輸入數值與公式的活頁簿

❶ 按下**常用**頁次中的**尋找與選取**鈕

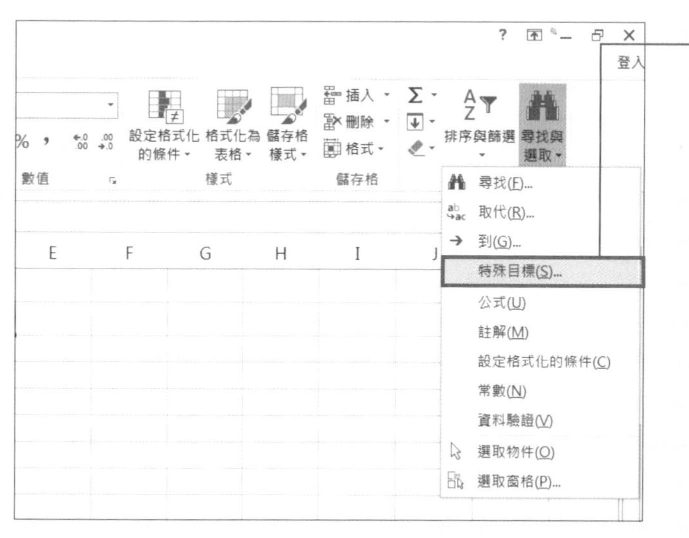

❷ 選擇**特殊目標**

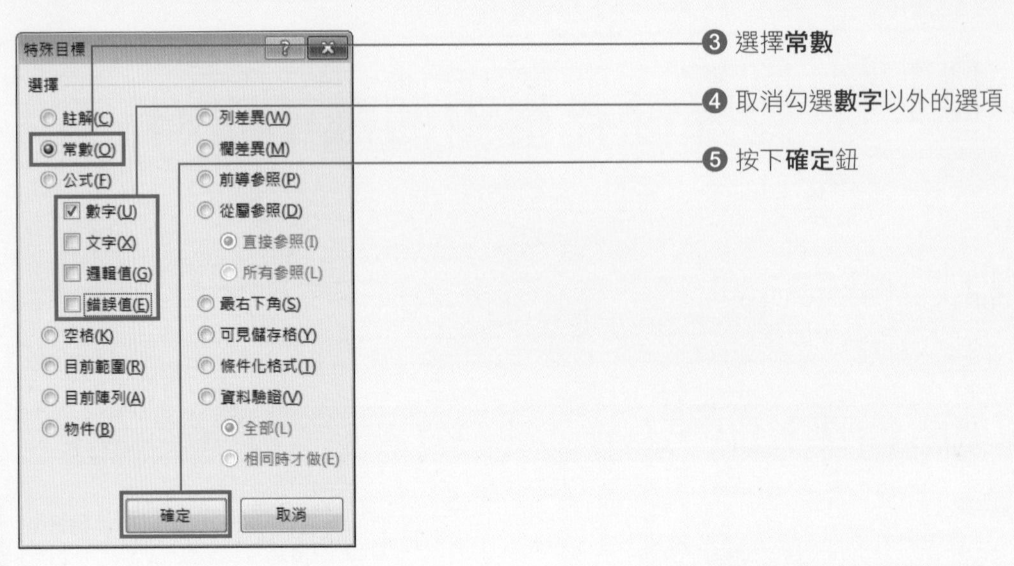

❻ 只有輸入數值的儲存格被選取

❼ 按下 Delete 鍵

8				
9				
10	估價金額			
11			NT$287,154	
12				
13	品名	個數	單價	價格
14	籐上清酒	23	1320	NT$30,360
15	白獄上撰	46	1320	NT$60,720
16	京都伏見	12	4800	NT$57,600
17	月之桂	14	4800	NT$67,200
18	秋田清酒	12	4800	NT$57,600
19		0		NT$0
20		0		NT$0
21		0		NT$0
22			合計金額	NT$273,480
23			稅金	NT$13,674
24			總計	NT$287,154
25				

❽ 選取的資料被刪除了

8				
9				
10	估價金額			
11			NT$0	
12				
13	品名	個數	單價	價格
14	籐上清酒			NT$0
15	白獄上撰			NT$0
16	京都伏見			NT$0
17	月之桂			NT$0
18	秋田清酒			NT$0
19				NT$0
20				NT$0
21				NT$0
22			合計金額	NT$0
23			稅金	NT$0
24			總計	NT$0
25				

只有數值資料被刪除

MEMO: 只選取輸入公式的儲存格

想要只選取輸入公式的儲存格時，先選擇**特殊目標**交談窗中的**公式**後，按下**確定**鈕即可。

SECTION

011 利用「自動填滿」功能輸入連續編號

連續的資料

拉曳數值資料儲存格的填滿控點，可以複製該數值。這時，選擇**自動填滿選項**鈕中的**以數列方式填滿**，就可以將數值轉換成連續編號。

利用「自動填滿」功能將數值轉換成連續編號

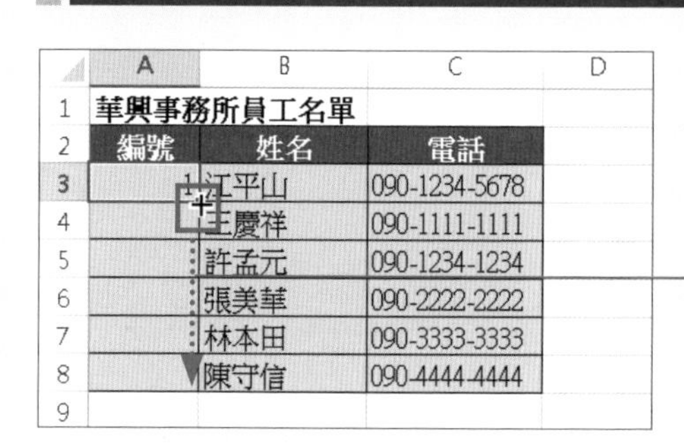

	A	B	C	D
1	華興事務所員工名單			
2	編號	姓名	電話	
3	1	江平山	090-1234-5678	
4		王慶祥	090-1111-1111	
5		許孟元	090-1234-1234	
6		張美華	090-2222-2222	
7		林本田	090-3333-3333	
8		陳守信	090-4444-4444	
9				

❶ 將數值儲存格的**填滿控點**拉曳到要複製的最後一個儲存格為止

	A	B	C	D
1	華興事務所員工名單			
2	編號	姓名	電話	
3	1	江平山	090-1234-5678	
4	1	王慶祥	090-1111-1111	
5	1	許孟元	090-1234-1234	
6	1	張美華	090-2222-2222	
7	1	林本田	090-3333-3333	
8	1	陳守信	090-4444-4444	
9				

複製儲存格(C)
以數列方式填滿(S)
僅以格式填滿(F)
填滿但不填入格式(O)
快速填入(F)

❷ 複製數值後，按下**自動填滿選項**鈕

❸ 選擇**以數列方式填滿**

	A	B	C	D
1	華興事務所員工名單			
2	編號	姓名	電話	
3	1	江平山	090-1234-5678	
4	2	王慶祥	090-1111-1111	
5	3	許孟元	090-1234-1234	
6	4	張美華	090-2222-2222	
7	5	林本田	090-3333-3333	
8	6	陳守信		
9				

數值轉換成連續編號

❹ 複製的數值被轉換成連續編號

MEMO: 輸入連續資料

有規則性的數值和文字組合成的資料都會被視為連續資料，例如：日期、時間、星期、No.1等。只要先輸入起始資料，然後拉曳填滿控點，就能快速輸入連續資料了。

第1章 ≫ 連續的資料

SECTION 012 連續的資料

利用「自動填滿」功能輸入有規則性的資料

想要輸入「奇數」、「偶數」、「等差數列」的資料時，在只有輸入一個起始值的情況下，不會被認定成連續資料。要先在 2 個儲存格中分別輸入明確的規則性後，再透過**自動填滿**功能輸入連續性的資料。

利用「自動填滿」功能輸入有規則性的資料

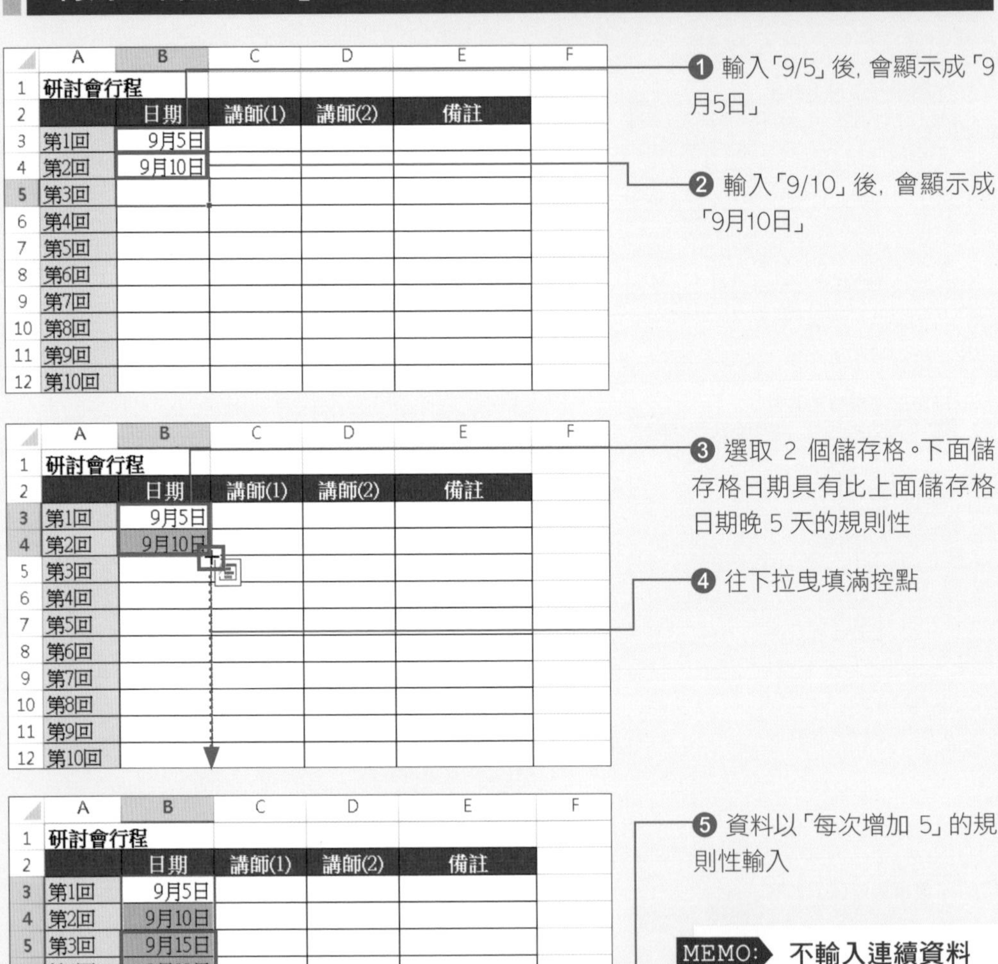

MEMO: 不輸入連續資料

不想輸入連續性的資料時，將資料複製後，按下**自動填滿選項**鈕，然後選擇**複製儲存格**。

SECTION
013 利用「自動填滿」功能將隔列儲存格填滿色彩

連續的資料

自動填滿功能也能只複製儲存格格式。利用此功能可以快速將隔列的儲存格填滿色彩，比起先選取各列的儲存格後再填滿色彩的方法快速許多。

只複製儲存格格式

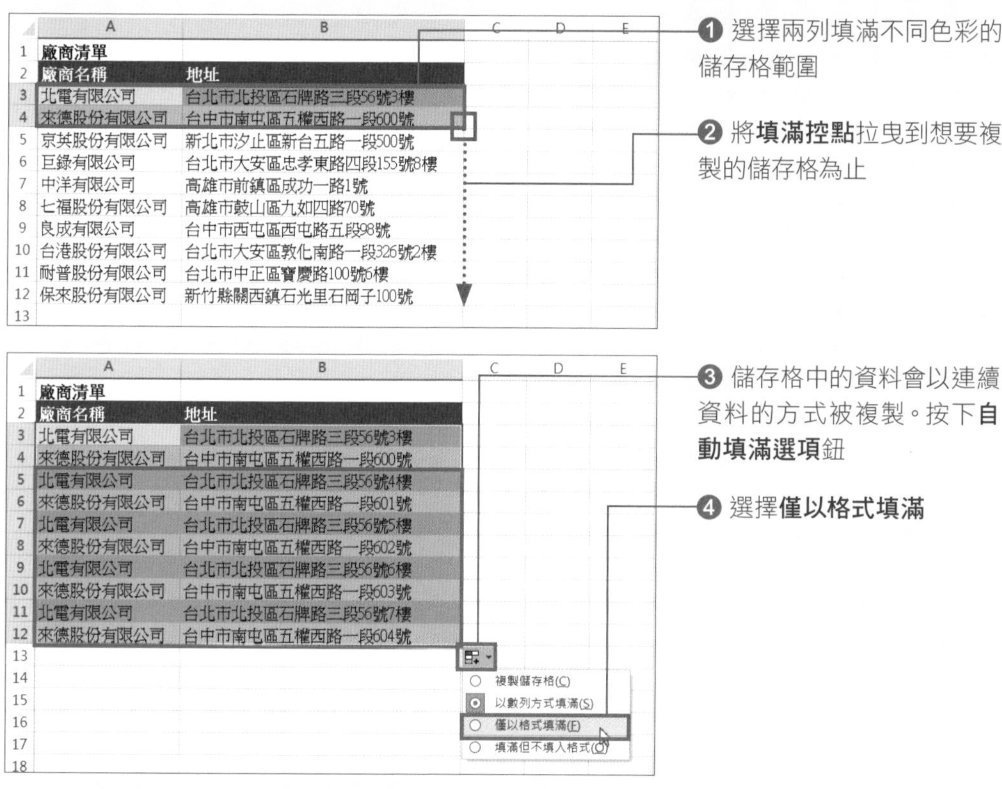

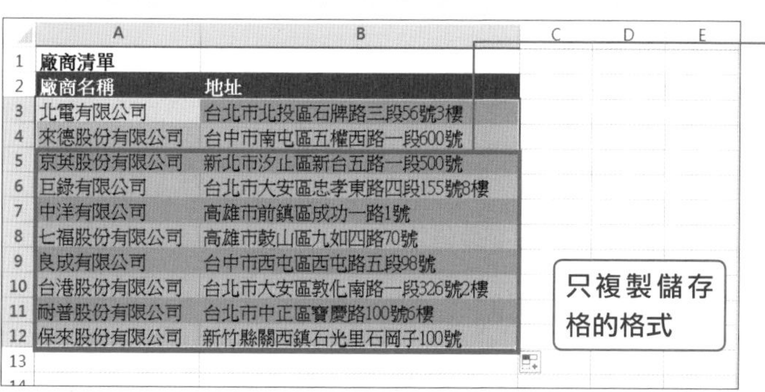

❺ 只有格式被複製，儲存格中的資料會被復原成原來的資料

SECTION

014

連續的資料

利用「自動填滿」功能輸入連續的工作日日期

輸入日期資料後拉曳**填滿控點**可以輸入連續日期，輸入後的資料可以設定排除週末日期，僅保留平日日期。不需要手動查詢就能輸入平日日期，真的很方便。

僅顯示平日的連續日期

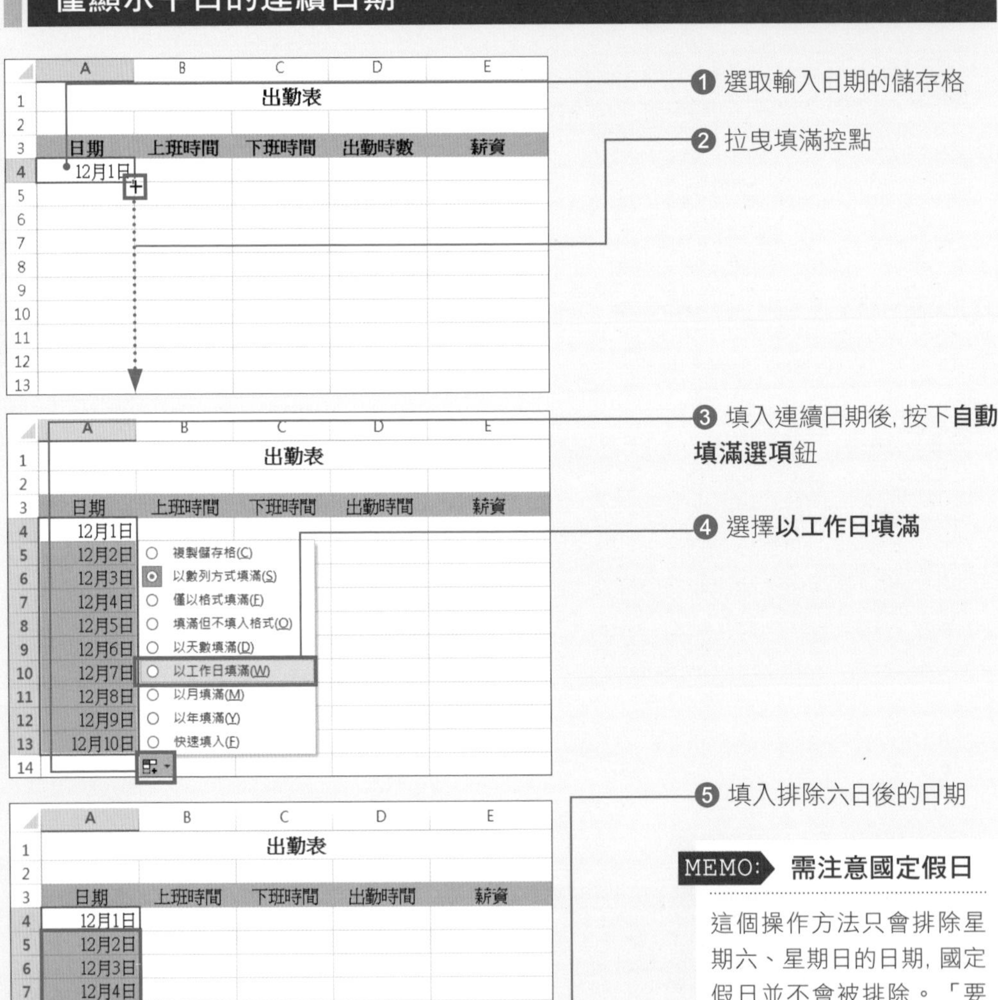

❶ 選取輸入日期的儲存格

❷ 拉曳填滿控點

❸ 填入連續日期後，按下**自動填滿選項**鈕

❹ 選擇**以工作日填滿**

❺ 填入排除六日後的日期

MEMO: 需注意國定假日

這個操作方法只會排除星期六、星期日的日期，國定假日並不會被排除。「要刪除星期六、日及國定假日，只顯示公司上班日日期」時，國定假日日期得要以手動方式刪除。

快速將輸入在不同儲存格的姓和名合併在一起

「快速填入」是指自動輸入最適合值的輸入補全功能。即便是要將輸入在不同儲存格中的姓和名合併在同一個儲存格的情況下，也能將大量資料一次輸入。

利用「快速填入」功能一口氣輸入連續的資料

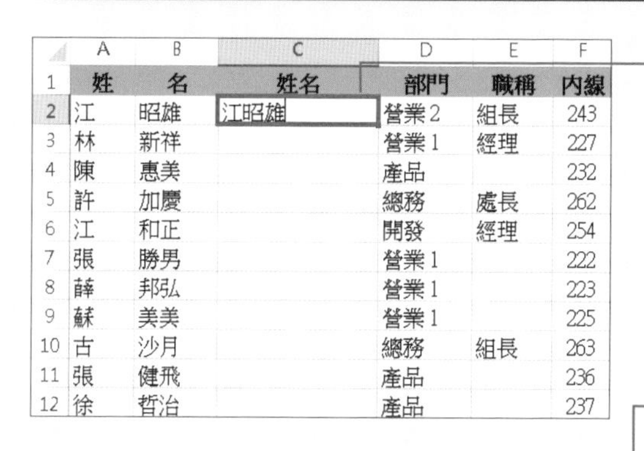

	A	B	C	D	E	F
1	姓	名	姓名	部門	職稱	內線
2	江	昭雄	江昭雄	營業2	組長	243
3	林	新祥		營業1	經理	227
4	陳	惠美		產品		232
5	許	加慶		總務	處長	262
6	江	和正		開發	經理	254
7	張	勝男		營業1		222
8	薛	邦弘		營業1		223
9	蘇	美美		營業1		225
10	古	沙月		總務	組長	263
11	張	健飛		產品		236
12	徐	哲治		產品		237

❶ 在姓和名分開輸入在不同儲存格的表格中，新增一欄要整合姓名資料的欄位，然後輸入第 1 筆資料的姓名

	A	B	C	D	E	F
1	姓	名	姓名	部門	職稱	內線
2	江	昭雄	江昭雄	營業2	組長	243
3	林	新祥	林新祥	營業1	經理	227
4	陳	惠美	陳惠美	產品		232
5	許	加慶	許加慶	總務	處長	262
6	江	和正	江和正	開發	經理	254
7	張	勝男	張勝男	營業1		222
8	薛	邦弘	薛邦弘	營業1		223
9	蘇	美美	蘇美美	營業1		225
10	古	沙月	古沙月	總務	組長	263
11	張	健飛	張健飛	產品		236
12	徐	哲治	徐哲治	產品		237

❷ 輸入第 2 筆資料的姓，會自動顯示完整的名字

❸ 第 2 筆資料之後的姓名會以灰色的方式顯示在清單中。按下 Enter 鍵

	A	B	C	D	E	F
1	姓	名	姓名	部門	職稱	內線
2	江	昭雄	江昭雄	營業2	組長	243
3	林	新祥	林新祥	營業1	經理	227
4	陳	惠美	陳惠美	產品		232
5	許	加慶	許加慶	總務	處長	262
6	江	和正	江和正	開發	經理	254
7	張	勝男	張勝男	營業1		222
8	薛	邦弘	薛邦弘	營業1		223
9	蘇	美美	蘇美美	營業1		225
10	古	沙月	古沙月	總務	組長	263
11	張	健飛	張健飛	產品		
12	徐	哲治	徐哲治	產品		

套用「快速填入」功能

❹ 所有的資料就會將姓和名自動合併後輸入

MEMO: 快速填入

快速填入是指在同一列中，以其他儲存格輸入的值為基準，推測後在新的欄位中自動輸入、補全其值。是 Excel 2013的新功能（Excel 2010 不適用）。如同範例，可分別將輸入在不同儲存格的姓名合併在同一個儲存格；或是把每個字母都以大寫輸入的單字重新輸入成只有第一個字母為大寫等。

SECTION
016
連續的資料

快速輸入自訂的分店名稱

除了原本內建的日期、星期等連續資料外，也可以自訂連續資料範本。將產品清單、分店名稱等當成連續資料新增後，就能快速輸入該資料內容。

自訂連續資料範本

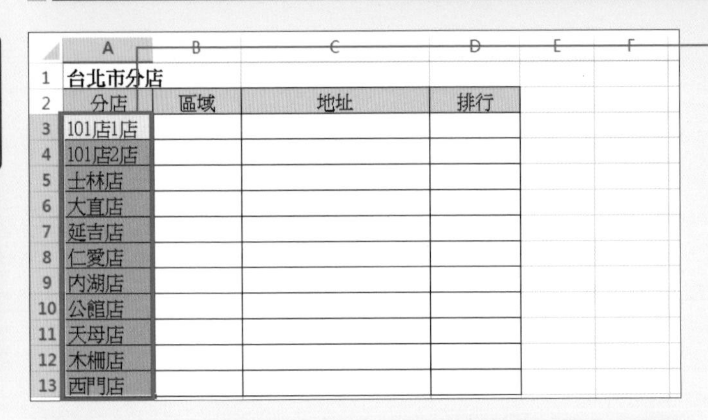

❶ 選取要建立成連續資料的儲存格

❷ 按下**檔案**頁次中的**選項**

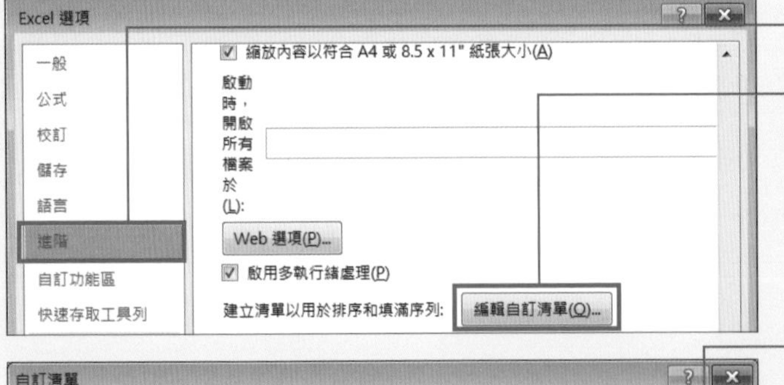

❸ 選擇**進階**

❹ 往下捲動畫面，按下**編輯自訂清單**鈕

自訂清單
自訂清單(L):
新清單
Sun, Mon, Tue, Wed, Thu, Fri, Sat
Sunday, Monday, Tuesday, Wedn
Jan, Feb, Mar, Apr, May, Jun, Jul, A
January, February, March, April, M
週日, 週一, 週二, 週三, 週四, 週五, 週
星期日, 星期一, 星期二, 星期三, 星期
一月, 二月, 三月, 四月, 五月, 六月, 七
第一季, 第二季, 第三季, 第四季
正月, 二月, 三月, 四月, 五月, 六月, 七
子, 丑, 寅, 卯, 辰, 巳, 午, 未, 申, 酉, 戌
甲, 乙, 丙, 丁, 戊, 己, 庚, 辛, 壬, 癸
清單項目(E):
新增(A)
刪除(D)
匯入清單來源(I): $A$3:$A$13
匯入(M)

以選取的儲存格範圍來設定

❺ 開啟**自訂清單**交談窗後，按下**匯入**鈕

MEMO: **以直接輸入的方式設定連續資料**

連續資料要以直接輸入的方式來設定時，在**自訂清單**交談窗中選擇**新清單**，然後在**清單項目**中輸入資料項目。每輸入一個項目就要按下 Enter 鍵換行後，再輸入下一個項目。

第 1 章 » 連續的資料

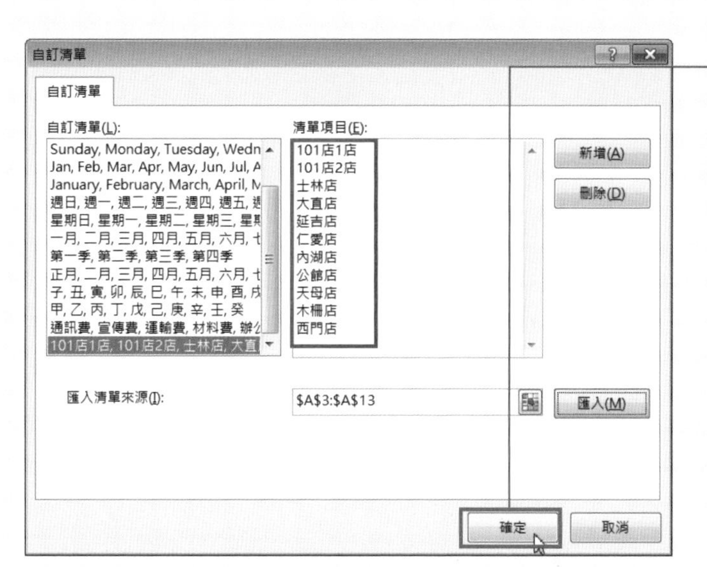

❻ 顯示選取儲存格的資料內容後，按下**確定**鈕

❼ 回到**Excel選項**交談窗後，按下**確定**鈕

輸入自訂的連續資料

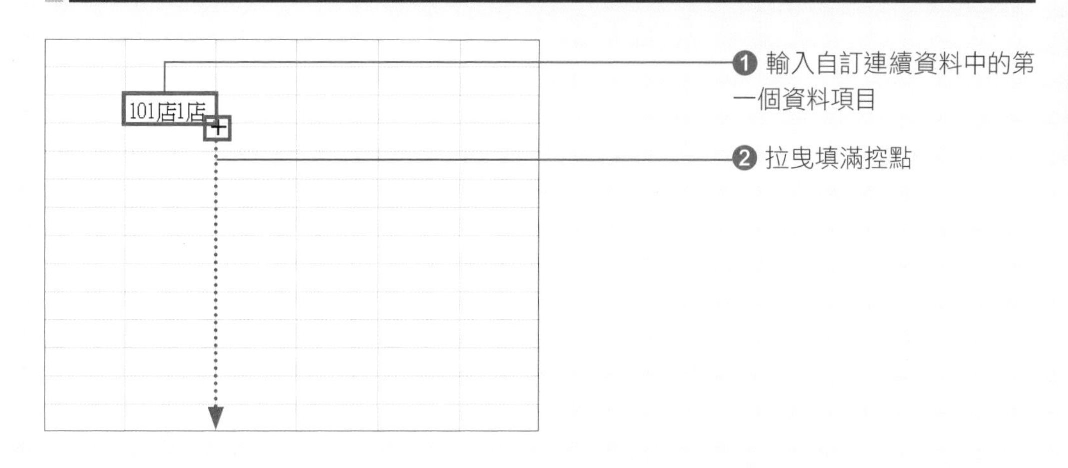

❶ 輸入自訂連續資料中的第一個資料項目

❷ 拉曳填滿控點

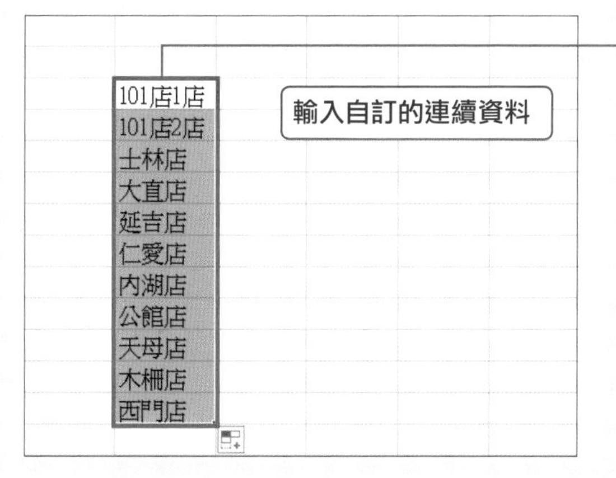

❸ 自訂的資料以連續資料的方式輸入

MEMO: 刪除自訂清單

要刪除自訂的連續資料時，只要在**自訂清單**交談窗中選擇想要刪除的清單後，再按下**刪除**鈕即可。

SECTION

017 利用鍵盤操作快速選取欄與列

選取

選取欄或列時，除了在欄編號或列編號上按一下滑鼠左鍵來選取外，還可以透過鍵盤操作來選取，省去了手要再移動到滑鼠上的動作。但是，在操作前要先將輸入法切換到美式鍵盤。

利用鍵盤選取列資料

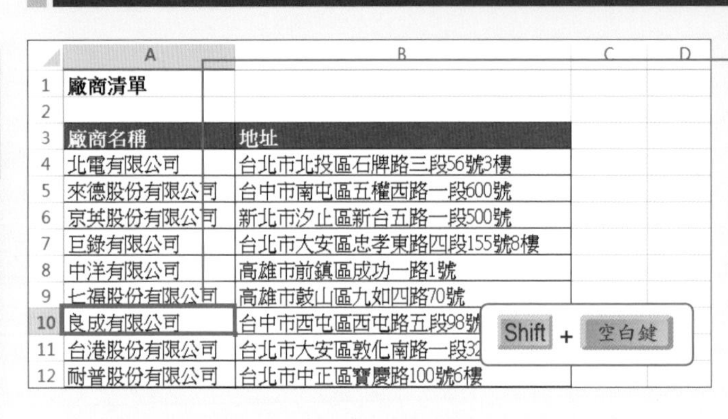

	A	B	C	D
1	廠商清單			
2				
3	廠商名稱	地址		
4	北電有限公司	台北市北投區石牌路三段56號3樓		
5	來德股份有限公司	台中市南屯區五權西路一段600號		
6	京其股份有限公司	新北市汐止區新台五路一段500號		
7	巨錄有限公司	台北市大安區忠孝東路四段155號8樓		
8	中洋有限公司	高雄市前鎮區成功一路1號		
9	七福股份有限公司	高雄市鼓山區九如四路70號		
10	良成有限公司	台中市西屯區西屯路五段98號		
11	台港股份有限公司	台北市大安區敦化南路一段32		
12	耐普股份有限公司	台北市中正區寶慶路100號6樓		

❶ 在輸入法為美式鍵盤的情況下，選取該列上的任何一個儲存格

❷ 按下 Shift + 空白鍵 鍵

MEMO: 利用鍵盤選取欄

透過鍵盤選取欄時，請先選取該欄的第一個儲存格，按下 Ctrl + Shift + ↓ 鍵，若該欄中已有資料，請按住 Ctrl + Shift 鍵不放，再連按兩下 ↓ 鍵。

	A	B	C	D
1	廠商清單			
2				
3	廠商名稱	地址		
4	北電有限公司	台北市北投區石牌路三段56號3樓		
5	來德股份有限公司	台中市南屯區五權西路一段600號		
6	京其股份有限公司	新北市汐止區新台五路一段500號		
7	巨錄有限公司	台北市大安區忠孝東路四段155號8樓		
8	中洋有限公司	高雄市前鎮區成功一路1號		
9	七福股份有限公司	高雄市鼓山區九如四路70號		
10	良成有限公司	台中市西屯區西屯路五段98號		
11	台港股份有限公司	台北市大安區敦化南路一段326號2樓		
12	耐普股份有限公司	台北市中正區寶慶路100號6樓		

Shift + ↓

❸ 儲存格所在的整列都會被選取

❹ 按下 Shift 鍵 + ↓ 鍵

	A	B	C	D
1	廠商清單			
2				
3	廠商名稱	地址		
4	北電有限公司	台北市北投區石牌路三段56號3樓		
5	來德股份有限公司	台中市南屯區五權西路一段600號		
6	京其股份有限公司	新北市汐止區新台五路一段500號		
7	巨錄有限公司	台北市大安區忠孝東路四段155號8樓		
8	中洋有限公司	高雄市前鎮區成功一路1號		
9	七福股份有限公司	高雄市鼓山區九如四路70號		
10	良成有限公司	台中市西屯區西屯路五段98號		
11	台港股份有限公司	台北市大安區敦化南路一段326號2樓		
12	耐普股份有限公司	台北市中正區寶慶路100號6樓		
13	保來股份有限公司	新竹縣關西鎮石光里石岡子1		

下一列也被選取了

❺ 下一列也一起被選取了

MEMO: 利用鍵盤選取多欄或多列

透過鍵盤操作想要一次選取多欄或多列時，在欄或列被選取的情況下，再按下 Shift + ↑ 鍵（或 ↓ ）或 Shift + → 鍵（或 ← ）。

SECTION
018
選取

快速選取到表格的最後一筆資料

利用滑鼠拉曳選取表格中的部分儲存格時，在選取的過程中常會遇到操作畫面跟著捲動，造成無法正確選取的情況。這時，可在按下 Ctrl + Shift 鍵的同時，再按下 ↓ 鍵（或 ↑、←、→），將選取範圍延伸到最後一筆資料為止。

利用鍵盤選取表格中的部分資料

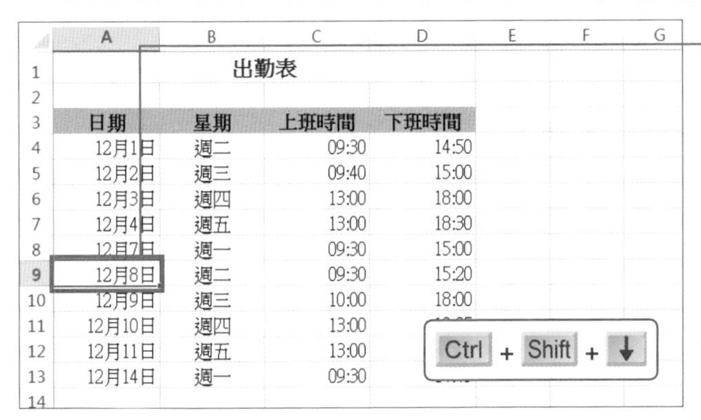

	A	B	C	D
1	出勤表			
2				
3	日期	星期	上班時間	下班時間
4	12月1日	週二	09:30	14:50
5	12月2日	週三	09:40	15:00
6	12月3日	週四	13:00	18:00
7	12月4日	週五	13:00	18:30
8	12月7日	週一	09:30	15:00
9	12月8日	週二	09:30	15:20
10	12月9日	週三	10:00	18:00
11	12月10日	週四	13:00	[illegible]
12	12月11日	週五	13:00	[illegible]
13	12月14日	週一	09:30	[illegible]
14				

❶ 選取表格內的儲存格

❷ 按 Ctrl + Shift + ↓ 鍵

	A	B	C	D
1	出勤表			
2				
3	日期	星期	上班時間	下班時間
4	12月1日	週二	09:30	14:50
5	12月2日	週三	09:40	15:00
6	12月3日	週四	13:00	18:00
7	12月4日	週五	13:00	18:30
8	12月7日	週一	09:30	15:00
9	12月8日	週二	09:30	15:20
10	12月9日	週三	10:00	18:00
11	12月10日	週四	13:00	[illegible]
12	12月11日	週五	13:00	[illegible]
13	12月14日	週一	09:30	[illegible]
14				

Ctrl + Shift + →

❸ 選取範圍會延伸到表格的最下方

❹ 按下 Ctrl + Shift + → 鍵

	A	B	C	D
1	出勤表			
2				
3	日期	星期	上班時間	下班時間
4	12月1日	週二	09:30	14:50
5	12月2日	週三	09:40	15:00
6	12月3日	週四	13:00	18:00
7	12月4日	週五	13:00	18:30
8	12月7日	週一	09:30	15:00
9	12月8日	週二	09:30	15:20
10	12月9日	週三	10:00	18:00
11	12月10日	週四	13:00	18:25
12	12月11日	週五	13:00	18:15
13	12月14日	週一	09:30	14:45
14				

到表格最右邊為止的範圍皆被選取

❺ 資料的選取範圍一直增加到表格的最右邊為止

MEMO: 選取到表格最上方為止

按下 Ctrl + Shift + ↑ 鍵，可以將選取範圍延伸到表格的最上方。

SECTION
019
選取

快速選取整個表格（Ctrl + Shift + * 鍵）

要將整個大型表格的內容全部選取時，利用一邊拉曳一邊捲動畫面的方式，有時會無法選取到正確的範圍。這時，可以先選取表格中的任一個儲存格，然後再按下 Ctrl + Shift + * 鍵，就能選取整個表格資料。

選取整個表格

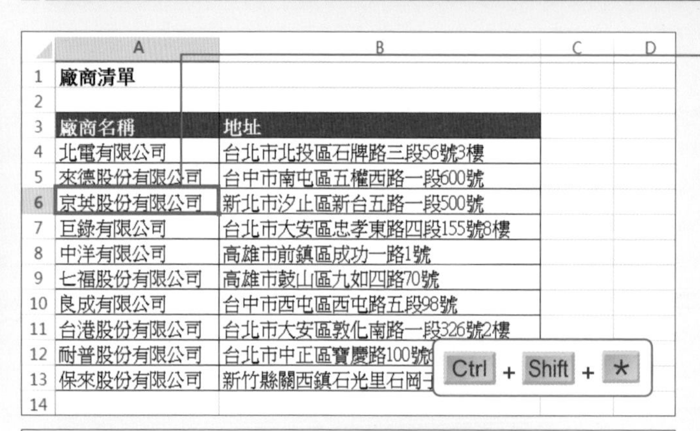

	A	B
1	廠商清單	
2		
3	廠商名稱	地址
4	北電有限公司	台北市北投區石牌路三段56號3樓
5	來德股份有限公司	台中市南屯區五權西路一段600號
6	京英股份有限公司	新北市汐止區新台五路一段500號
7	巨錄有限公司	台北市大安區忠孝東路四段155號8樓
8	中洋有限公司	高雄市前鎮區成功一路1號
9	七福股份有限公司	高雄市鼓山區九如四路70號
10	良成有限公司	台中市西屯區西屯路五段98號
11	台港股份有限公司	台北市大安區敦化南路一段326號2樓
12	耐普股份有限公司	台北市中正區寶慶路100號
13	保來股份有限公司	新竹縣關西鎮石光里石岡子
14		

❶ 選取表格中任一個儲存格

❷ 按下 Ctrl + Shift + * 鍵

	A	B
1	廠商清單	
2		
3	廠商名稱	地址
4	北電有限公司	台北市北投區石牌路三段56號3樓
5	來德股份有限公司	台中市南屯區五權西路一段600號
6	京英股份有限公司	新北市汐止區新台五路一段500號
7	巨錄有限公司	台北市大安區忠孝東路四段155號8樓
8	中洋有限公司	高雄市前鎮區成功一路1號
9	七福股份有限公司	高雄市鼓山區九如四路70號
10	良成有限公司	台中市西屯區西屯路五段98號
11	台港股份有限公司	台北市大安區敦化南路一段326號2樓
12	耐普股份有限公司	台北市中正區寶慶路100號6樓
13	保來股份有限公司	新竹縣關西鎮石光里石岡子100號
14		

整個表格都被選取了

❸ 整個表格資料都被選取了。在任一個儲存格上按一下滑鼠左鍵，可以取消選取

技巧補充

被視為表格的儲存格範圍

被空白欄與空白列包圍住的儲存格範圍稱為「動態儲存格範圍」。按下 Ctrl + Shift + * 鍵後，動態儲存格範圍會被當成表格被選取。

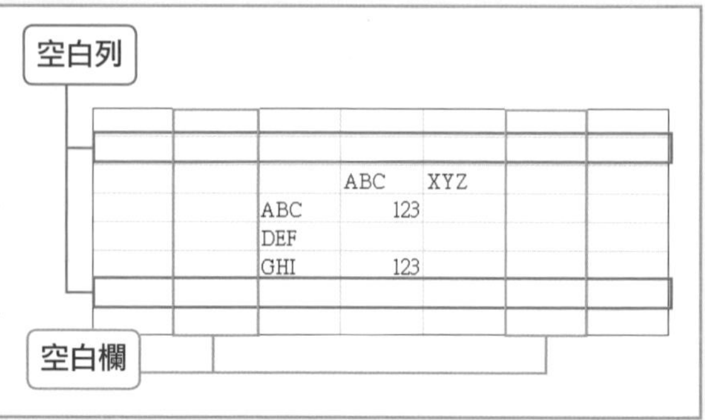

快速選取整個工作表

「想要刪除所有資料」或「想要統一所有儲存格格式」之前要先選取儲存格。要選取工作表中的所有儲存格時，可以按下 Ctrl + A 鍵。

選取所有儲存格

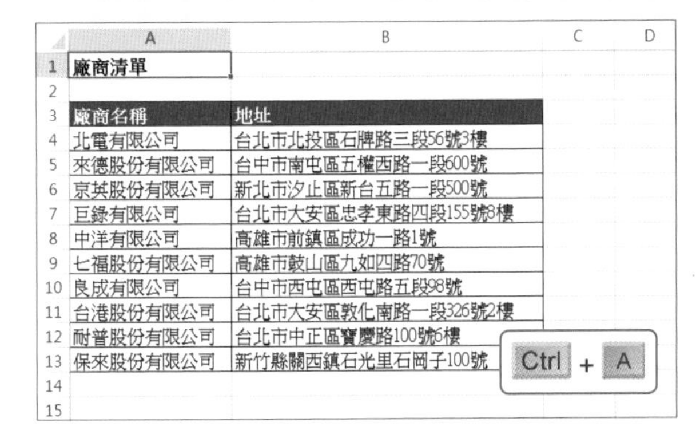

	A	B	C	D
1	廠商清單			
2				
3	廠商名稱	地址		
4	北電有限公司	台北市北投區石牌路三段56號3樓		
5	來德股份有限公司	台中市南屯區五權西路一段600號		
6	京英股份有限公司	新北市汐止區新台五路一段500號		
7	巨錄有限公司	台北市大安區忠孝東路四段155號8樓		
8	中洋有限公司	高雄市前鎮區成功一路1號		
9	七福股份有限公司	高雄市鼓山區九如四路70號		
10	良成有限公司	台中市西屯區西屯路五段98號		
11	台港股份有限公司	台北市大安區敦化南路一段326號2樓		
12	耐普股份有限公司	台北市中正區寶慶路100號6樓		
13	保來股份有限公司	新竹縣關西鎮石光里石岡子100號		
14				
15				

❶ 選取任一個儲存格（這裡選取儲存格 A1）後，按下 Ctrl + A 鍵。若選取的儲存格為表格中的儲存格時，則要按 2 次 Ctrl + A 鍵

MEMO: 按下「全選」鈕

除了左邊介紹的操作方法外，按下 A 欄左方的**全選**鈕，也能選取工作表中的所有儲存格。

	A	B	C	D
1	廠商清單			
2				
3	廠商名稱	地址		
4	北電有限公司	台北市北投區石牌路三段56號3樓		
5	來德股份有限公司	台中市南屯區五權西路一段600號		
6	京英股份有限公司	新北市汐止區新台五路一段500號		
7	巨錄有限公司	台北市大安區忠孝東路四段155號8樓		
8	中洋有限公司	高雄市前鎮區成功一路1號		
9	七福股份有限公司	高雄市鼓山區九如四路70號		
10	良成有限公司	台中市西屯區西屯路五段98號		
11	台港股份有限公司	台北市大安區敦化南路一段326號2樓		
12	耐普股份有限公司	台北市中正區寶慶路100號6樓		
13	保來股份有限公司	新竹縣關西鎮石光里石岡子100號		
14				
15				

所有的儲存格皆被選取

❷ 所有的儲存格皆被選取

❸ 選取任一個儲存格

	A	B	C	D
1	廠商清單			
2				
3	廠商名稱	地址		
4	北電有限公司	台北市北投區石牌路三段56號3樓		
5	來德股份有限公司	台中市南屯區五權西路一段600號		
6	京英股份有限公司	新北市汐止區新台五路一段500號		
7	巨錄有限公司	台北市大安區忠孝東路四段155號8樓		
8	中洋有限公司	高雄市前鎮區成功一路1號		
9	七福股份有限公司	高雄市鼓山區九如四路70號		
10	良成有限公司	台中市西屯區西屯路五段98號		
11	台港股份有限公司	台北市大安區敦化南路一段326號2樓		
12	耐普股份有限公司	台北市中正區寶慶路100號6樓		
13	保來股份有限公司	新竹縣關西鎮石光里石岡子100號		
14				
15				

全選的狀態被解除了

❹ 只剩單一儲存格被選取，全部選取的狀態被解除

SECTION
021 快速回到編輯儲存格
移動

捲動視窗畫面確認資料時，常常會遇到找不到編輯儲存格位置的困擾。按下 Ctrl + ←Backspace 鍵，可以快速回到編輯儲存格的位置。

顯示編輯儲存格

	A	B	C	D	E
1			製品A	製品B	製品C
2	容量		16/32/64GB	16/32/64GB	16/32GB
3	CPU		CoreV6	CoreV5	CoreV4
4	顯示螢幕		4吋	3.5吋	3.5吋
5	相機		800萬畫素 LED閃光燈 臉部對焦 防手震 廣角	800萬畫素 LED閃光燈 臉部對焦 防手震	500萬畫素 LED閃光燈
6	正面相機		1280x960畫素	640x480畫素	640x480畫素
7	影像錄影		1920x1080畫素	1920x1080畫素	1280x720畫素
8	Wifi		802.11a/b/g/n (802.11n 2.4GHz/5GHz)	802.11b/g/n (802.11n 2.4GHz)	802.11b/g/n (802.11n 2.4GHz)
9		3G通話	最長8小時	最長8小時	最長7小時

編輯儲存格

連按兩下儲存格 A1，將它設定成編輯儲存格

❶ 拉曳視窗捲軸，捲動畫面

MEMO: 編輯儲存格

編輯儲存格是指目前正在輸入的儲存格。

	A	B	C	D	E
10	電池	上網時間	最長10小時	最長9小時	最長10小時
11		影片播放時間	最長10小時	最長10小時	最長10小時
12		音樂播放時間	最長40小時	最長40小時	最長40小時
13	長度		123.8 mm	115.2 mm	115.2 mm
14	寬度		58.6 mm	58.6 mm	58.6 mm
15	厚度		7.6 mm	9.3 mm	9.3 mm
16	重量		112 g	140 g	137 g
17					
18					
19					
20					
21					
22					

Ctrl + ←Backspace

❷ 已經看不見編輯儲存格了。按下 Ctrl + ←Backspace 鍵

	A	B	C	D	E
1			製品A	製品B	製品C
2	容量		16/32/64GB	16/32/64GB	
3	CPU		CoreV6	CoreV5	
4	顯示螢幕		4吋	3.5吋	3.5吋
5	相機		800萬畫素 LED閃光燈 臉部對焦 防手震 廣角	800萬畫素 LED閃光燈 臉部對焦 防手震	500萬畫素 LED閃光燈
6	正面相機		1280x960畫素	640x480畫素	640x480畫素
7	影像錄影		1920x1080畫素	1920x1080畫素	1280x720畫素
8	Wifi		802.11a/b/g/n (802.11n 2.4GHz/5GHz)	802.11b/g/n (802.11n 2.4GHz)	802.11b/g/n (802.11n 2.4GHz)
9		3G通話	最長8小時	最長8小時	最長7小時

回到編輯儲存格

❸ 畫面會回到編輯儲存格的位置

MEMO: 選取儲存格 A1

若想選取儲存格 A1，可按下 Ctrl + Home 鍵。

SECTION
022
移動

快速移動到表格邊界

按下 Ctrl + ↑ 鍵（↓ ← →）後，選取的儲存格會移動到該方向的空白儲存格前一列。如果表格中的所有儲存格皆有輸入資料的話，就可以快速將選取儲存格移動到表格的邊界。

移動到表格的第一列

	A	B	C	D	E
13	長度		123.8 mm	115.2 mm	115.2 mm
14	寬度		58.6 mm	58.6 mm	58.6 mm
15	厚度		7.6 mm	9.3 mm	9.3 mm
16	重量		112 g	140 g	137 g
17					
18					
19					
20					
21					
22					
23					

目前選取的儲存格

Ctrl + ↑

目前選取表格的最後一列

❶ 按下 Ctrl + ↑ 鍵

	A	B	C	D	E
1			製品A	製品B	製品C
2	容量		16/32/64GB	16/32/64GB	16/32GB
3	CPU		CoreV6	CoreV5	
4	顯示螢幕		4吋	3.5吋	
5	相機		800萬畫素 LED閃光燈 臉部對焦 防手震 廣角	800萬畫素 LED閃光燈 臉部對焦 防手震	500萬畫素 LED閃光燈
6	正面相機		1280x960畫素	640x480畫素	640x480畫素
7	影像錄影		1920x1080畫素	1920x1080畫素	1280x720畫素
8	Wifi		802.11a/b/g/n (802.11n 2.4GHz/5GHz)	802.11b/g/n (802.11n 2.4GHz)	802.11b/g/n (802.11n 2.4GHz)
9	電池	3G通話	最長8小時	最長8小時	最長7小時
10		上網時間	最長10小時	最長9小時	最長10小時
11		影片播放時間	最長10小時	最長10小時	最長10小時
12		音樂播放時間	最長40小時	最長40小時	最長40小時

選取框移動到表格的第一列

❷ 選取框移動到表格中同欄的第一列

MEMO: 注意空白儲存格

當移動過程中有遇到空白儲存格的話，就算按下 Ctrl + ↑ 鍵（↓ → ←）編輯儲存格也不會往表格的最上列移動，而是停在空白儲存格的下一列。

SECTION
023
複製＆貼上

複製時保持原有的欄寬

複製表格資料時，表格的欄寬不會被複製，因此貼上後，原來的表格格式會不見。將表格欄寬重新設定的話，在操作上也很麻煩。貼上後，透過**貼上選項**鈕，可以一次將欄寬設定成原來的寬度。

複製與來源表格相同的欄寬

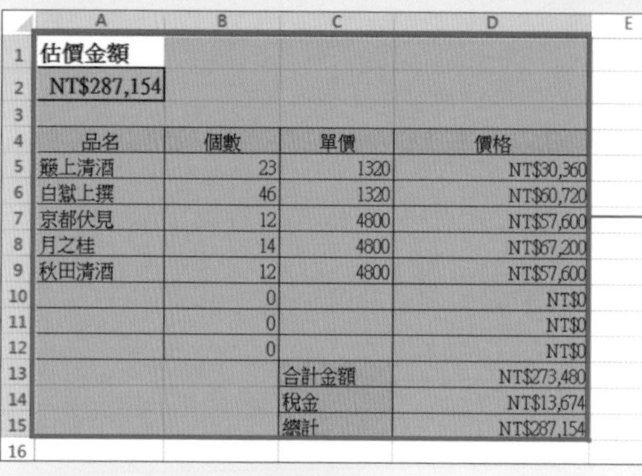

	A	B	C	D
1	估價金額			
2	NT$287,154			
3				
4	品名	個數	單價	價格
5	籔上清酒	23	1320	NT$30,360
6	白獄上撰	46	1320	NT$60,720
7	京都伏見	12	4800	NT$57,600
8	月之桂	14	4800	NT$67,200
9	秋田清酒	12	4800	NT$57,600
10		0		NT$0
11		0		NT$0
12		0		NT$0
13			合計金額	NT$273,480
14			稅金	NT$13,674
15			總計	NT$287,154

❶ 選取要複製的儲存格後，按 Ctrl ＋ C 鍵複製資料

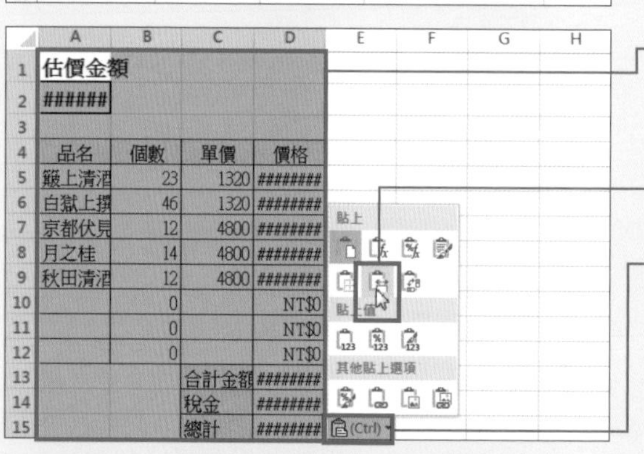

❷ 切換到**工作表 2**，在儲存格 A1 按 Ctrl ＋ V 鍵，將資料貼到目的儲存格中

❹ 選擇**保持來源欄寬**

❸ 欄寬改變後，按下**貼上選項**鈕

與來源表格相同的欄寬

	A	B	C	D
1	估價金額			
2	NT$287,154			
3				
4	品名	個數	單價	價格
5	籔上清酒	23	1320	NT$30,360
6	白獄上撰	46	1320	NT$60,720
7	京都伏見	12	4800	NT$57,600
8	月之桂	14	4800	NT$67,200
9	秋田清酒	12	4800	NT$57,600
10		0		NT$0
11		0		NT$0
12		0		NT$0
13			合計金額	NT$273,480
14			稅金	NT$13,674
15			總計	NT$287,154

❺ 欄寬自動調整成與來源表格相同

MEMO: 複製時保持原有的列高

複製時想要保持原有列高的話，在複製時不是選取儲存格範圍，而是要從列編號中選取想要複製的整列後，再以整列的方式貼上。

將貼上的資料套用成目的表格格式

將資料複製貼上時，除了複製資料外，儲存格格式也會一起被複製，因此將資料貼到目的表格時，會破壞原有的表格格式。**貼上選項**鈕可以將貼上的資料格式設定成目的表格格式。

套用與目的表格一樣的格式

	A	B	C	D	E	F	G
14	前橋分店	863,000	1,150,000	1,260,000	937,000	852,000	820,000
15	水戸分店	765,000	694,000	857,000	720,000	658,000	789,000
16	川口分店	857,000	926,000	888,000	763,000	877,000	1,050,000
17	東京分店	1,896,300	1,857,000	2,056,700	1,695,000	1,634,500	1,723,700
18	新宿分店	980,000	1,020,000	1,100,000	930,000	895,000	763,000
19	澀谷分店	1,180,000	852,000	964,000	1,156,000	1,243,000	968,000
20	池袋分店	884,000	742,500	963,000	1,140,000	948,000	852,000
21	品川分店	863,000	1,150,000	1,260,000	937,000	852,000	820,000
22	三鷹分店	765,000	694,000	857,000	720,000	658,000	789,000
23	八王子分店	963,000	1,156,000	1,362,000	1,172,000	963,000	108,000
24	千葉分店	1,154,000	1,367,000	1,584,000	1,005,000	1,163,000	1,348,000
25	橫濱分店	1,764,000	1,759,000	1,877,000	1,543,000	1,360,000	1,340,000
26	川崎分店	856,300	805,000	1,170,000	1,230,000	814,000	763,800
27	相模原分店	647,000	528,000	715,000	666,000	541,000	692,000
28	甲府分店	698,000	743,000	1,157,000	863,000	822,000	884,000

❶ 在**工作表 1** 中選取要複製的資料範圍後，按 Ctrl + C 鍵複製資料

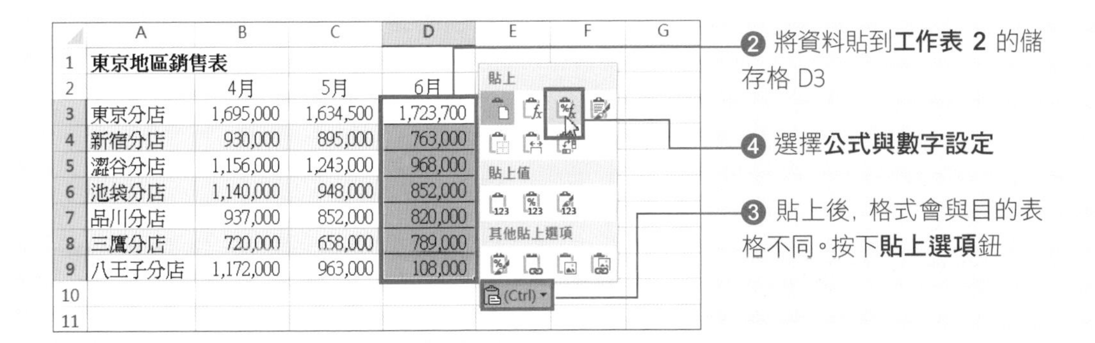

	A	B	C	D
1	東京地區銷售表			
2		4月	5月	6月
3	東京分店	1,695,000	1,634,500	1,723,700
4	新宿分店	930,000	895,000	763,000
5	澀谷分店	1,156,000	1,243,000	968,000
6	池袋分店	1,140,000	948,000	852,000
7	品川分店	937,000	852,000	820,000
8	三鷹分店	720,000	658,000	789,000
9	八王子分店	1,172,000	963,000	108,000
10				
11				

❷ 將資料貼到**工作表 2** 的儲存格 D3

❹ 選擇**公式與數字設定**

❸ 貼上後，格式會與目的表格不同。按下**貼上選項**鈕

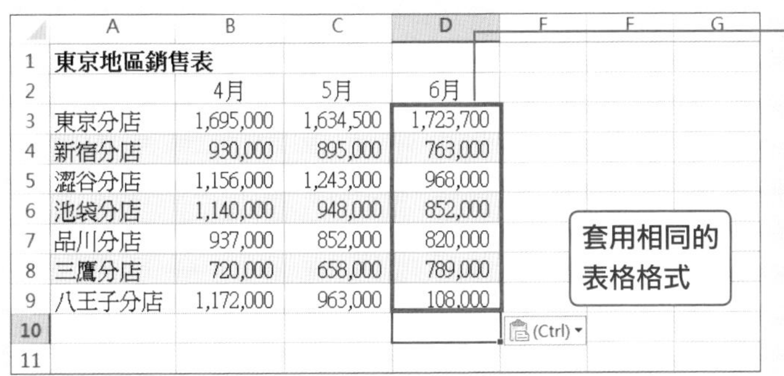

	A	B	C	D
1	東京地區銷售表			
2		4月	5月	6月
3	東京分店	1,695,000	1,634,500	1,723,700
4	新宿分店	930,000	895,000	763,000
5	澀谷分店	1,156,000	1,243,000	968,000
6	池袋分店	1,140,000	948,000	852,000
7	品川分店	937,000	852,000	820,000
8	三鷹分店	720,000	658,000	789,000
9	八王子分店	1,172,000	963,000	108,000
10				
11				

❺ 複製的資料格式會被忽視，並套用目的表格格式

MEMO: 僅貼上資料

複製內容只要以資料方式貼上時，要從**貼上選項**選單中選擇**值** (參照**單元 132**)。

複製整個工作表

要挪用整個工作表的內容時，可以複製整個工作表，以節省資料重新製作的時間。複製時，按住 Ctrl 鍵不放，拉曳工作表頁次標籤。被複製的工作表名稱頁次後方會以連續編號顯示。

複製工作表

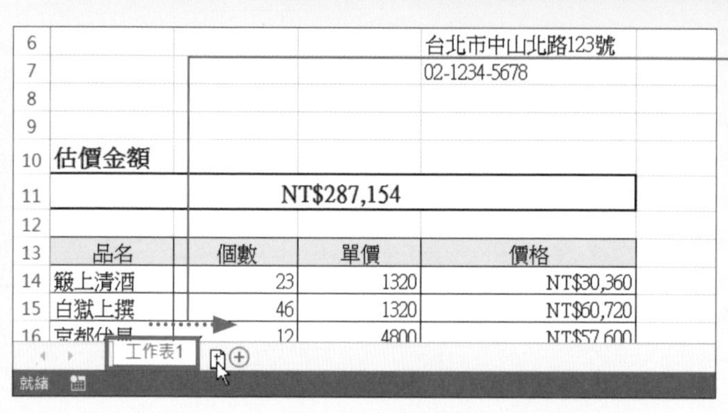

❶ 按住 Ctrl 鍵不放，拉曳工作表頁次標籤

6				台北市中山北路123號
7				02-1234-5678
8				
9				
10	估價金額			
11		NT$287,154		
12				
13	品名	個數	單價	價格
14	籖上清酒	23	1320	NT$30,360
15	白獄上撰	46	1320	NT$60,720
16	京都伏見	12	4800	NT$57,600

工作表被複製了

工作表1　工作表1 (2)

就緒

❷ 製作了一個相同內容的工作表

技巧補充

變更工作表名稱

複製一個新的工作表後，工作表名稱後方會自動顯示連續編號。要變更工作表名稱時，先在工作表頁次標籤上連按兩下滑鼠左鍵後，工作表名稱會被選取，接著直接輸入新的工作表名稱。

10	估價金額		
11			NT$287,154
12			
13	品名	個數	單價
14	籖上清酒	23	1320
15	白獄上撰	46	1320
16	京都伏見	12	4800

工作表1　工作表1 (2)

就緒

SECTION
026
複製&貼上

將工作表複製到其他檔案

工作表可以複製到其他活頁簿中。要將多個活頁簿中的工作表整合到一個活頁簿時，比起逐一到各個活頁簿中去複製工作表格內容，直接複製整個工作表會比較有效率。

複製到其他活頁簿

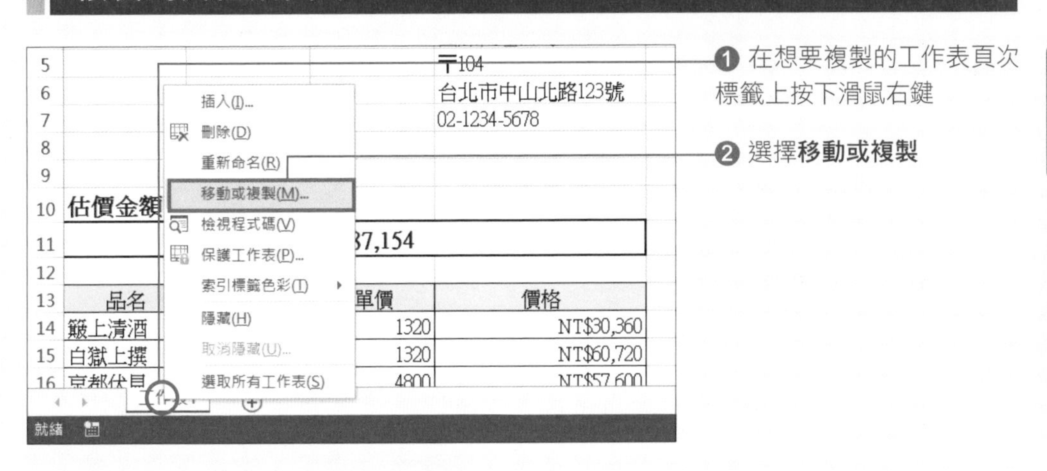

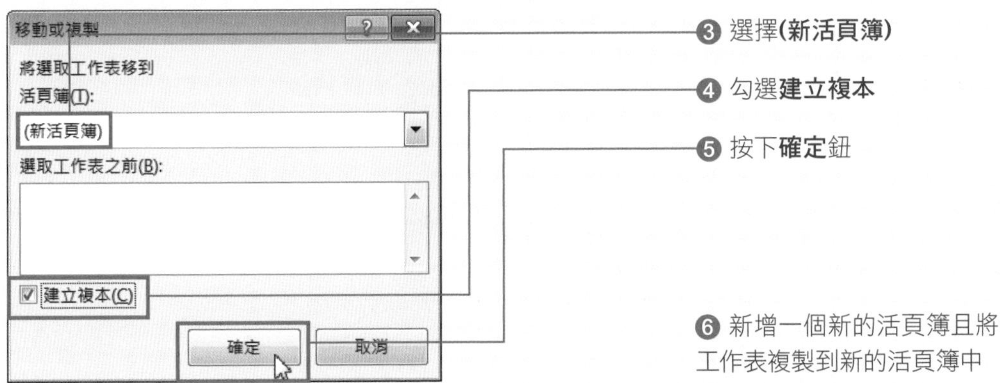

❻ 新增一個新的活頁簿且將工作表複製到新的活頁簿中

9	
10	估價金額
11	NT$287,154
12	

	品名	個數	單價	價格
14	簸上清酒	23	1320	NT$30,360
15	白獄上撰	46	1320	NT$60,720
16	京都伏見	12	4800	NT$57,600

工作表1

工作表被複製到新的活頁簿

MEMO: 複製到原有的活頁簿

要將工作表複製到原有的活頁簿時，先開啟要貼上的目的活頁簿，然後在步驟❸的**活頁簿**中指定目的活頁簿名稱。

SECTION 027 輸入規則

限製資料的輸入類型

「要輸入文字而非數值資料」、「只能輸入日期」等，當想要規定輸入資料的類型時，可以設定輸入規則。完成後，資料只能依照設定的類型輸入，此方法也能防止輸入錯誤的資料類型。

設定輸入規則

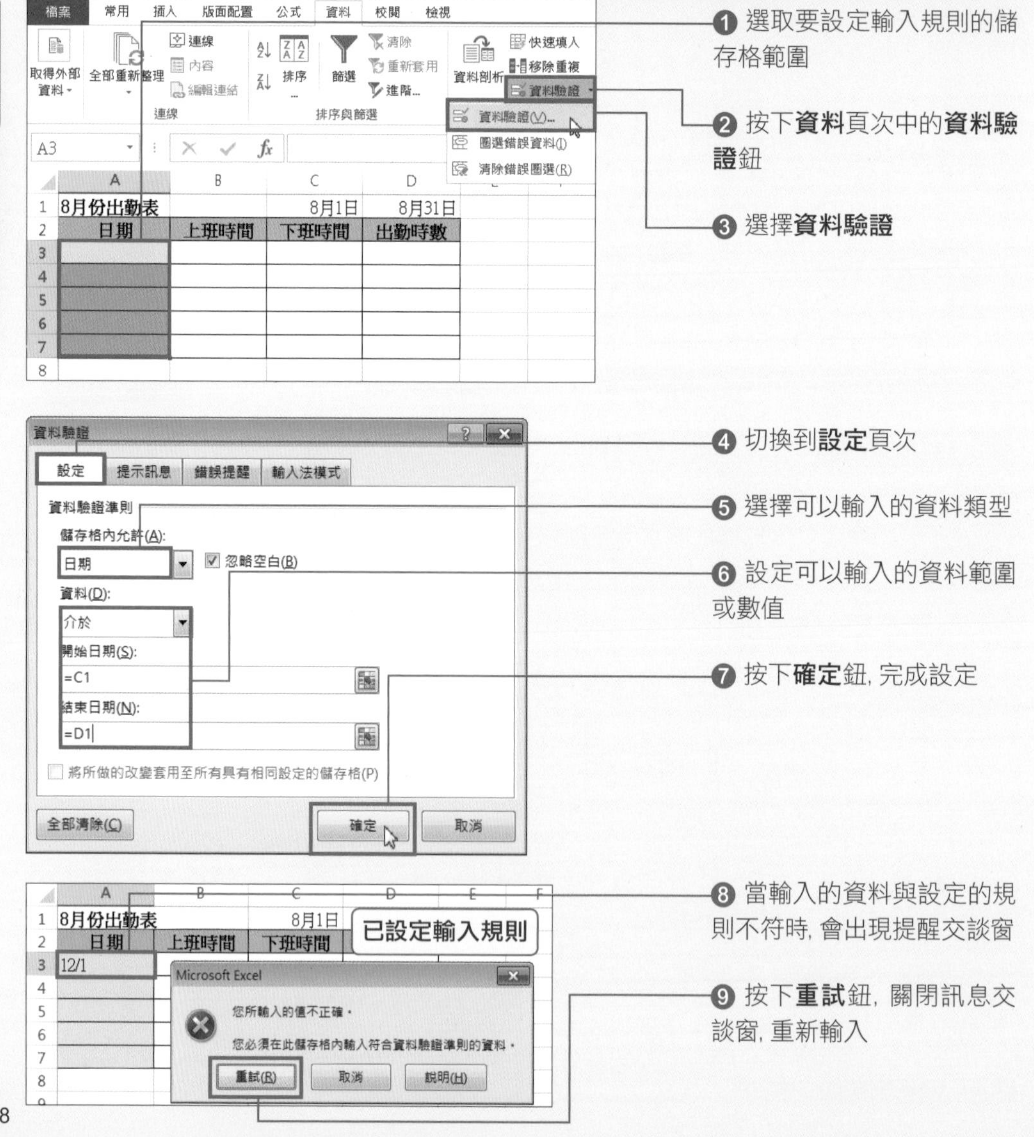

SECTION
028 輸入資料時顯示輸入規則的提示訊息

輸入規則

透過輸入規則可以設定在選擇儲存格後，顯示所要輸入的提示訊息。這裡將在**單元 027** 已設定輸入規則儲存格範圍中，再設定輸入規則的提醒訊息。

輸入資料時所顯示的提示訊息

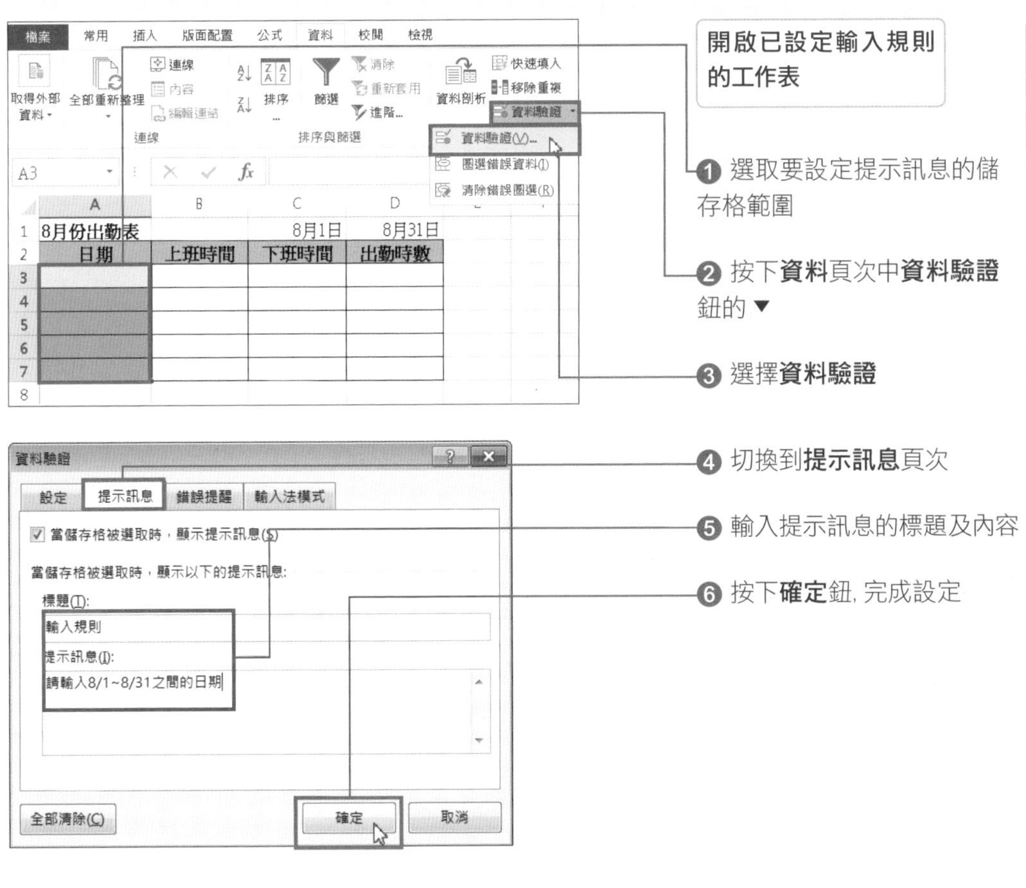

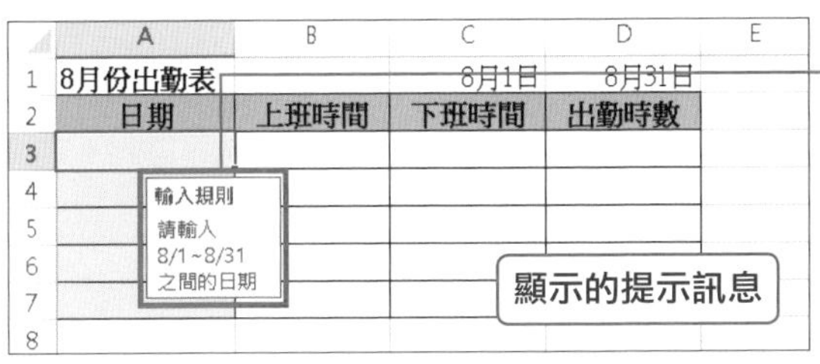

▶ COLUMN

記住每個「貼上」選項

在「需要重複輸入相同資料」、「重複製作相同表格」等情況下, 複製功能可以幫忙省下不少資料編輯的時間, 是相當方便的功能。

但在複製的過程中, 有時會遇到「貼上後欄寬不相同」、「想要貼上計算結果, 但因為以公式方式被貼上, 所以造成貼上結果與來源數值不同」等困擾。

記住儲存格顯示的結構, 除了輸入的資料外, 文字色彩、儲存格顏色、格線、千分位樣式等格式的設定, 在複製儲存格時, 這些格式也會一起被複製。

當貼上的結果與貼上的目的儲存格不同時, 在貼上資料範圍的右下角按下**貼上選項**鈕, 從選單中選擇想要貼上的類型, 如格式、公式等。這被稱為**選擇性貼上**。

除了值和格式外, 還有利用連結儲存格方式貼上、將欄與列資料互換後再貼上等功能。一定要試試看這些不同的貼上方法。

	A	B	C	D	E	F	G
1	**東京地區銷售表**						
2		4月	5月	6月			
3	東京分店	1,695,000	1,634,500	1,723,700			
4	新宿分店	930,000	895,000	763,000			
5	澀谷分店	1,156,000	1,243,000	968,000			
6	池袋分店	1,140,000	948,000	852,000			
7	品川分店	937,000	852,000	820,000			
8	三鷹分店	720,000	658,000	789,000			
9	八王子分店	1,172,000	963,000	108,000			
10							
11							
12							
13							
14							
15							
16							
17							
18							
19							

(Ctrl)
貼上
貼上值
其他貼上選項

貼上資料後, 按下**貼上選項**鈕, 即可選擇要將複製的資料以格式、公式或值等方法貼上

第 2 章

練就高人一等的功力！

製作表格的便捷技巧

SECTION 029

表格設計

將文字垂直顯示

在預設的情況下，儲存格的文字內容會以水平方式顯示。按下**常用**頁次中的**方向**鈕，可讓文字垂直顯示。表格的標題若以直書顯示會比較突顯。

在儲存格中設定垂直文字

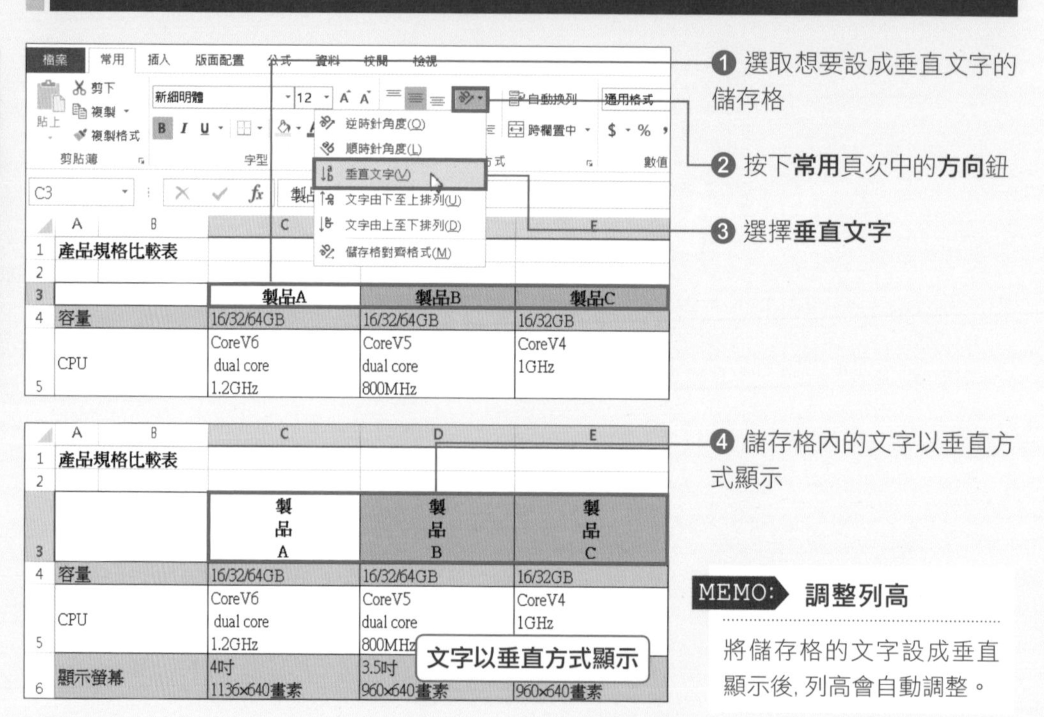

MEMO: **調整列高**

將儲存格的文字設成垂直顯示後，列高會自動調整。

技巧補充

設定其他文字角度

除了水平、垂直方向外，還可設定文字在儲存格內的旋轉角度。開啟**儲存格格式**交談窗後，切換到**對齊方式**頁次，在**方向**區點選所要的角度，或是直接在**角度**欄中輸入角度即可。

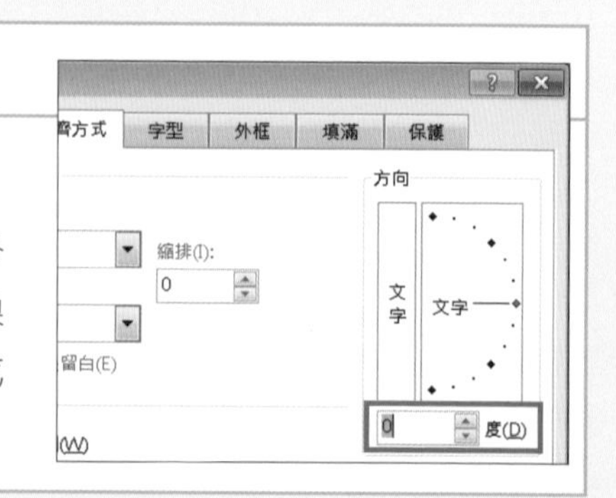

SECTION

030

表格設計

讓文字在儲存格內置中對齊

當我們在儲存格輸入資料後，數值會自動靠右、文字會靠左對齊顯示，但你也可以改變其顯示方式，在此示範將儲存格中的文字改成置中對齊。

將儲存格設定成置中對齊

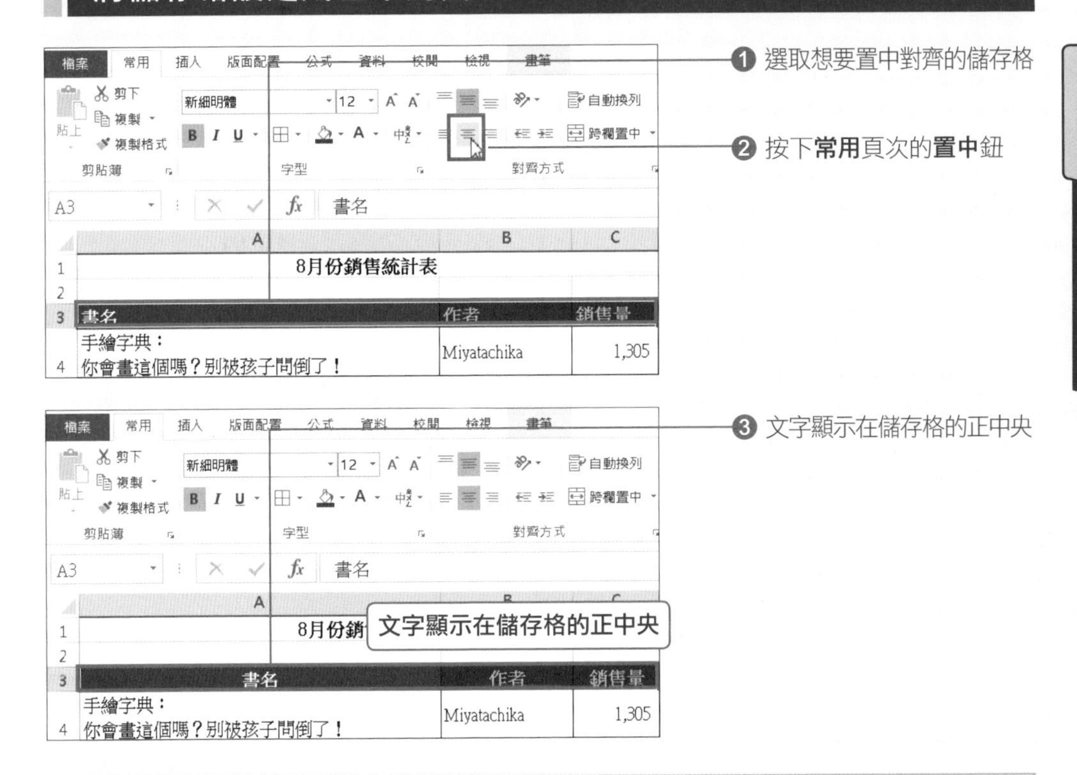

技巧補充

變更儲存格資料的對齊方式

資料的對齊方式可以從**常用**頁次中的工具按鈕來做變更。在前面的介紹中，除了設定水平對齊方式外，也能將垂直對齊設為**靠上**、**置中**或**靠下**對齊。

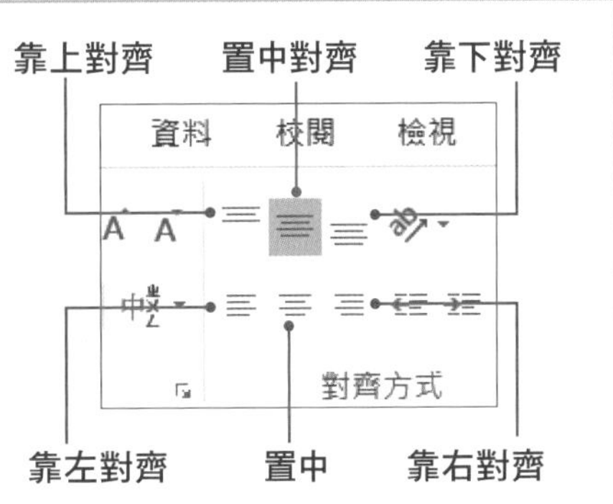

將文字依欄寬平均分配顯示

將文字依欄寬平均分配顯示稱為**分散對齊**。套用在標題等地方，讓文字兩端統一對齊以美化版面。要套用**分散對齊**時，請從**儲存格格式**交談窗做設定。

將儲存格設定成分散對齊

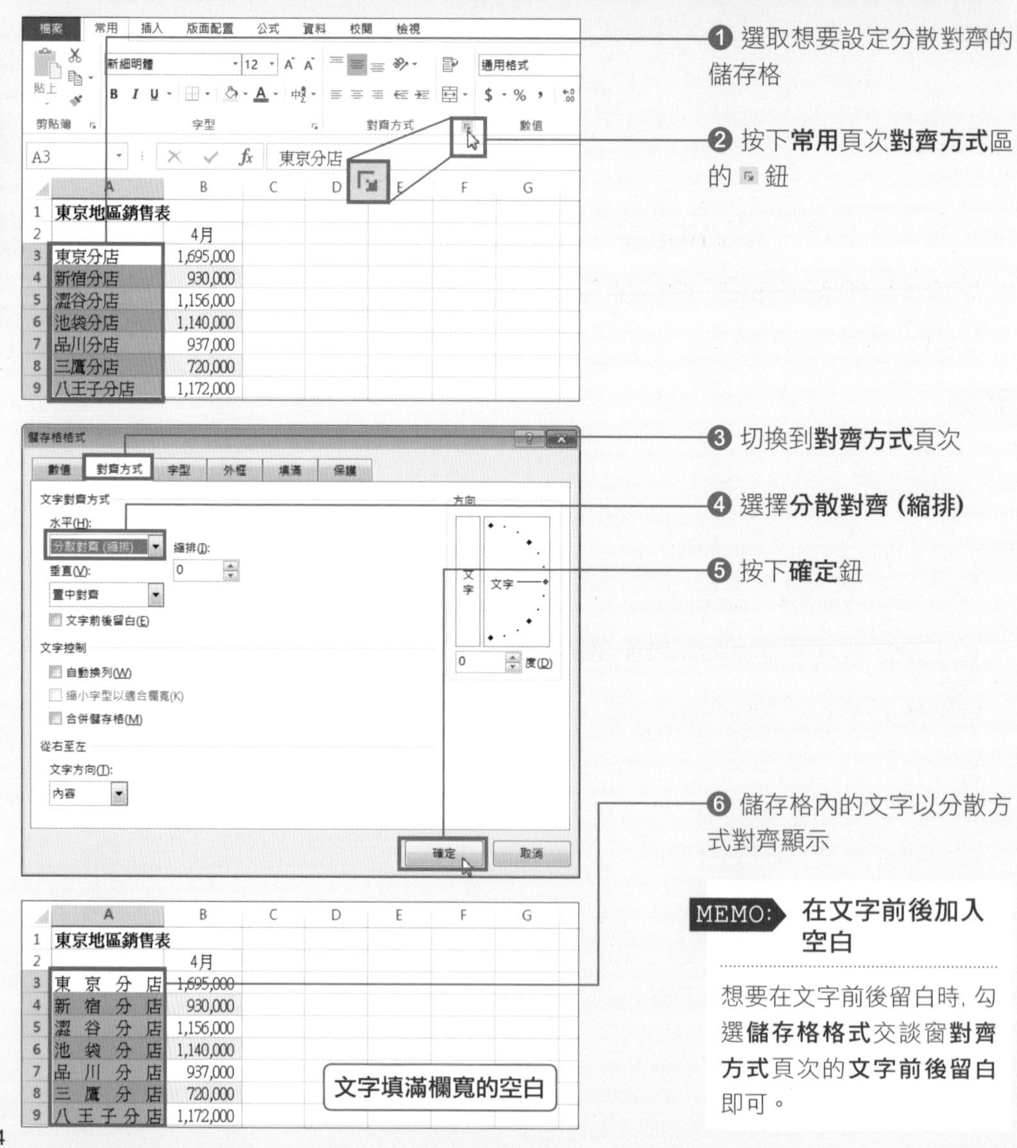

MEMO: 在文字前後加入空白

想要在文字前後留白時，勾選**儲存格格式**交談窗**對齊方式**頁次的**文字前後留白**即可。

將儲存格內的文字換列顯示

在儲存格中輸入過長的文字時，會出現文字內容無法完全顯示的情況。這時，可以設定當文字遇到儲存格右邊格線就自動換到下一列顯示（稱為**自動換列**），讓字串內容可以完全顯示。

讓儲存格內的文字自動換列顯示

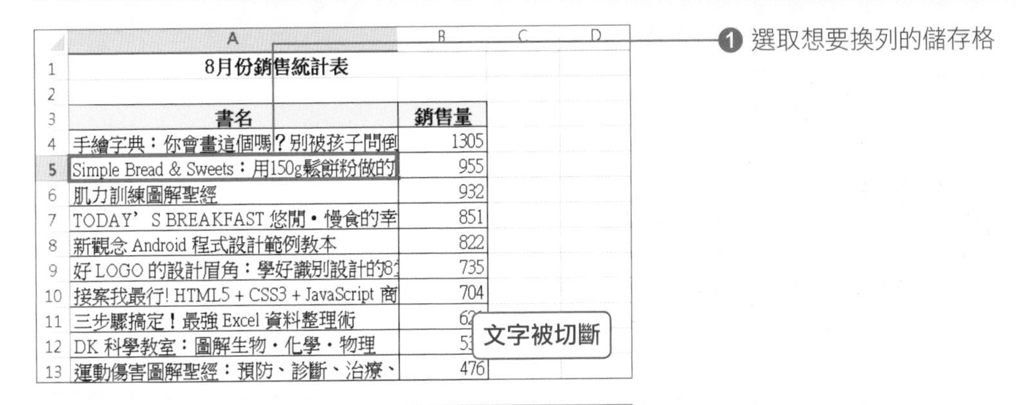

	A	B
1	8月份銷售統計表	
2		
3	書名	銷售量
4	手繪字典：你會畫這個嗎？別被孩子問倒	1305
5	Simple Bread & Sweets：用150g鬆餅粉做的	955
6	肌力訓練圖解聖經	932
7	TODAY' S BREAKFAST 悠閒・慢食的幸	851
8	新觀念 Android 程式設計範例教本	822
9	好 LOGO 的設計眉角：學好識別設計的8	735
10	接案我最行! HTML5 + CSS3 + JavaScript 商	704
11	三步驟搞定！最強 Excel 資料整理術	62
12	DK 科學教室：圖解生物・化學・物理	53
13	運動傷害圖解聖經：預防、診斷、治療、	476

❶ 選取想要換列的儲存格

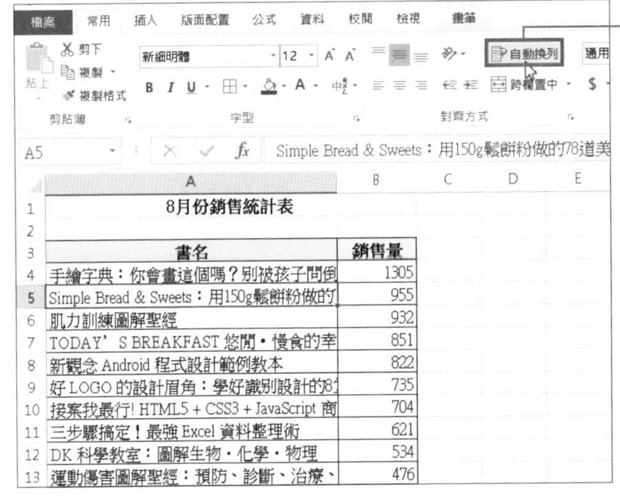

	A	B
1	8月份銷售統計表	
2		
3	書名	銷售量
4	手繪字典：你會畫這個嗎？別被孩子問倒	1305
5	Simple Bread & Sweets：用150g鬆餅粉做的	955
6	肌力訓練圖解聖經	932
7	TODAY' S BREAKFAST 悠閒・慢食的幸	851
8	新觀念 Android 程式設計範例教本	822
9	好 LOGO 的設計眉角：學好識別設計的8	735
10	接案我最行! HTML5 + CSS3 + JavaScript 商	704
11	三步驟搞定！最強 Excel 資料整理術	621
12	DK 科學教室：圖解生物・化學・物理	534
13	運動傷害圖解聖經：預防、診斷、治療、	476

❷ 按下**常用**頁次中的**自動換列**鈕

	A	B
1	8月份銷售統計表	
2		
3	書名	銷售量
4	手繪字典：你會畫這個嗎？別被孩子問倒	1305
5	Simple Bread & Sweets：用150g鬆餅粉做的 78道美味食譜	955
6	肌力訓練圖解聖經	932
7	TODAY' S BREAKFAST 悠閒・慢食的幸	851

文字被換列顯示

❸ 文字在儲存格中以換列方式顯示

MEMO：解除自動換列功能

要解除**自動換列**功能時，先選取想要解除設定的儲存格，再次按下**自動換列**鈕。

MEMO：調整列高

將文字套用**自動換列**後，列高也會自動調整成可以完全顯示文字內容的高度。

手動讓儲存格內的文字換列顯示

套用**自動換列**功能後，偶爾會遇到換列地方與想要換列的位置不一樣。想要自訂換列的位置時，若按下 Enter 鍵會讓選取框往下一列移動，請改按下 Alt + Enter 鍵。

強迫儲存格內的文字換列顯示

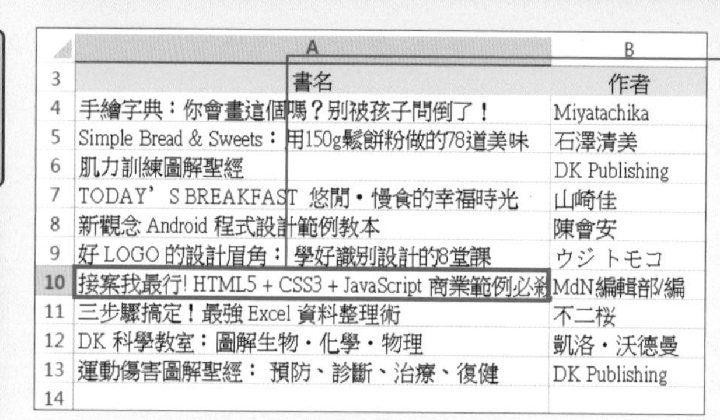

	A	B
3	書名	作者
4	手繪字典：你會畫這個嗎？別被孩子問倒了！	Miyatachika
5	Simple Bread & Sweets：用150g鬆餅粉做的78道美味	石澤清美
6	肌力訓練圖解聖經	DK Publishing
7	TODAY' S BREAKFAST 悠閒・慢食的幸福時光	山崎佳
8	新觀念 Android 程式設計範例教本	陳會安
9	好 LOGO 的設計眉角：學好識別設計的8堂課	ウジ トモコ
10	接案我最行! HTML5 + CSS3 + JavaScript 商業範例必殺	MdN編輯部/編
11	三步驟搞定！最強 Excel 資料整理術	不二桜
12	DK 科學教室：圖解生物・化學・物理	凱洛・沃德曼
13	運動傷害圖解聖經： 預防、診斷、治療、復健	DK Publishing
14		

❶ 在想要換列的儲存格上連按兩下滑鼠左鍵

	A	B
3	書名	作者
4	手繪字典：你會畫這個嗎？別被孩子問倒了！	Miyatachika
5	Simple Bread & Sweets：用150g鬆餅粉做的78道美味	石澤清美
6	肌力訓練圖解聖經	DK Publishing
7	TODAY' S BREAKFAST 悠閒・慢食的幸福時光	山崎佳
8	新觀念 Android 程式設計範例教本	陳會安
9	好 LOGO 的設計眉角：學好識別設計的8堂課	ウジ トモコ
10	接案我最行! HTML5 + CSS3 + JavaScript 商業範例必殺技	
11	三步驟搞定！最強 Excel 資料整理術	不二桜
12	DK 科學教室：圖解生物・化學・物理	
13	運動傷害圖解聖經： 預防、診斷、治療、復健	
14		

Alt + Enter

❷ 儲存格出現插入點後，按下 → 鍵（←），將指標移動到要換列的位置

❸ 按下 Alt + Enter 鍵

	A	B
3	書名	作者
4	手繪字典：你會畫這個嗎？別被孩子問倒了！	Miyatachika
5	Simple Bread & Sweets：用150g鬆餅粉做的78道美味	石澤清美
6	肌力訓練圖解聖經	DK Publishing
7	TODAY' S BREAKFAST 悠閒・慢食的幸福時光	山崎佳
8	新觀念 Android 程式設計範例教本	陳會安
9	好 LOGO 的設計眉角：學好識別設計的8堂課	ウジ トモコ
10	接案我最行! HTML5 + CSS3 + JavaScript 商業範例必殺技	MdN編輯部/編
11	三步驟搞定！最強 Excel 資料整理術	不二桜
12	DK 科學教室：	凱洛・沃德曼
13	運動傷害圖解聖經： 預防、診斷、治療、復健	DK Publishing
14		

在指定的位置換列

❹ 儲存格內的文字會依照指定的位置換列顯示

自動調整儲存格的欄寬

當儲存格內容以「######」顯示時，表示儲存格中輸入過長的數值資料，導致儲存格的欄寬無法將數值完全顯示。這時，可以將欄寬自動調整成能夠完全顯示數值長度的寬度。

變更欄寬

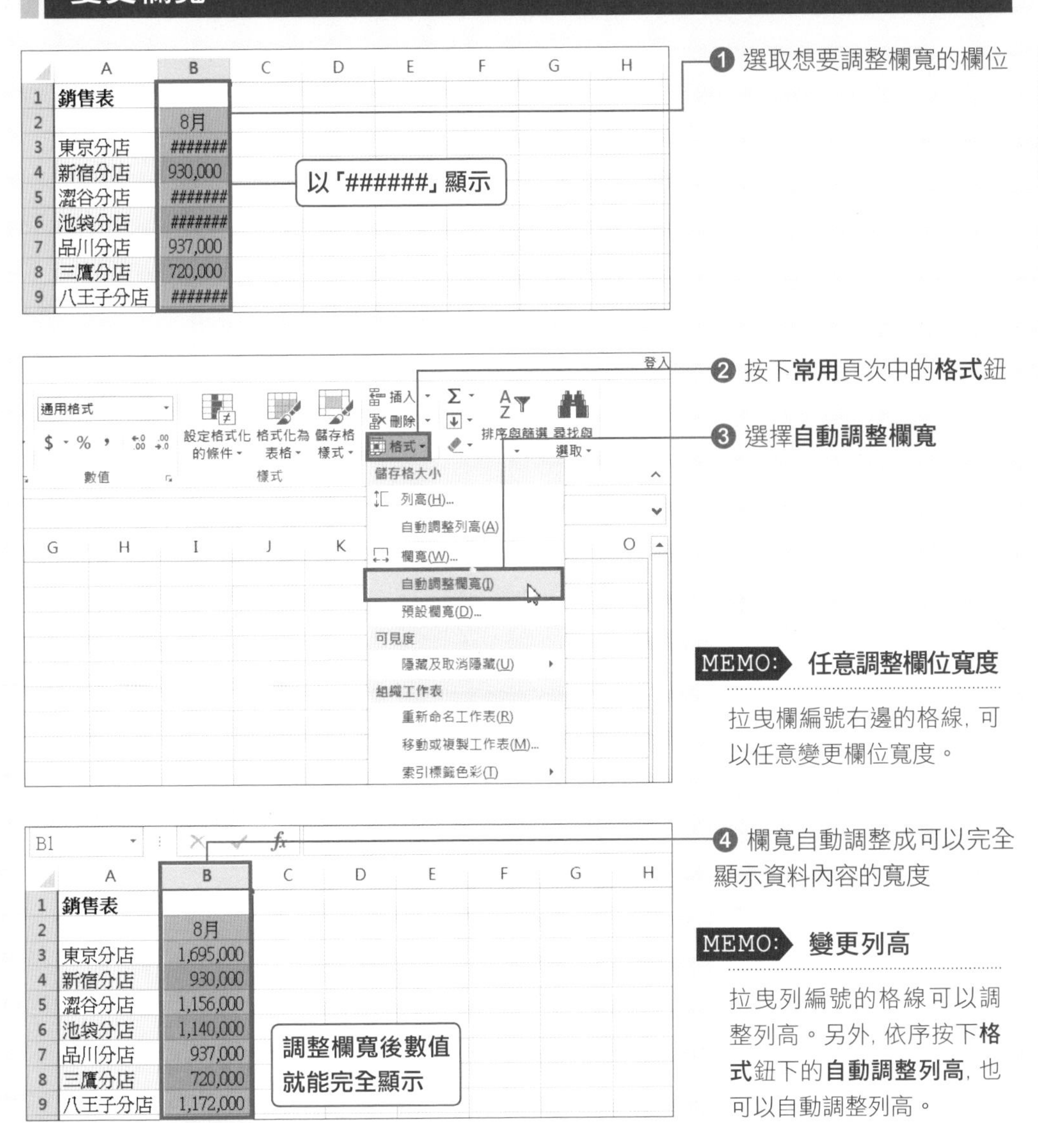

❶ 選取想要調整欄寬的欄位

❷ 按下**常用**頁次中的**格式**鈕

❸ 選擇**自動調整欄寬**

❹ 欄寬自動調整成可以完全顯示資料內容的寬度

MEMO: 任意調整欄位寬度

拉曳欄編號右邊的格線，可以任意變更欄位寬度。

MEMO: 變更列高

拉曳列編號的格線可以調整列高。另外，依序按下**格式**鈕下的**自動調整列高**，也可以自動調整列高。

SECTION 035 表格設計

快速自動調整儲存格的欄寬

輸入的文字長度大過於欄寬時，在相鄰的右邊儲存格輸入資料後，會出現文字被裁切的情況。這時，在欄編號的格線上連按兩下滑鼠左鍵，欄寬會馬上依照內容自動調整，讓儲存格內容可以完全顯示。

連按兩下滑鼠左鍵變更欄寬

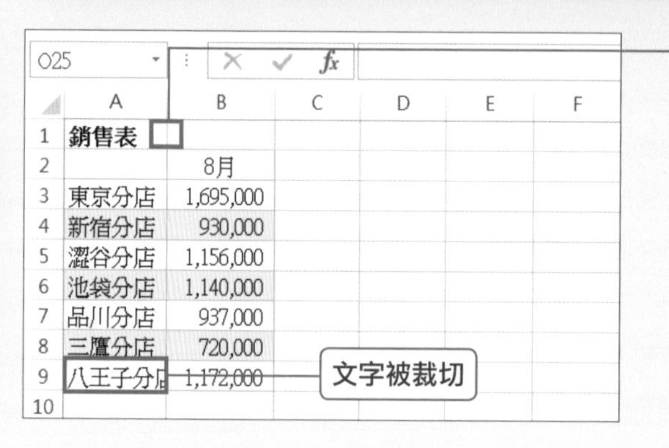

❶ 將滑鼠移到文字被裁切的欄編號右邊格線上

	A	B	C	D	E	F
1	銷售表					
2		8月				
3	東京分店	1,695,000				
4	新宿分店	930,000				
5	澀谷分店	1,156,000				
6	池袋分店	1,140,000				
7	品川分店	937,000				
8	三鷹分店	720,000				
9	八王子分店	1,172,000				
10						

❷ 當滑鼠指標變成 ⟷ 後，連按兩下滑鼠左鍵

	A	B	C	D	E	F
1	銷售表					
2		8月				
3	東京分店	1,695,000				
4	新宿分店	930,000				
5	澀谷分店	1,156,000				
6	池袋分店	1,140,000				
7	品川分店	937,000				
8	三鷹分店	720,000				
9	八王子分店	1,172,000				
10						

調整欄寬後文字就能完全顯示

❸ 自動調整欄位寬度

MEMO: 快速設定列高

想要快速設定列的高度時，先將滑鼠指標移動到想要調整列高的列編號格線上，當滑鼠變成 ↕ 後，快按兩下滑鼠左鍵。

將多個儲存格合併成單一儲存格

想將標題等長文字內容顯示在同一個儲存格中, 可以將相鄰的多個儲存格合併成單一儲存格, 這稱為儲存格的「合併」。合併後的儲存格隨時都可以取消合併。

將多個儲存格合併

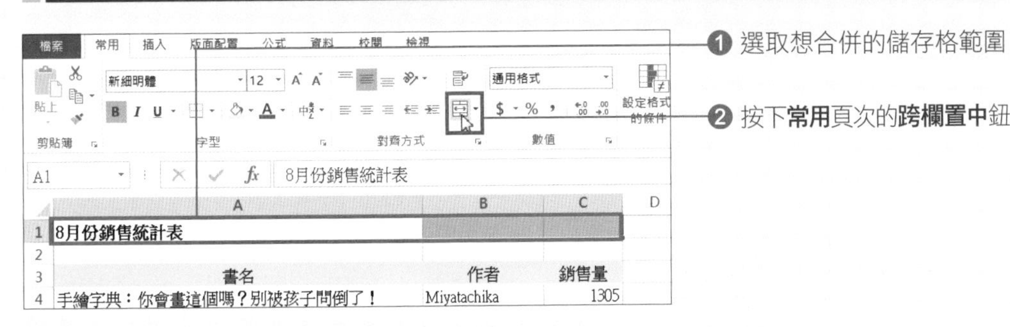

MEMO: 取消儲存格合併

要取消儲存格的合併時, 先選取合併儲存格, 再次按下**跨欄置中**鈕。

技巧補充

儲存格合併後, 不要置中對齊

不想讓文字在儲存格合併後以置中方式對齊時, 要按下**跨欄置中**鈕右邊的 ▾, 然後選擇**合併儲存格**。

另外, 當文字以置中方式對齊後, 可以按下**靠左對齊**鈕 (在 Excel 2010 中為**靠左對齊文字**) ≡, 也會有相同結果。

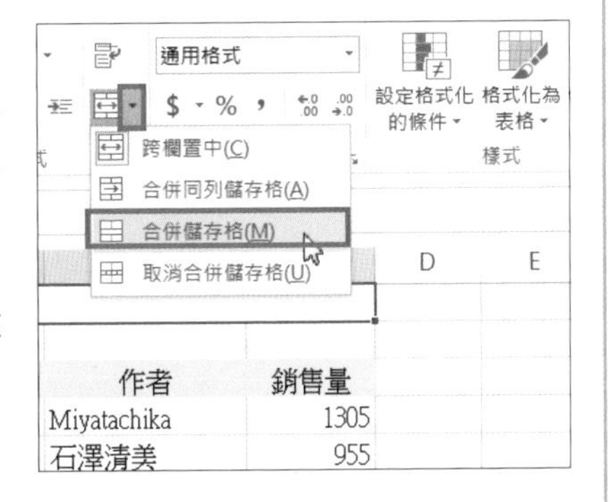

快速調整表格外觀

列印前，可以利用**佈景主題**來快速美化工作表。**佈景主題**是指工作表可以一次套用的字型、字型大小、配色、陰影、光澤等效果的功能。

套用佈景主題

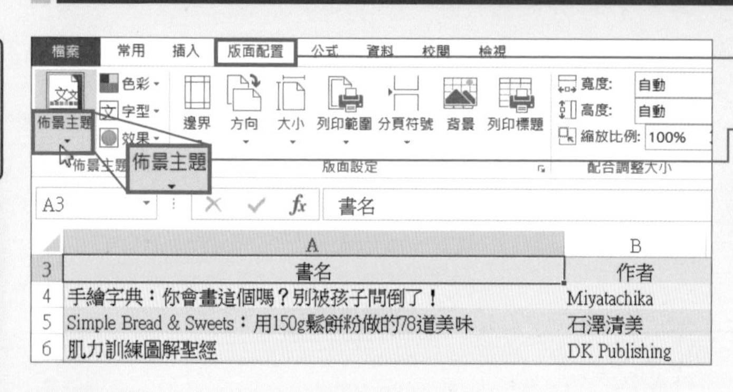

❶ 切換到**版面配置**頁次

❷ 按下**佈景主題**鈕的下半部

❸ 從佈景主題清單中選擇想要套用的主題

❹ 套用佈景主題後，工作表中的字型及配色等都會跟著被改變

表格格式被重新設定

MEMO: 變更佈景主題

以左側為例，當儲存格有設定填滿色彩的情況下變更佈景主題後，工作表的字型及色彩都會一起被變更。若儲存格未設定填滿色彩時，套用佈景主題後，只有字型會被變更。

MEMO: 分別變更各個元素

在**版面配置**頁次中的**佈景主題**區中，不只可用佈景主題一次變更外，還可以分別變更儲存格色彩、字型及效果等設定。要分別變更各元素的設定，可以按下**色彩**鈕、**字型**鈕或**效果**鈕，從出現的清單中選擇想要套用的樣式。

SECTION 038

儲存格/欄/列

快速插入/刪除儲存格

「想要增加表格項目」或「想要刪除」時，可以將儲存格插入或刪除。插入或刪除後，要設定現有資料的移動方向。刪除儲存格後，原來輸入的資料也會一起被刪除。

插入儲存格

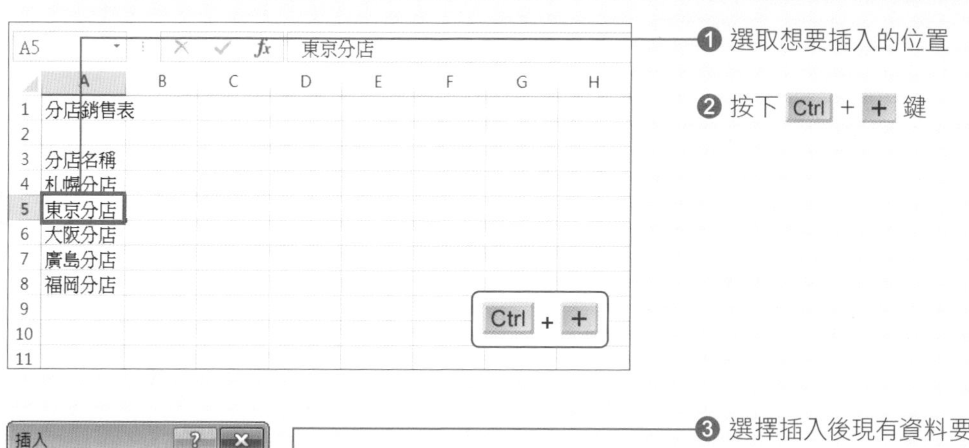

❶ 選取想要插入的位置

❷ 按下 Ctrl + + 鍵

❸ 選擇插入後現有資料要移動的方式（這裡選擇**現有儲存格下移**）

❹ 按下**確定**鈕

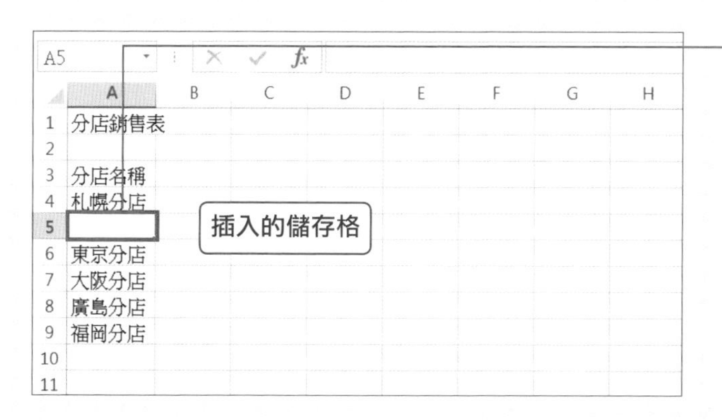

❺ 儲存格插入在指定的位置

MEMO: 刪除儲存格

要刪除儲存格時，先選取想要刪除的儲存格，然後按下 Ctrl + - 鍵。出現**刪除**交談窗後，選擇刪除後現有資料要移動的方向，然後按下**確定**鈕。

第 2 章 » 儲存格/欄/列

SECTION
039
儲存格/欄/列

快速插入/刪除整欄或整列

想要在保有表格設計樣式下新增資料時，可以插入欄或列。若資料不需要了也可以將欄或列刪除。另外，刪除欄或列時，資料也會一起被刪除。

插入/刪除列

	A	B	C	D	E
1	日本各分店上半年銷售表				
2					
3		1月	2月	3月	4月
4	札幌分店	1,582,500	1,263,600	1,698,900	1,054,400
5	函館分店	1,260,000	1,352,000	1,725,000	1,542,000
6	青森分店	863,000	1,150,000	1,260,000	937,000
7	秋田分店	980,000	1,020,000	1,100,000	930,000
8	盛岡分店	1,180,000	852,000	964,000	1,156,000
9	山形分店	884,000	742,500	963,000	1,140,000
10	仙台分店	1,366,600	825,900	1,193,400	1,377,200

❶ 選擇要插入位置的下一列

	A	B	C	D	E
1	日本各分店上半年銷售表				
2					
3		1月	2月	3月	4月
4	札幌分店	1,582,500	1,263,600	1,698,900	1,054,400
5	函館分店			1,725,000	1,542,000
6	青森分店			1,260,000	937,000
7	秋田分店	980,000	1,020,000	1,100,000	930,000
8					
9	岡分店	1,180,000	852,000	964,000	
10	山形分店	884,000	742,500	963,000	

❷ 按下 Ctrl + + 鍵後，會插入新的一列

	A	B	C	D	E
1	日本各分店上半年銷售表				
2					
3				3月	4月
4	札幌分店	1,582,500	1,263,600	1,698,900	1,054,400
5	函館分店	1,260,000	1,352,000	1,725,000	1,542,000
6	青森分店	863,000	1,150,000	1,260,000	937,000
7	秋田分店	980,000	1,020,000	1,100,000	930,000
8	盛岡分店	1,180,000	852,000	964,000	1,156,000
9	山形分店	884,000	742,500	963,000	
10	仙台分店	1,366,600	825,900	1,193,400	

列被刪除了

Ctrl + −

❸ 按下 Ctrl + − 鍵後，會將列刪除

MEMO: 插入/刪除欄

要插入欄時，先選擇整欄後，再按下 Ctrl + + 鍵。選擇欄的右邊會插入空白欄。刪除欄時，先選擇想要刪除的欄，然後按下 Ctrl + − 鍵。

隱藏欄或列

遇到「想要暫時隱藏大表格中用不到的資料」或是「有部分表格資料不想列印出來」、…等情況時，可以暫時將欄或列隱藏起來。被隱藏的欄或列，隨時都可以再顯示。

隱藏欄

	A	B	C	D	E	F
1	日本各分店上半年銷售表					
2						
3		1月	2月	3月	4月	5月
4	札幌分店	1,582,500	1,263,600	1,698,900	1,054,400	1,112,800
5	函館分店	1,260,000	1,352,000	1,725,000	1,542,000	1,300,000
6	青森分店	863,000	1,150,000	1,260,000	937,000	852,000
7	秋田分店	980,000	1,020,000	1,100,000	930,000	895,000
8	盛岡分店	1,180,000	852,000	964,000	1,156,000	1,243,000

❶ 用拉曳的方式選取想要隱藏的欄

❷ 在**常用**頁次中按下**格式**鈕，選擇**隱藏及取消隱藏/隱藏欄**

設定格式化的條件 ▾　格式化為表格 ▾　儲存格樣式 ▾　插入 ▾　刪除 ▾　格式 ▾　編輯

儲存格大小
列高(H)...
自動調整列高(A)
欄寬(W)...
自動調整欄寬(I)
預設欄寬(D)...
可見度
隱藏及取消隱藏(U)
組織工作表
重新命名工作表(R)

隱藏列(R)
隱藏欄(C)
隱藏工作表(S)

❸ 選取的欄位被隱藏

	A	E	F	G
1	日本各分店上半年銷售表			
2				單位:日幣
3		4月	5月	6月
4	札幌分店	1,054,400	1,112,800	1,366,50
5	函館分店	1,542,000	1,300,000	1,220,000
6	青森分店	937,000	852,000	820,000
7	秋田分店	930,000	895,000	763,000
8	盛岡分店	1,156,000	1,243,000	968,000

1 月～3 月的資料被隱藏

MEMO: 隱藏列

想要隱藏列時，用拉曳的方式選取要隱藏的列，然後在**常用**頁次中依序按下**格式**鈕，選擇**隱藏及取消隱藏/隱藏列**。

MEMO: 再次顯示欄或列資料

想要將隱藏的資料再次顯示時，先以拉曳的方式選取被隱藏欄或列兩側相鄰的欄或列，然後在**常用**頁次中依序按下**格式**鈕，選擇**隱藏及取消隱藏/取消隱藏列**或**取消隱藏欄**。

SECTION
041
儲存格/欄/列

快速隱藏/取消隱藏欄或列

想要隱藏/取消隱藏欄或列，可以利用快速鍵來完成，這樣手不用離開鍵盤就能快速執行。若再搭配快速鍵來選取欄或列，就能讓提升編輯效率。

快速隱藏/取消隱藏列

	A	B	C	D	E
1	日本各分店上半年銷售表				
2					
3		1月	2月	3月	4月
4	東京分店	1,896,300	1,857,000	2,056,700	1,695,000
5	新宿分店	980,000	1,020,000	1,100,000	930,000
6	澀谷分店	1,180,000	852,000	964,000	1,156,000
7	池袋分店	884,000	742,500	963,000	1,140,000
8	品川分店	863,000	1,150,000	1,260,000	937,000
9	三鷹分店	765,000	694,000	857,000	720,000
10	八王子分店	963,000	1,156,000	1,362,000	1,172,000
11					
12					

Ctrl + 9

❶ 選取想要隱藏的列後，按下 Ctrl + 9 鍵

	A	B	C	D	E
1	日本各分店上半年銷售表				
2					
3		1月	2月	3月	4月
4	東京分店	1,896,300	1,857,000	2,056,700	1,695,000
5	新宿分店	980,000	1,020,000	1,100,000	930,000
9	三鷹分店	765,000	694,000	857,000	720,000
10	八王子分店	963,000	1,156,000	1,362,000	1,172,000
11					
12					

列被隱藏了

❷ 所選取的列被隱藏起來了

MEMO: 快速隱藏/取消隱藏欄

想要隱藏欄時，先選取想要隱藏的欄後按下 Ctrl + 0 鍵。要再次顯示隱藏欄時，先選取被隱藏欄兩側相鄰的欄，然後在欄編號上按下滑鼠右鍵，接著選擇**取消隱藏**。

技巧補充

再次顯示隱藏列

要再次顯示隱藏列時，先選取與隱藏列相鄰的上下列 (這裡為第 5 列到第 9 列)，然後按下 Ctrl + Shift + 9 鍵或按下滑鼠右鍵後，選擇**取消隱藏**。

	A	B	C	D
1	日本			
2				
3		1月	2月	3月
4	東京分店	1,896,300	1,857,000	2,056,700
5	新宿分店	980,000	1,020,000	1,100,000
9	三鷹分店	765,000	694,000	857,000
10	八王子分店	963,000	1,156,000	1,362,000
11				

選取與隱藏列相鄰的上下列

SECTION 042

儲存格/欄/列

固定顯示標題欄或列

在大型表格中捲動畫面後，會因標題沒有顯示在畫面中而造成無法直接看到資料所對應的標題。固定標題列後，標題列就不會跟著畫面捲動，讓資料閱讀起來更清楚易懂。

固定標題列

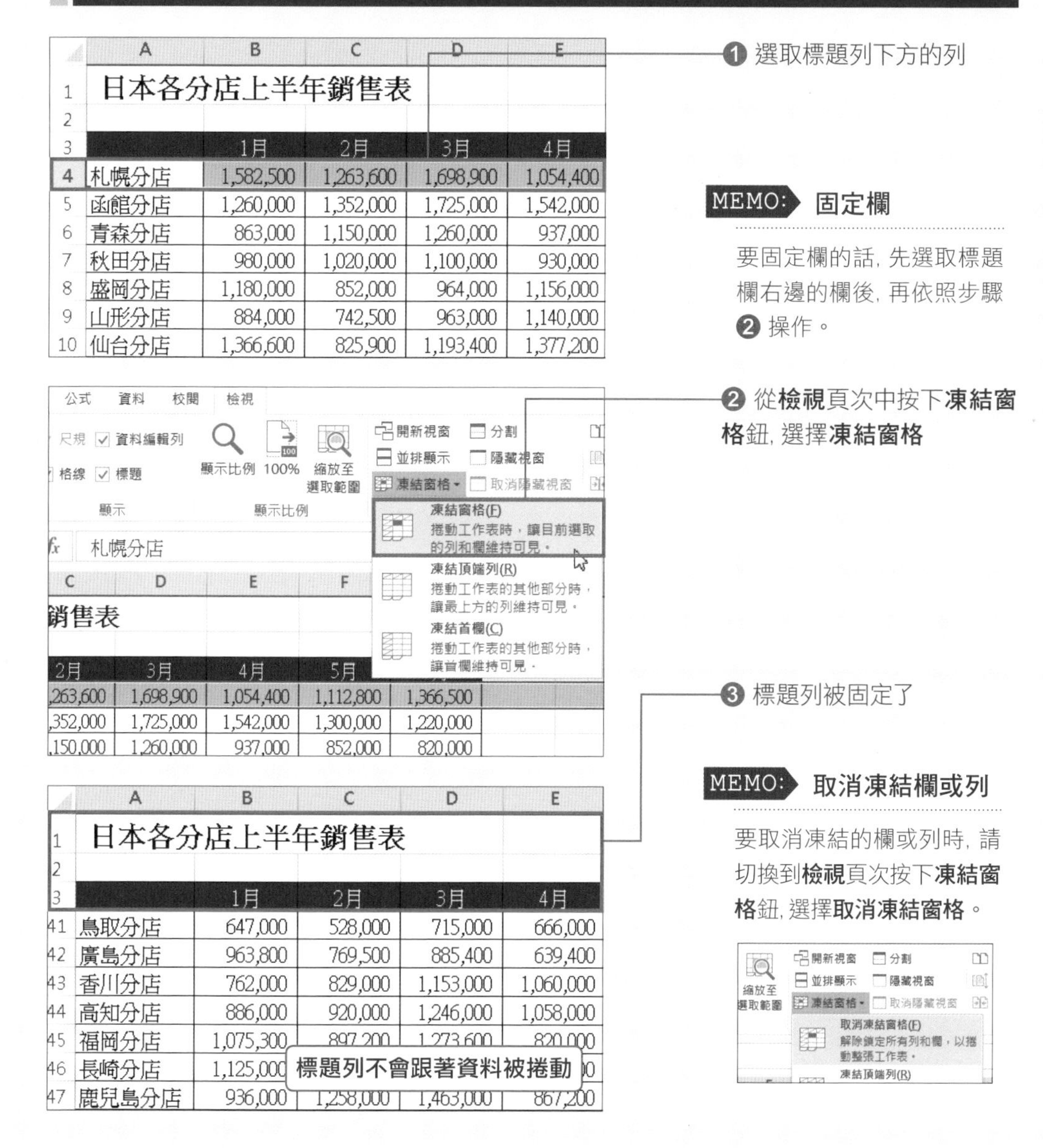

❶ 選取標題列下方的列

❷ 從**檢視**頁次中按下**凍結窗格**鈕，選擇**凍結窗格**

❸ 標題列被固定了

MEMO: 固定欄

要固定欄的話，先選取標題欄右邊的欄後，再依照步驟 ❷ 操作。

MEMO: 取消凍結欄或列

要取消凍結的欄或列時，請切換到**檢視**頁次按下**凍結窗格**鈕，選擇**取消凍結窗格**。

SECTION
043
儲存格/欄/列

將表格的欄、列資料瞬間交換

有時會想將已經製作好的表格欄、列資料交換顯示，例如將縱向表格轉換成橫向表格等。遇到這種情況時，表格不用重新製作，只要利用**貼上選項**就能將表格的欄、列資料瞬間相互交換。

將表格的欄、列資料互換

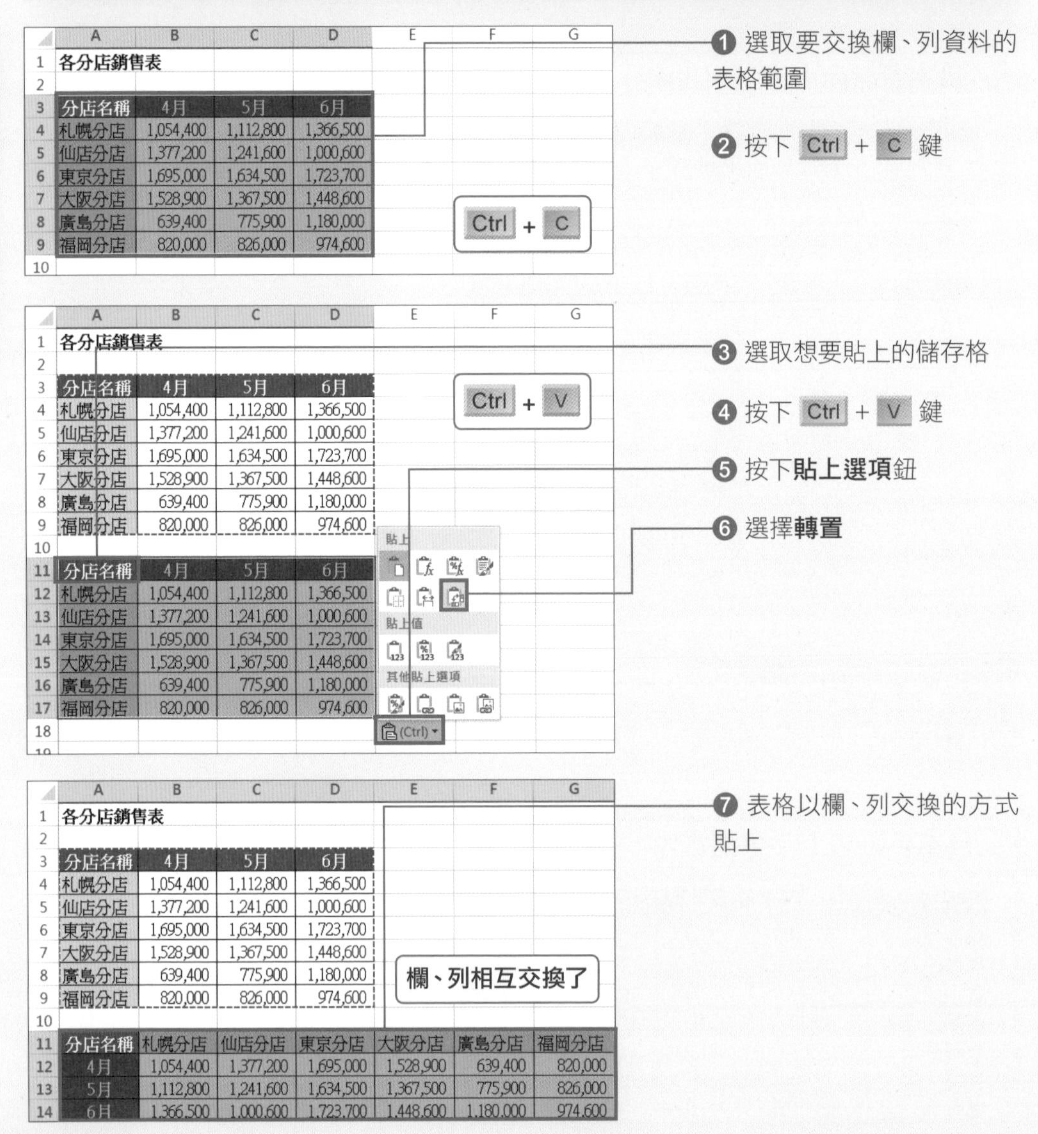

分店名稱	4月	5月	6月
札幌分店	1,054,400	1,112,800	1,366,500
仙店分店	1,377,200	1,241,600	1,000,600
東京分店	1,695,000	1,634,500	1,723,700
大阪分店	1,528,900	1,367,500	1,448,600
廣島分店	639,400	775,900	1,180,000
福岡分店	820,000	826,000	974,600

分店名稱	札幌分店	仙店分店	東京分店	大阪分店	廣島分店	福岡分店
4月	1,054,400	1,377,200	1,695,000	1,528,900	639,400	820,000
5月	1,112,800	1,241,600	1,634,500	1,367,500	775,900	826,000
6月	1,366,500	1,000,600	1,723,700	1,448,600	1,180,000	974,600

SECTION 044

框線

在整個表格中繪製框線

工作表中顯示的淺灰色線是用來顯示儲存格範圍的線，不會被列印出來。想要將表格框線也一起列印出來的話，要先繪製框線（儲存格範圍的線）。

繪製整個表格的框線

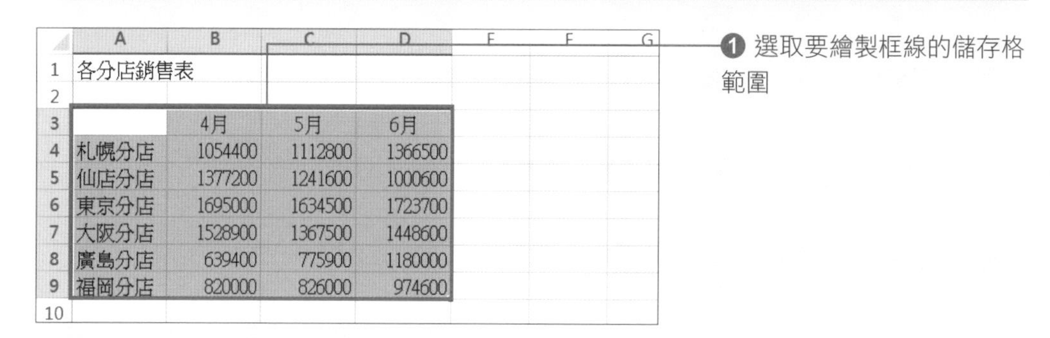

	A	B	C	D	E	F	G
1	各分店銷售表						
2							
3		4月	5月	6月			
4	札幌分店	1054400	1112800	1366500			
5	仙店分店	1377200	1241600	1000600			
6	東京分店	1695000	1634500	1723700			
7	大阪分店	1528900	1367500	1448600			
8	廣島分店	639400	775900	1180000			
9	福岡分店	820000	826000	974600			
10							

❶ 選取要繪製框線的儲存格範圍

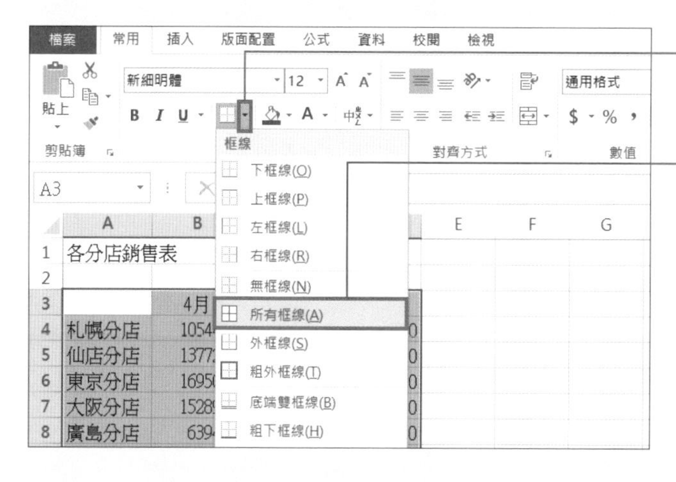

❷ 按下**常用**頁次中**格線**鈕的箭頭

❸ 選擇想要繪製的框線（這裡選擇**所有框線**）

MEMO: 刪除框線

要刪除框線時，先選取表格範圍，然後按下**格線**的 ▾，再選擇**無框線**。

	A	B	C	D	E	F	G
1	各分店銷售表						
2							
3		4月	5月	6月			
4	札幌分店	1054400	1112800	1366500			
5	仙店分店	1377200	1241600	1000600			
6	東京分店	1695000	1634500	1723700			
7	大阪分店	1528900	1367500	1448600			
8	廣島分店	639400	775900	1180000			
9	福岡分店	820000	826000	974600			
10							

繪製的框線

❹ 表格框線繪製完成

第 2 章 » 框線

SECTION

045

框線

用快速鍵繪製/刪除外框線

用快速鍵也能繪製框線，雖然只能繪製選取儲存格範圍的外框線，但比起用滑鼠來繪製框線，鍵盤操作還是比較方便。

利用快速鍵繪製/刪除表格外框線

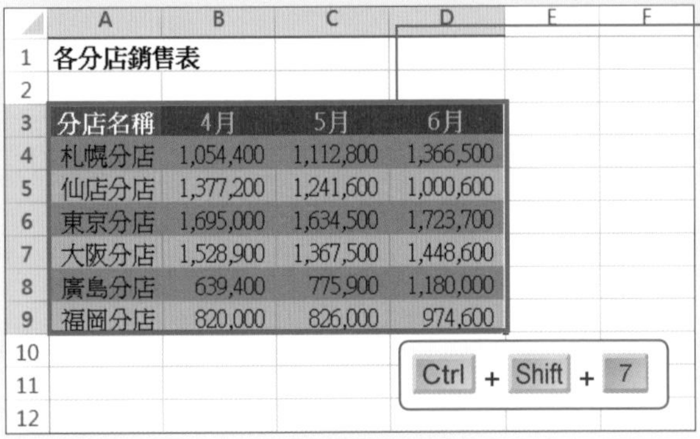

	A	B	C	D	E	F
1	各分店銷售表					
2						
3	分店名稱	4月	5月	6月		
4	札幌分店	1,054,400	1,112,800	1,366,500		
5	仙店分店	1,377,200	1,241,600	1,000,600		
6	東京分店	1,695,000	1,634,500	1,723,700		
7	大阪分店	1,528,900	1,367,500	1,448,600		
8	廣島分店	639,400	775,900	1,180,000		
9	福岡分店	820,000	826,000	974,600		
10						
11						
12						

Ctrl + Shift + 7

❶ 利用拉曳的方式選取儲存格範圍

❷ 按下 Ctrl + Shift + 7 鍵

	A	B	C	D	E	F
1	各分店銷售表					
2						
3	分店名稱	4月	5月	6月		
4	札幌分店	1,054,400	1,112,800	1,366,500		
5	仙店分店	1,377,200	1,241,600	1,000,600		
6	東京分店	1,695,000	1,634,500	1,723,700		
7	大阪分店	1,528,900	1,367,500	1,448,600		
8	廣島分店	639,400	775,900	1,180,000		
9	福岡分店	820,000	826,000			
10						
11						

繪製的框線

Ctrl + Shift + _

❸ 繪製好儲存格範圍外框線

❹ 想要刪除框線時，先選取想要刪除框線的儲存格範圍

❺ 按下 Ctrl + Shift + _ 鍵

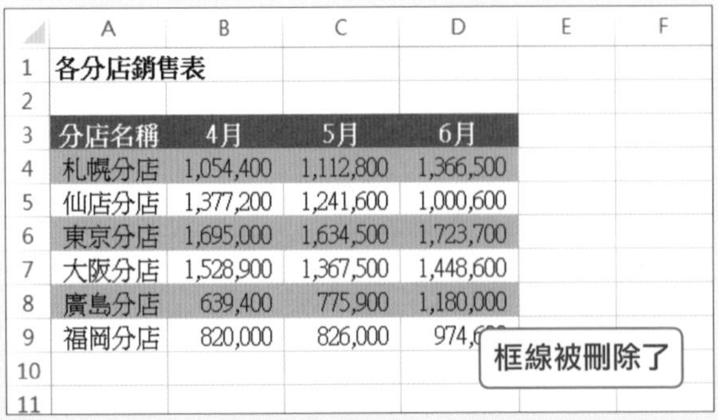

	A	B	C	D	E	F
1	各分店銷售表					
2						
3	分店名稱	4月	5月	6月		
4	札幌分店	1,054,400	1,112,800	1,366,500		
5	仙店分店	1,377,200	1,241,600	1,000,600		
6	東京分店	1,695,000	1,634,500	1,723,700		
7	大阪分店	1,528,900	1,367,500	1,448,600		
8	廣島分店	639,400	775,900	1,180,000		
9	福岡分店	820,000	826,000	974,6		
10						
11						

框線被刪除了

❻ 框線被刪除了

MEMO: 斜線無法被刪除

利用快速鍵無法刪除儲存格中的斜線。刪除斜線的方法，請參照**單元 051**。

第 2 章 » 框線

指定框線樣式後再繪製

改變線條的樣式，可讓框線有所區別，例如將框線改成**粗線條**、**虛線**、…等，可讓表格資料更清楚易懂。要變更框線樣式，請切換到**常用**頁次，按下**框線**鈕的箭頭，點選**線條樣式**，再從清單中挑選想要的線條樣式。

在表格中線繪製粗線條

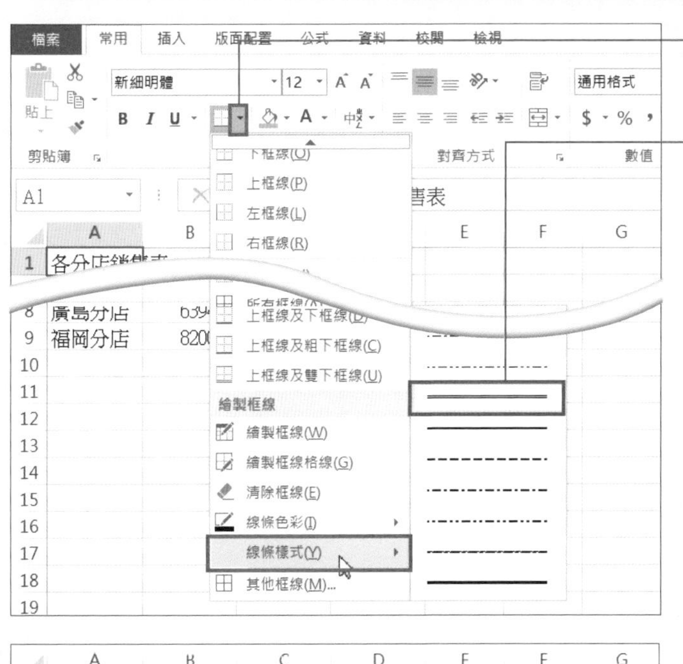

❶ 按下**常用**頁次中**框線**鈕的箭頭

❷ 選擇**線條樣式**後，再選擇想要的樣式

	A	B	C	D	E	F	G
1	各分店銷售表						
2							
3		4月	5月	6月			
4	札幌分店	1054400	1112800	1366500			
5	仙店分店	1377200	1241600	1000600			
6	東京分店	1695000	1634500	1723700			
7	大阪分店	1528900	1367500	1448600			

❸ 當滑鼠指標變成筆的圖案後，在儲存格的框線上以拉曳的方式繪製

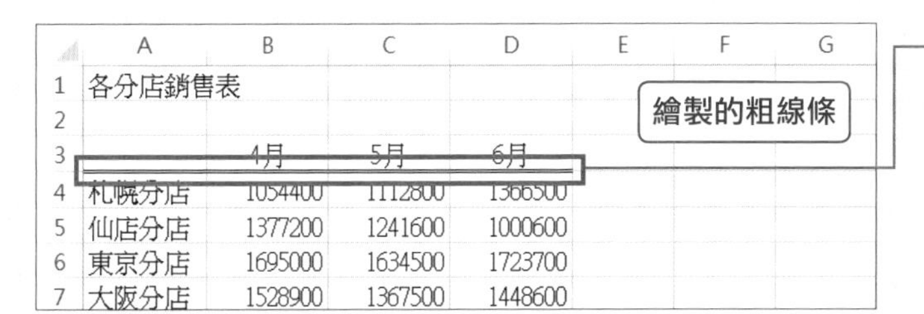

	A	B	C	D	E	F	G
1	各分店銷售表						
2							
3		4月	5月	6月			
4	札幌分店	1054400	1112800	1366500			
5	仙店分店	1377200	1241600	1000600			
6	東京分店	1695000	1634500	1723700			
7	大阪分店	1528900	1367500	1448600			

❹ 在儲存格的框線上繪製粗線條

SECTION 047 框線

在表格左上角繪製斜線

製作表格時，常常會在表格的左上角繪製斜線。利用**繪製框線**功能，當滑鼠指標變成筆的圖案後，在儲存格的對角線上拉曳，就能繪製斜線。

在儲存格中繪製斜線

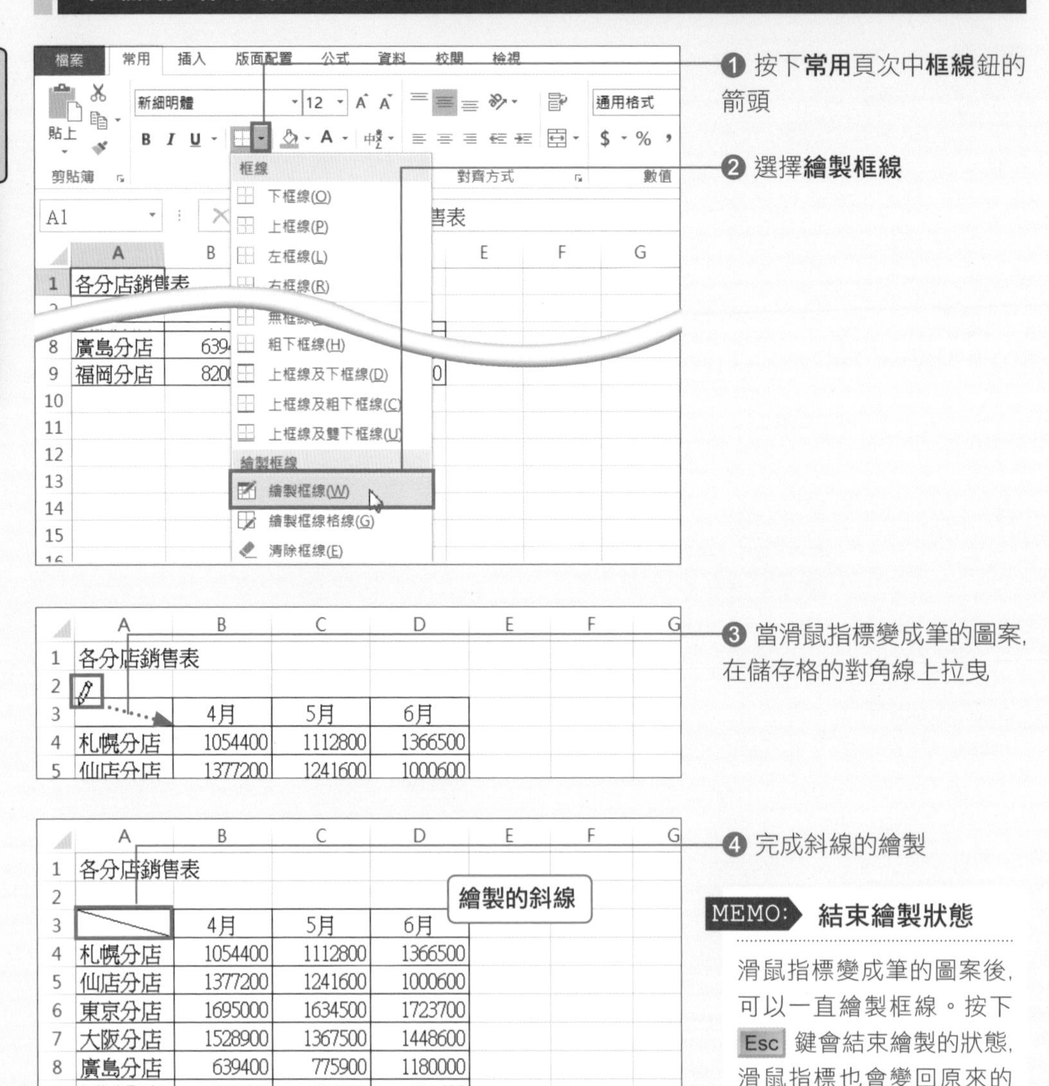

❶ 按下**常用**頁次中**框線**鈕的箭頭

❷ 選擇**繪製框線**

❸ 當滑鼠指標變成筆的圖案，在儲存格的對角線上拉曳

❹ 完成斜線的繪製

	A	B	C	D
1	各分店銷售表			
2				
3		4月	5月	6月
4	札幌分店	1054400	1112800	1366500
5	仙店分店	1377200	1241600	1000600
6	東京分店	1695000	1634500	1723700
7	大阪分店	1528900	1367500	1448600
8	廣島分店	639400	775900	1180000
9	福岡分店	820000	826000	974600
10				

MEMO: 結束繪製狀態

滑鼠指標變成筆的圖案後，可以一直繪製框線。按下 Esc 鍵會結束繪製的狀態，滑鼠指標也會變回原來的樣式。

指定框線色彩後再繪製

預設的框線色彩為黑色，但為了讓版面更好看，框線也能配合儲存格及文字的顏色來變更色彩。另外，變更框線的顏色後，後續繪製的框線也都會套用變更後的色彩。

設定框線色彩

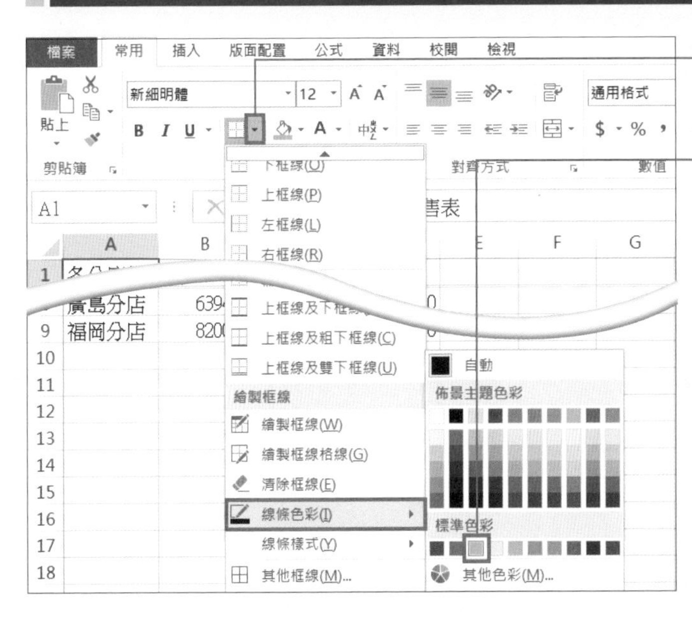

❶ 按下**常用**頁次中**框線**鈕的箭頭

❷ 選擇**線條色彩**後，再選擇想要套用的顏色

MEMO: 變更框線色彩

要變更已繪製好的框線色彩時，在步驟 ❷ 選擇好顏色後，在原有的表格框線上拉曳即可。

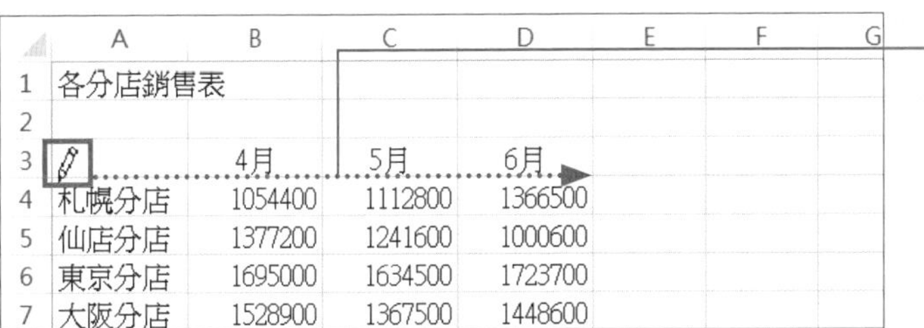

❸ 當滑鼠指標變成筆的圖案，在儲存格的框線上以拉曳的方式繪製

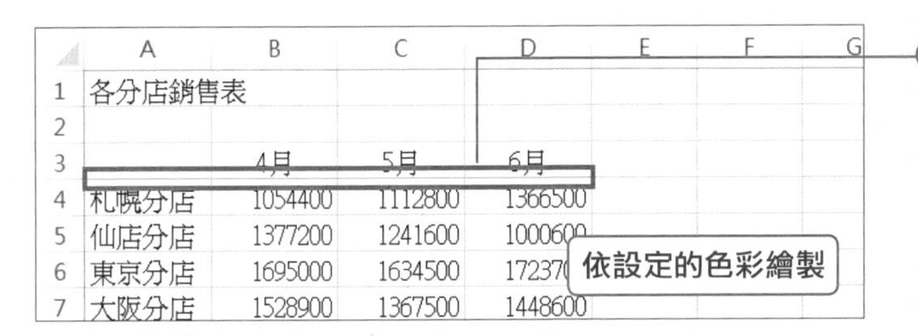

❹ 框線會依選擇的色彩繪製

同時設定框線的樣式/色彩/範圍

在**儲存格格式**交談窗中的**外框**頁次，可以同時設定框線的色彩及樣式。想要重新設定框線的色彩及樣式，使用這個方法更省時不費力。

在「儲存格格式」交談窗中設定框線

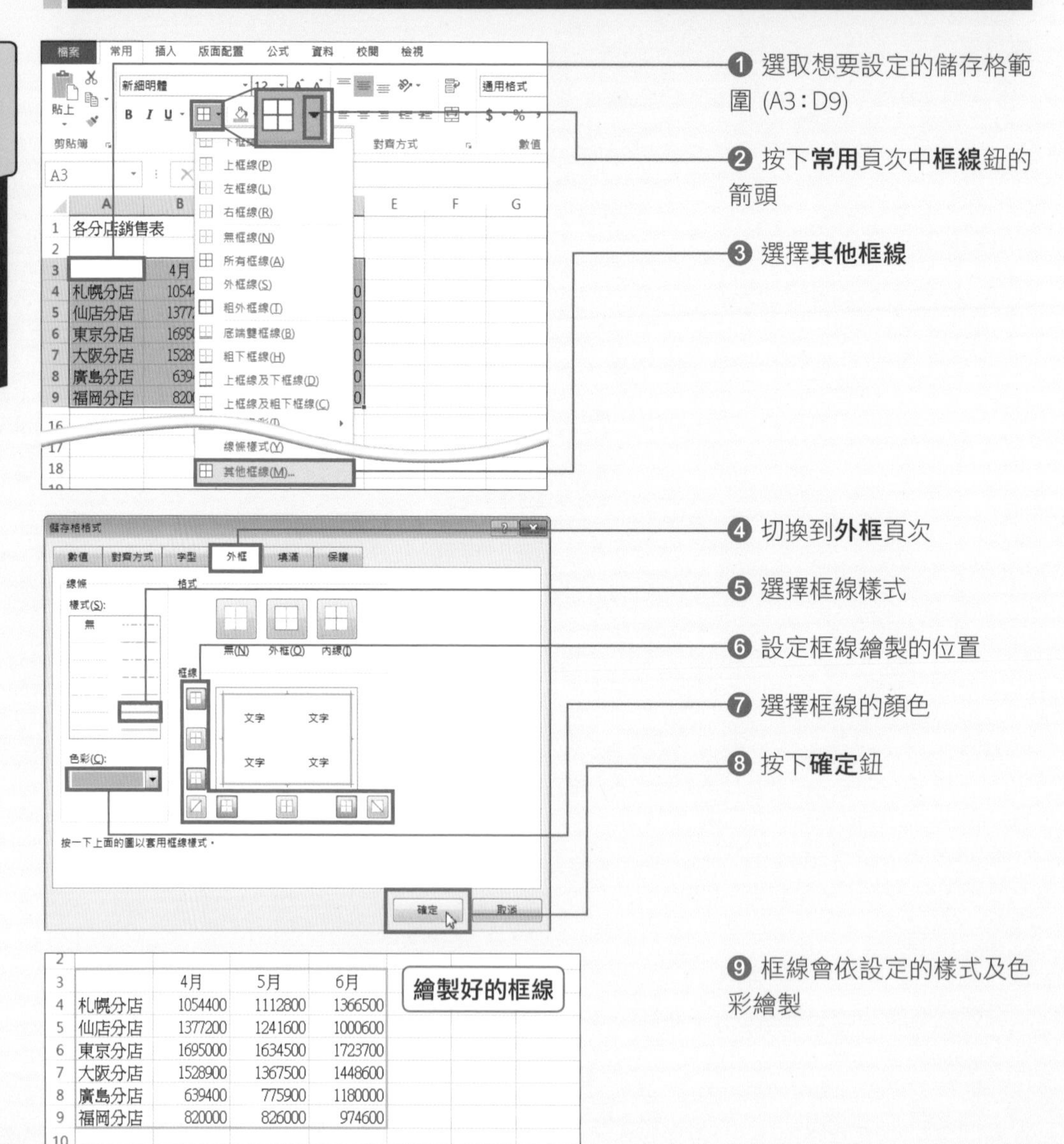

❶ 選取想要設定的儲存格範圍 (A3：D9)

❷ 按下**常用**頁次中**框線**鈕的箭頭

❸ 選擇**其他框線**

❹ 切換到**外框**頁次

❺ 選擇框線樣式

❻ 設定框線繪製的位置

❼ 選擇框線的顏色

❽ 按下**確定**鈕

❾ 框線會依設定的樣式及色彩繪製

SECTION **050**

框線

刪除框線

要重新繪製框線前，可先將原來的框線刪除。刪除和繪製框線相同，都是從**常用**頁次的**框線**鈕執行設定。不論是一般框線、雙線或不同色彩的線條等都會一起被刪除。

刪除所有表格框線

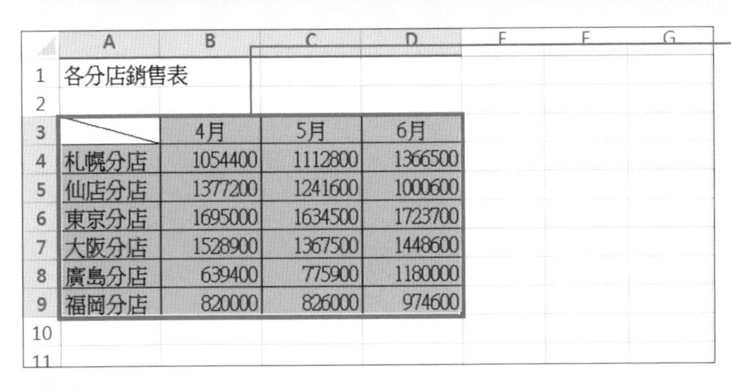

	4月	5月	6月
札幌分店	1054400	1112800	1366500
仙店分店	1377200	1241600	1000600
東京分店	1695000	1634500	1723700
大阪分店	1528900	1367500	1448600
廣島分店	639400	775900	1180000
福岡分店	820000	826000	974600

❶ 選取想要刪除框線的儲存格範圍

框線：下框線(O)、上框線(P)、左框線(L)、右框線(R)、無框線(N)、所有框線(A)、外框線(S)、粗外框線(T)

❷ 按下**常用**頁次中**框線**鈕的箭頭

❸ 選擇**無框線**

	4月	5月	6月
札幌分店	1054400	1112800	1366500
仙店分店	1377200	1241600	1000600
東京分店	1695000	1634500	1723700
大阪分店	1528900	1367500	1448600
廣島分店	639400	775900	1180000
福岡分店	820000	826000	974600

框線都被刪除了

❹ 設定**無框線**後，所有框線都會被刪除

MEMO: 刪除框線和資料

刪除表格框線後，儲存格內的資料不會被刪除。要同時刪除框線和資料的話，可以在**常用**頁次中按下**清除**鈕 選擇**全部清除**。

SECTION 051

框線

刪除部分框線

按下**常用**頁次的**框線**鈕, 選擇**無框線**的方法刪除框線後, 儲存格的所有框線都會被刪除。若只想刪除下底線或斜線等部分框線時, 可以利用拉曳方式來完成。

利用拉曳方式刪除表格的部分框線

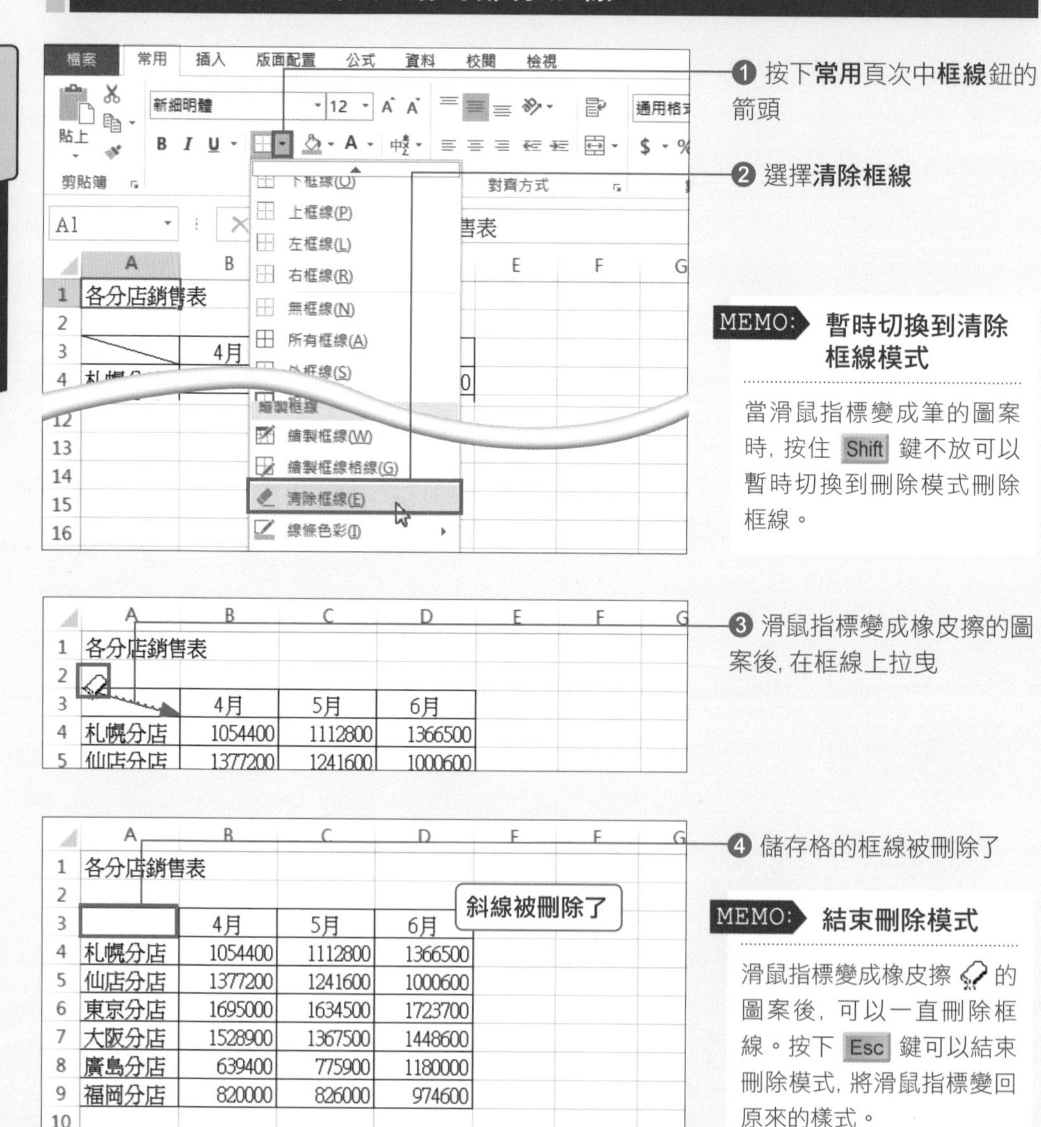

MEMO: 暫時切換到清除框線模式

當滑鼠指標變成筆的圖案時, 按住 Shift 鍵不放可以暫時切換到刪除模式刪除框線。

MEMO: 結束刪除模式

滑鼠指標變成橡皮擦的圖案後, 可以一直刪除框線。按下 Esc 鍵可以結束刪除模式, 將滑鼠指標變回原來的樣式。

SECTION 052 表格編輯

在儲存格中插入註解

在儲存格中插入的註解可以當成製作表格時的 Memo，或是記錄想要傳達給其他使用者的訊息。要設定註解請切換到**校閱**頁次。

在儲存格中插入註解

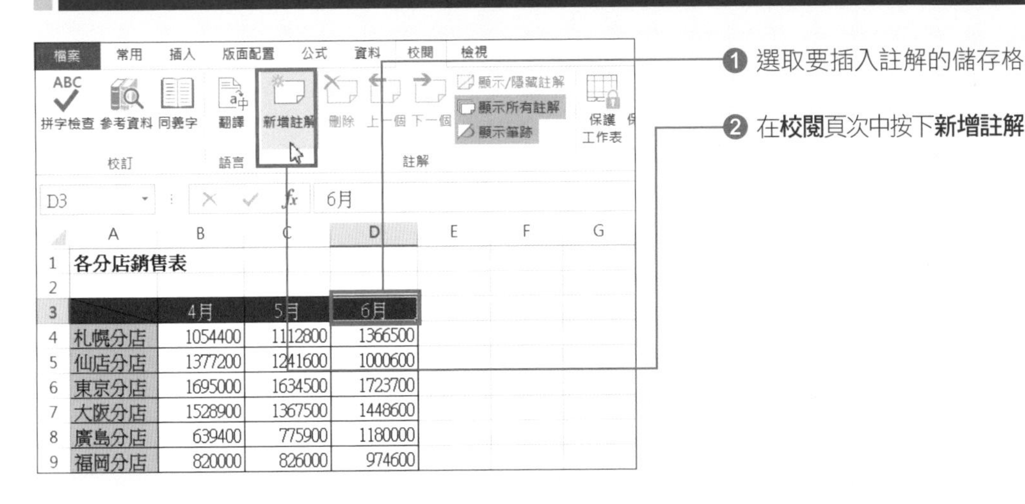

❶ 選取要插入註解的儲存格

❷ 在**校閱**頁次中按下**新增註解**

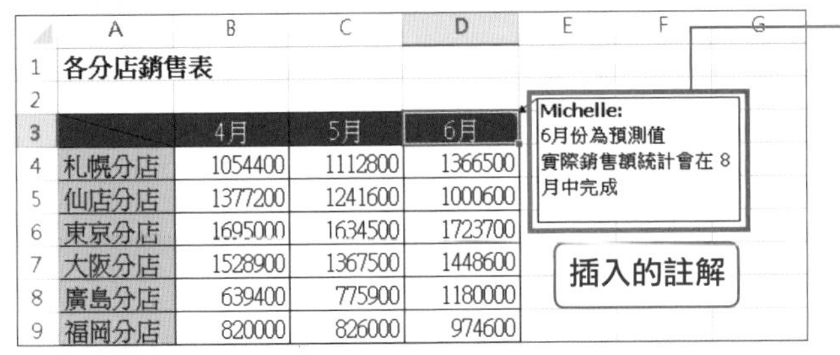

❸ 插入註解後，指標會顯示在註解中，因此可以直接輸入、編輯文字

❹ 選取註解以外的範圍，即可結束註解的編輯

技巧補充

顯示註解

註解通常都會被隱藏起來。有插入註解的儲存格，在儲存格的右上角會顯示紅色的三角形，將滑鼠指標移動到三角形上方註解就會自動顯示。

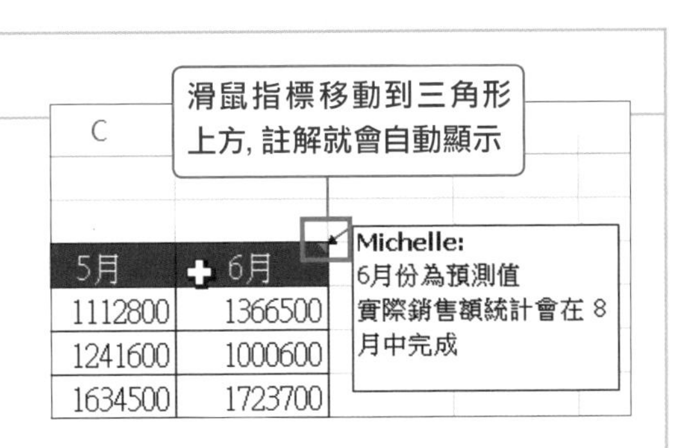

SECTION 053 表格編輯

依順序顯示註解

按下**校閱**頁次中的**下一個**鈕，可以讓多個註解依順序顯示。每按下**下一個**鈕後，就會依序切換到下一個註解。按下**上一個**鈕，則可回到上一個註解。

依序顯示多個註解

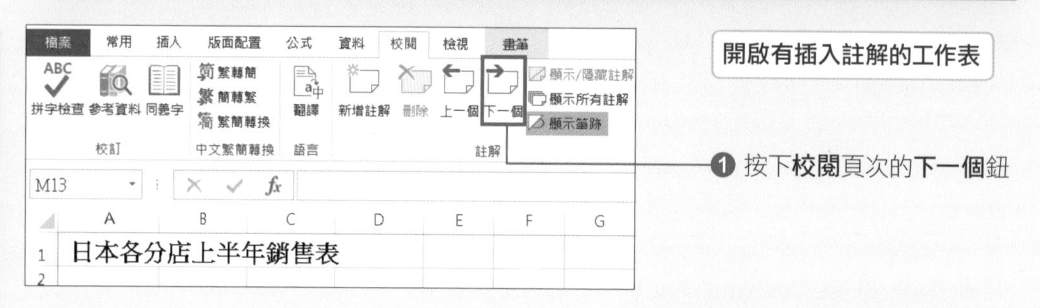

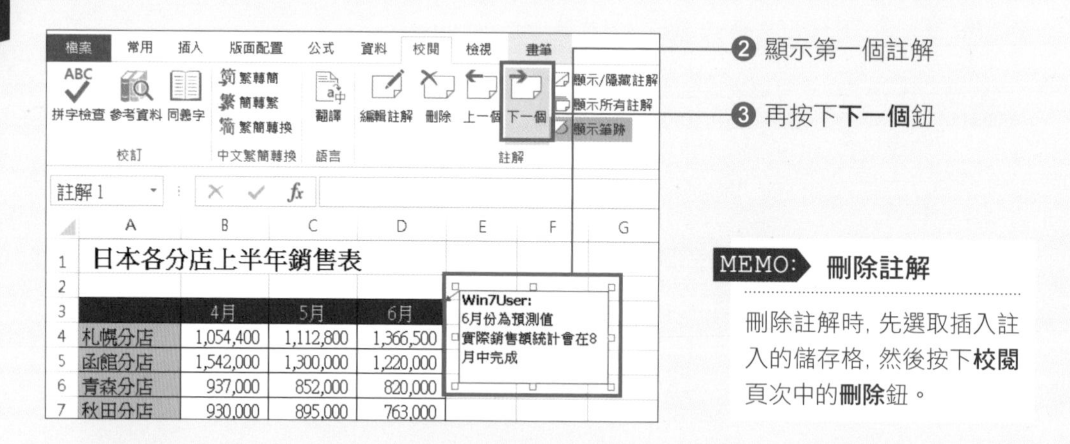

	A	B	C	D
3		4月	5月	6月
4	札幌分店	1,054,400	1,112,800	1,366,500
5	函館分店	1,542,000	1,300,000	1,220,000
6	青森分店	937,000	852,000	820,000
7	秋田分店	930,000	895,000	763,000

MEMO: 刪除註解

刪除註解時，先選取插入註入的儲存格，然後按下**校閱**頁次中的**刪除**鈕。

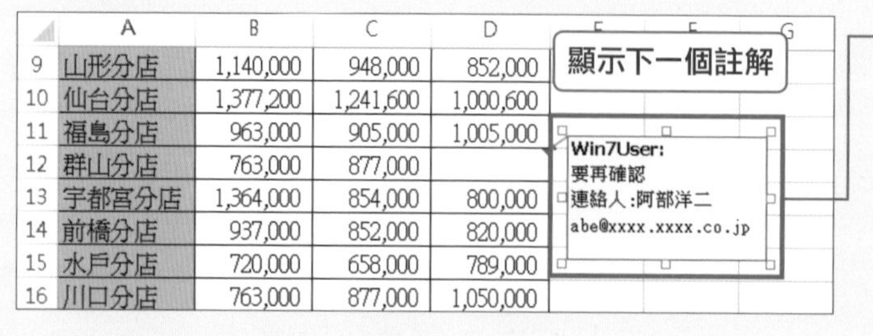

	A	B	C	D
9	山形分店	1,140,000	948,000	852,000
10	仙台分店	1,377,200	1,241,600	1,000,600
11	福島分店	963,000	905,000	1,005,000
12	群山分店	763,000	877,000	
13	宇都宮分店	1,364,000	854,000	800,000
14	前橋分店	937,000	852,000	820,000
15	水戶分店	720,000	658,000	789,000
16	川口分店	763,000	877,000	1,050,000

SECTION 054 表格編輯

保護工作表讓其他人無法編輯

請款單、客戶資料等製作好的資料被修改後，可能會造成一些不必要的困擾。為了安全起見，不希望資料被任意修改，可以將工作表設成保護，讓它無法被編輯。

保護工作表

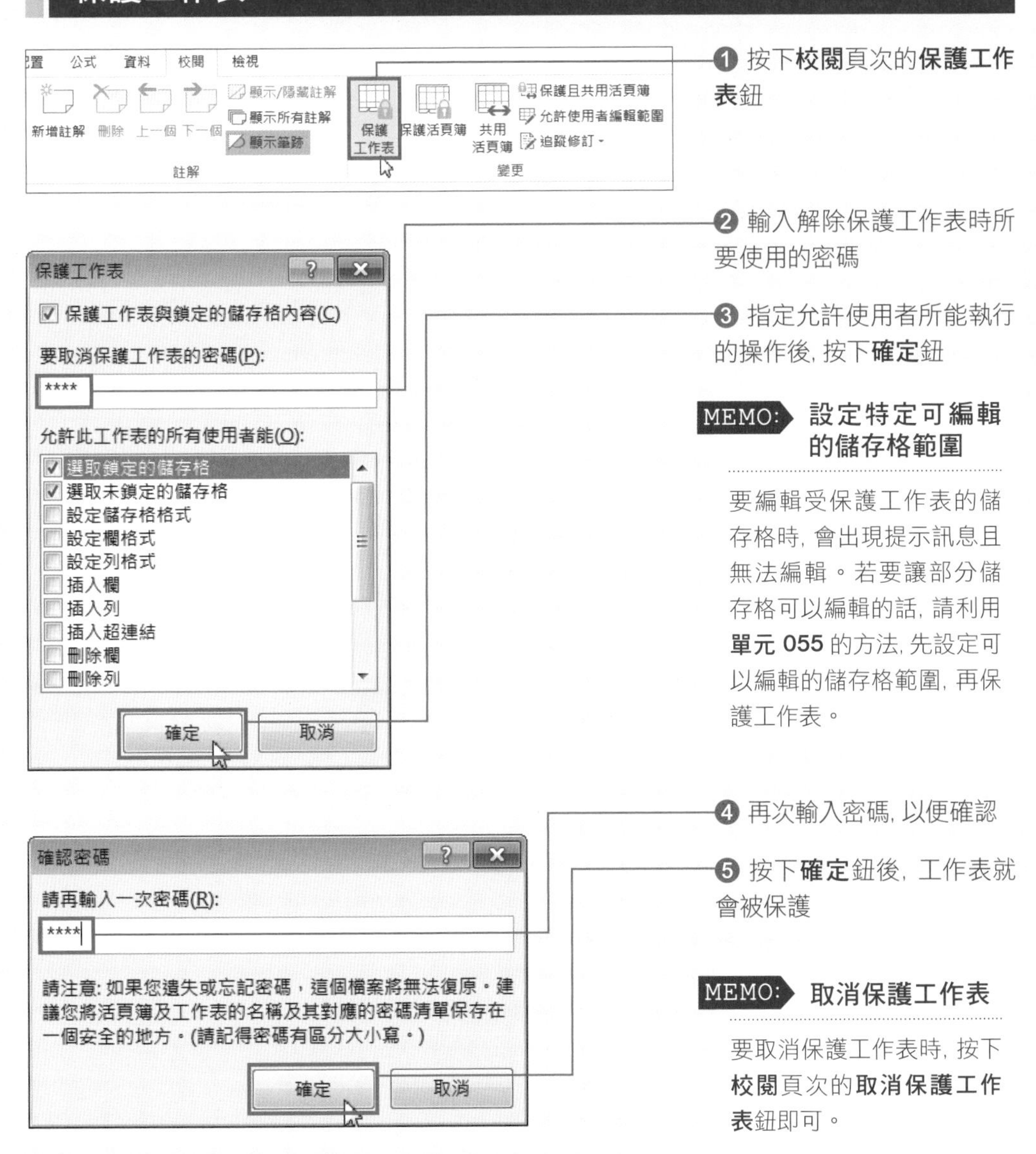

❶ 按下**校閱**頁次的**保護工作表**鈕

❷ 輸入解除保護工作表時所要使用的密碼

❸ 指定允許使用者所能執行的操作後，按下**確定**鈕

MEMO: 設定特定可編輯的儲存格範圍

要編輯受保護工作表的儲存格時，會出現提示訊息且無法編輯。若要讓部分儲存格可以編輯的話，請利用**單元 055** 的方法，先設定可以編輯的儲存格範圍，再保護工作表。

❹ 再次輸入密碼，以便確認

❺ 按下**確定**鈕後，工作表就會被保護

MEMO: 取消保護工作表

要取消保護工作表時，按下**校閱**頁次的**取消保護工作表**鈕即可。

保護特定儲存格範圍，讓它無法編輯

在工作表中限定可編輯的儲存格，可以防止「重要資料被覆寫」的情況發生。在設定可編輯的儲存格之前，要先將儲存格設定成可編輯範圍。

設定可編輯的儲存格範圍

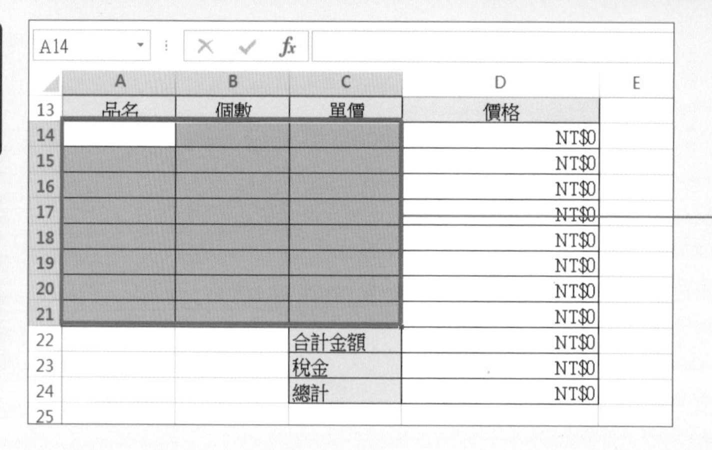

先設定可編輯的儲存格範圍後，再將無法編輯的儲存格設定保護

❶ 選取允許編輯的儲存格範圍

❷ 按下**校閱**頁次的**允許使用者編輯範圍**鈕

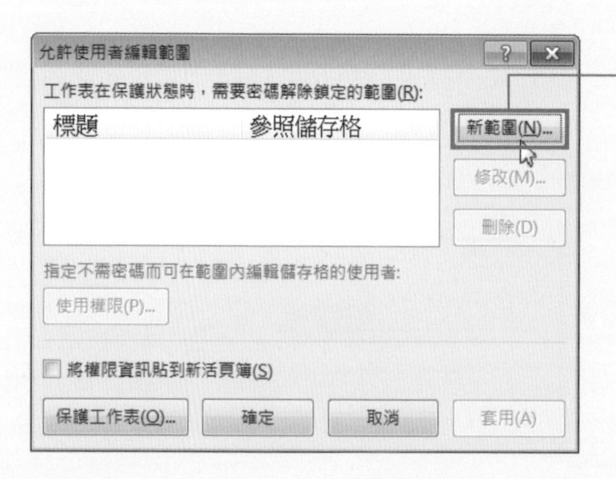

❸ 按下**新範圍**鈕

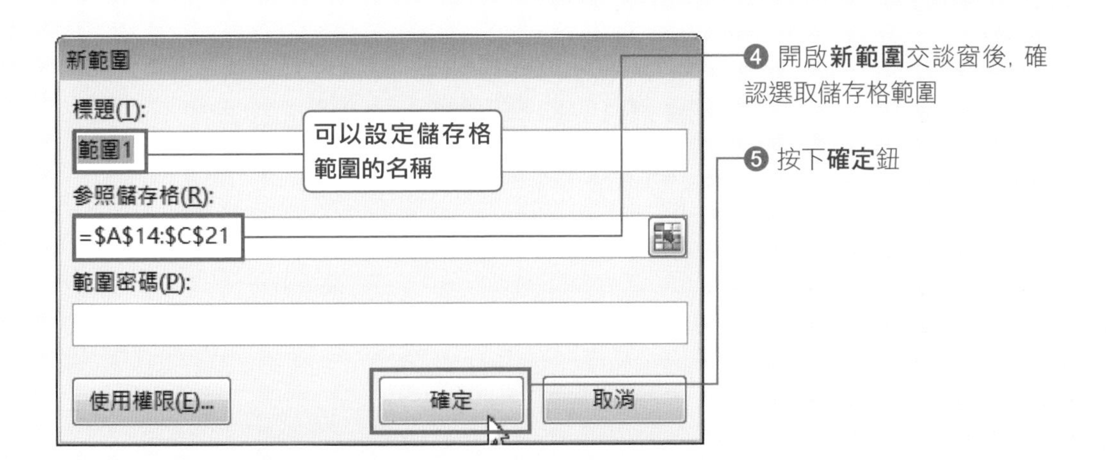

❹ 開啟**新範圍**交談窗後, 確認選取儲存格範圍

❺ 按下**確定**鈕

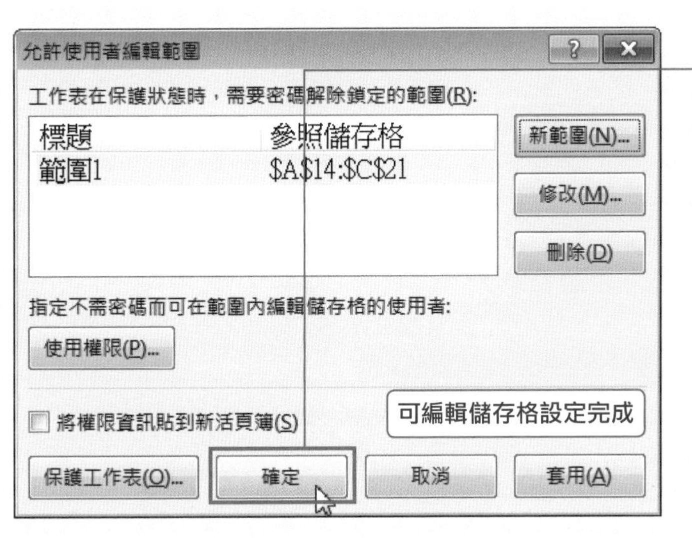

❻ 回到**允許使用者編輯範圍**交談窗後, 按下**確定**鈕, 完成可編輯儲存格範圍的設定

❼ 利用**單元 054** 的方法, 套用保護工作表功能

第 2 章 » 表格編輯

技巧補充

允許特定使用者編輯

設定只能讓特定使用者編輯時, 在**新範圍**交談窗的**範圍密碼**欄輸入密碼, 然後執行步驟 ❺、❻, 接著利用**單元 054** 的方法, 套用保護工作表功能。完成後, 該範圍就只有知道密碼的使用者才可以編輯。

尋找整個活頁簿中的資料

在**尋找及取代**交談窗中的**尋找**頁次，按下**選項**鈕，可以指定資料的搜尋範圍。將**搜尋範圍**設成**活頁簿**後，活頁簿中的所有工作表都會被搜尋。

搜尋資料

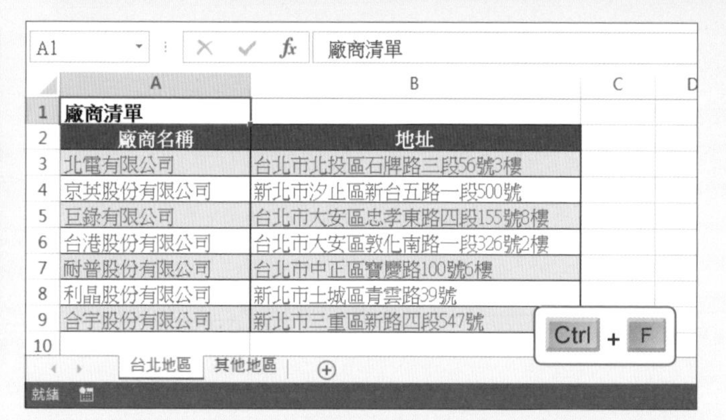

開啟有多個工作表的活頁簿

❶ 按下 Ctrl + F 鍵

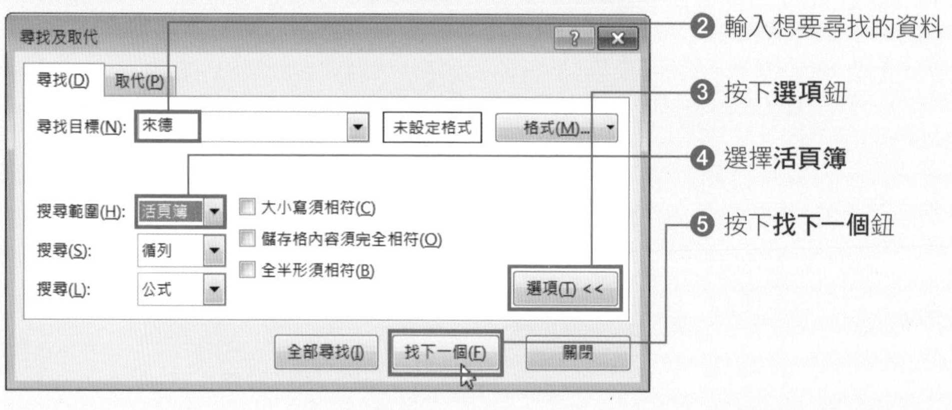

❷ 輸入想要尋找的資料

❸ 按下**選項**鈕

❹ 選擇**活頁簿**

❺ 按下**找下一個**鈕

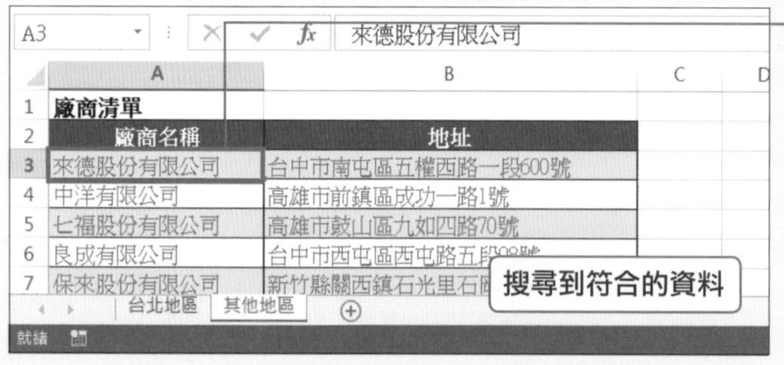

❻ 顯示符合指定條件的儲存格。再按下**尋找及取代**交談窗中的**找下一個**鈕後，會顯示下一個符合條件的儲存格

SECTION 057 表格編輯

用「萬用字元」來搜尋相關的字串

搜尋資料時，通常會輸入明確的字串來尋找。若要尋找包含在任何字串中的不確定條件時，可以使用 *、? 這類**萬用字元**來尋找。

搜尋包含在任何字串中的資料

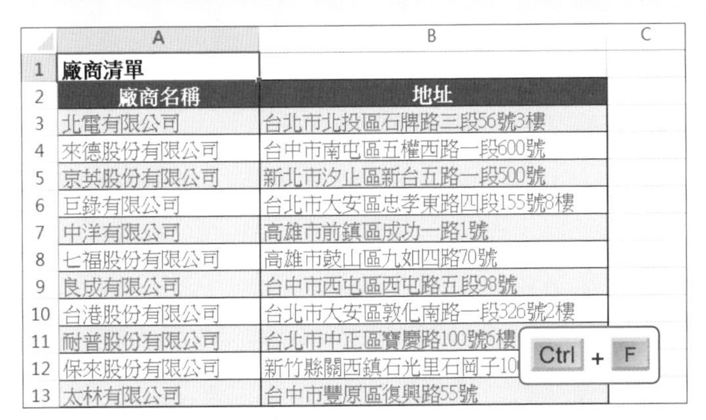

	A	B	C
1	廠商清單		
2	廠商名稱	地址	
3	北電有限公司	台北市北投區石牌路三段56號3樓	
4	來德股份有限公司	台中市南屯區五權西路一段600號	
5	京英股份有限公司	新北市汐止區新台五路一段500號	
6	巨錄有限公司	台北市大安區忠孝東路四段155號8樓	
7	中洋有限公司	高雄市前鎮區成功一路1號	
8	七福股份有限公司	高雄市鼓山區九如四路70號	
9	良成有限公司	台中市西屯區西屯路五段98號	
10	台港股份有限公司	台北市大安區敦化南路一段326號2樓	
11	耐普股份有限公司	台北市中正區寶慶路100號6樓	
12	保來股份有限公司	新竹縣關西鎮石光里石岡子10	
13	太林有限公司	台中市豐原區復興路55號	

❶ 按下 Ctrl + F 鍵

MEMO: 萬用字元

萬用字元是指代表任何文字的符號分為「*」和「?」。「*」代表任何文字數；「?」代表單一文字。例如：「旗標*」代表「以旗標為開頭的所有字串」；「旗標??」則代表「旗標後面接 2 個任意文字的字串」。另外，「*」和「?」皆以半形輸入。

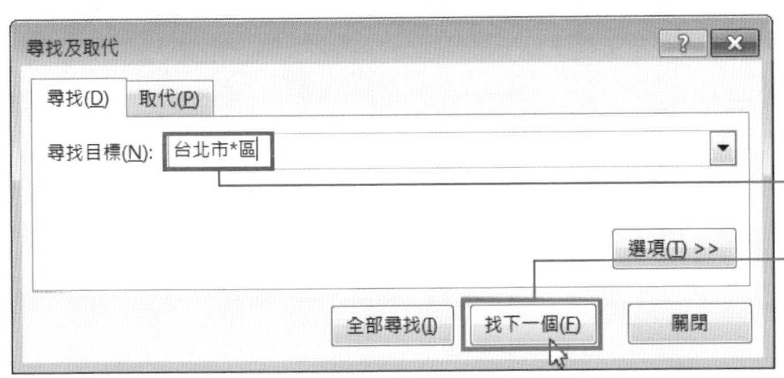

❷ 輸入包含「*」的字串

❸ 按下**找下一個**鈕

MEMO: 此範例搜尋的字串

此範例會被搜尋字串為「台北市○○區，其中○○可以為任何文字」的字串。

	A	B	C
1	廠商清單		
2	廠商名稱	地址	
3	北電有限公司	台北市北投區石牌路三段56號3樓	
4	來德股份有限公司	台中市南屯區五權西路一段600號	
5	京英股份有限公司	新北市汐止區新台五路一段500號	
6	巨錄有限公司	台北市大安區忠孝東路四段155號8樓	
7	中洋有限公司	高雄市前鎮區成功一路1號	
8	七福股份有限公司	高雄市鼓山區九如四路70號	
9	良成有限公司	台中市西屯區西屯路五段98號	
10	台港股份有限公司	台北市大安區敦化南路一段326號2樓	
11	耐普股份有限公司	台北市中正區寶慶路100	
12	保來股份有限公司	新竹縣關西鎮石光里石	
13	太林有限公司	台中市豐原區復興路55號	

符合條件的資料

❹ 符合搜尋條件的儲存格會被選取

❺ 再按下**尋找及取代**交談窗中的**找下一個**鈕，選取框會跳到下一個符合條件的儲存格

SECTION
058 搜尋資料中的特殊符號「*」、「?」
表格編輯

「*」和「?」是被稱為**萬用字元**的符號（參照**單元057**）。萬用字元通常不會被當成搜尋的對象，因此要單獨搜尋特殊符號時，要在**尋找及取代**交談窗的**尋找目標**欄中輸入「~*」或「~?」。

搜尋特殊符號

	A	B	C	D	E	F
1	日本各分店上半年銷售表					
2						
3		1月	2月	3月	4月	5月
4	札幌分店	1,582,500	1,263,600	1,698,900	1,054,400	1,112,800
5	函館分店	1,260,000	1,352,000	1,725,000	1,542,000	1,300,000
6	青森分店	863,000	1,150,000	1,260,000	937,000	852,000
7	秋田分店	980,000	1,020,000	1,100,000	930,000	895,000
8	盛岡分店	1,180,000	852,000	964,000	1,	00
9	山形分店	884,000	742,500	963,000	1,	00
10	仙台分店	1,366,600	825,900	1,193,400	1,377,200	1,241,600

Ctrl + F

❶ 按下 Ctrl + F 鍵

❷ 輸入「~?」

❸ 按下**找下一個**鈕

MEMO: 「~」的輸入

「~」要以半形文字輸入。

	A	B	C	D	E	F
25	橫濱分店	1,764,000	1,759,000	1,877,000	1,543,000	1,360,000
26	川崎分店	856,300	805,000	1,170,000	1,230,000	814,000
27	相模原分店	647,000	528,000	715,000	666,000	541,000
28	甲府分店	698,000	?	1,157,000	863,000	822,000
29	靜岡分店	857,000	926,000	888,000	763,000	877,000
30	長野分店	677,000	748,000	963,000	665,000	635,000

❹ 搜尋到的「?」。再按下**尋找及取代**交談窗中的**找下一個**鈕後，選取框會跳到下一個符合條件的儲存格

MEMO: 搜尋「*」、「~」

搜尋「*」時，要在**尋找目標**欄輸入「~*」；搜尋「~」時，則要輸入「~~」。

SECTION
059
表格編輯

將資料統一置換

要修改多個相同字串時，若一個一個變更的話，在操作上會花費相當多時間。透過**取代**功能可以將所有符合條件的資料統一變更置換。

統一變更相同字串

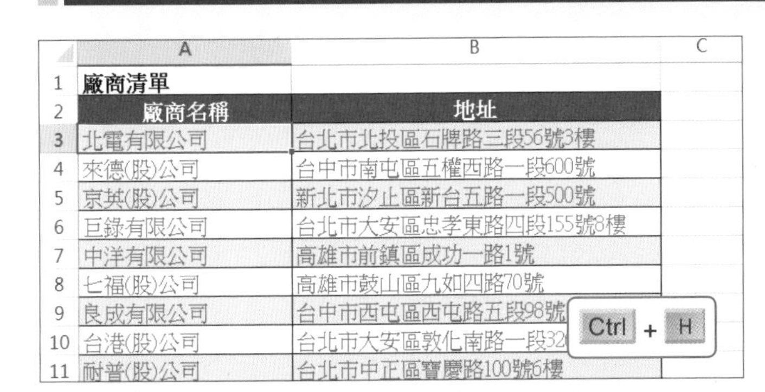

	A	B
1	廠商清單	
2	廠商名稱	地址
3	北電有限公司	台北市北投區石牌路三段56號3樓
4	來德(股)公司	台中市南屯區五權西路一段600號
5	京英(股)公司	新北市汐止區新台五路一段500號
6	巨錄有限公司	台北市大安區忠孝東路四段155號8樓
7	中洋有限公司	高雄市前鎮區成功一路1號
8	七福(股)公司	高雄市鼓山區九如四路70號
9	良成有限公司	台中市西屯區西屯路五段98號
10	台港(股)公司	台北市大安區敦化南路一段32
11	耐普(股)公司	台北市中正區寶慶路100號6樓

❶ 按下 Ctrl + H 鍵

❷ 輸入想要尋找及取代的字串

❸ 按下**全部取代**鈕

	A	B
1	廠商清單	
2	廠商名稱	地址
3	北電有限公司	台北市北投區石牌路三段56號3樓
4	來德股份有限公司	台中市南屯區五權西路一段600號
5	京英股份有限公司	新北市汐止區新台五路一段500號
6	巨錄有限公司	台北市大安區忠孝東路四段155號8樓
7	中洋有限公司	高雄市前鎮區成功一路1號
8	七福股份有限公司	高雄市鼓山區九如四路70號
9	良成有限公司	台中市西屯區西屯路五段98號
10	台港股份有限公司	台北市大安區敦化南路一段326號2樓
11	耐普股份有限公司	台北市中正區寶慶路100號6樓
12	保來股份有限公司	新竹縣關西鎮石光里石岡子100號
13	太林有限公司	台中市豐原區復興路55號
14	利晶股份有限公司	新北市土城區青雲路39號
15	連華股份有限公司	高雄市前鎮區后平路235號

❹ 完成取代後，會顯示取代資料筆數的訊息，按下**確定**鈕。回到**尋找及取代**交談窗後，按下**關閉**鈕

MEMO: 取代整個活頁簿的資料

在步驟 ❷ 的交談窗中，按下**選項**鈕，將**搜尋範圍**設定成**活頁簿**，可以置換整個活頁簿的資料。

SECTION
060 大型表格分割顯示
表格編輯

在大型表格中，遇到想要相互對照的資料無法同時顯示在畫面中的情況時，可以將視窗分割。視窗分割後，每個窗格皆可顯示工作表中不同的區域範圍，也能進行編輯。

分割視窗

	A	B	C	D	E	F	G
1	日本各分店上半年銷售表						
2							單位:日幣
3		1月	2月	3月	4月	5月	6月
4	札幌分店	1,582,500	1,263,600	1,698,900	1,054,400	1,112,800	1,366,500
5	函館分店	1,260,000	1,352,000	1,725,000	1,542,000	1,300,000	1,220,000
6	青森分店	863,000	1,150,000	1,260,000	937,000	852,000	820,000
7	秋田分店	980,000	1,020,000	1,100,000	930,000	895,000	763,000
8	盛岡分店	1,180,000	852,000	964,000	1,156,000	1,243,000	968,000
9	山形分店	884,000	742,500	963,000	1,140,000	948,000	852,000
10	仙台分店	1,366,600	825,900	1,193,400	1,377,200	1,241,600	1,000,600

❶ 選取要分割位置的儲存格

MEMO: 分割與凍結窗格的不同

凍結窗格（參照**單元 042**）的情況下，上面或左邊的窗格無法被捲動。分割的話，所有窗格內的資料都可以任意捲動。

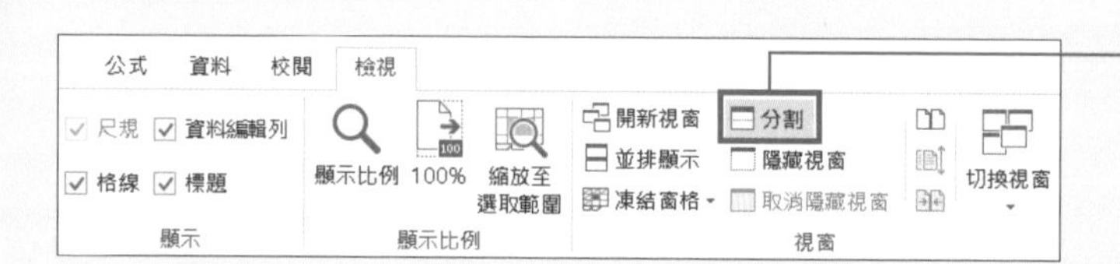

❷ 按下**檢視**頁次中的**分割**鈕

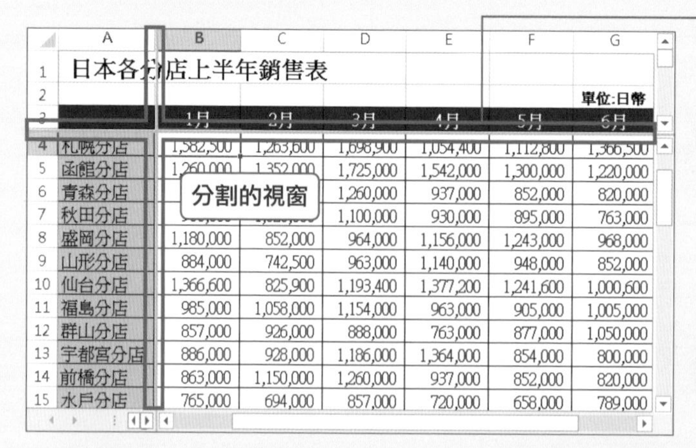

	A	B	C	D	E	F	G
1	日本各分店上半年銷售表						
2							單位:日幣
3		1月	2月	3月	4月	5月	6月
4	札幌分店	1,582,500	1,263,600	1,698,900	1,054,400	1,112,800	1,366,500
5	函館分店	1,260,000	1,352,000	1,725,000	1,542,000	1,300,000	1,220,000
6	青森分店	[illegible]	[illegible]	1,260,000	937,000	852,000	820,000
7	秋田分店	[illegible]	[illegible]	1,100,000	930,000	895,000	763,000
8	盛岡分店	1,180,000	852,000	964,000	1,156,000	1,243,000	968,000
9	山形分店	884,000	742,500	963,000	1,140,000	948,000	852,000
10	仙台分店	1,366,600	825,900	1,193,400	1,377,200	1,241,600	1,000,600
11	福島分店	985,000	1,058,000	1,154,000	963,000	905,000	1,005,000
12	群山分店	857,000	926,000	888,000	763,000	877,000	1,050,000
13	宇都宮分店	886,000	928,000	1,186,000	1,364,000	854,000	800,000
14	前橋分店	863,000	1,150,000	1,260,000	937,000	852,000	820,000
15	水戸分店	765,000	694,000	857,000	720,000	658,000	789,000

❸ 視窗會以選取儲存格的左上角為中心進行分割

MEMO: 變更分割視窗的大小

用來區分分割窗格的線條稱為分割線。拉曳分割線可以調整分割窗格的大小。

MEMO: 取消分割窗格

在分割線上快按兩下滑鼠左鍵可以取消分割。

SECTION

061

表格編輯

同時對照 2 個工作表資料並進行編輯

要對照輸入在不同工作表的資料內容時, 一直在工作表間切換, 會覺得很麻煩。這時, 可以開啟另一個視窗, 然後將 2 個工作表並排顯示, 以便做資料的對照。

利用新視窗開啟並將視窗並排顯示

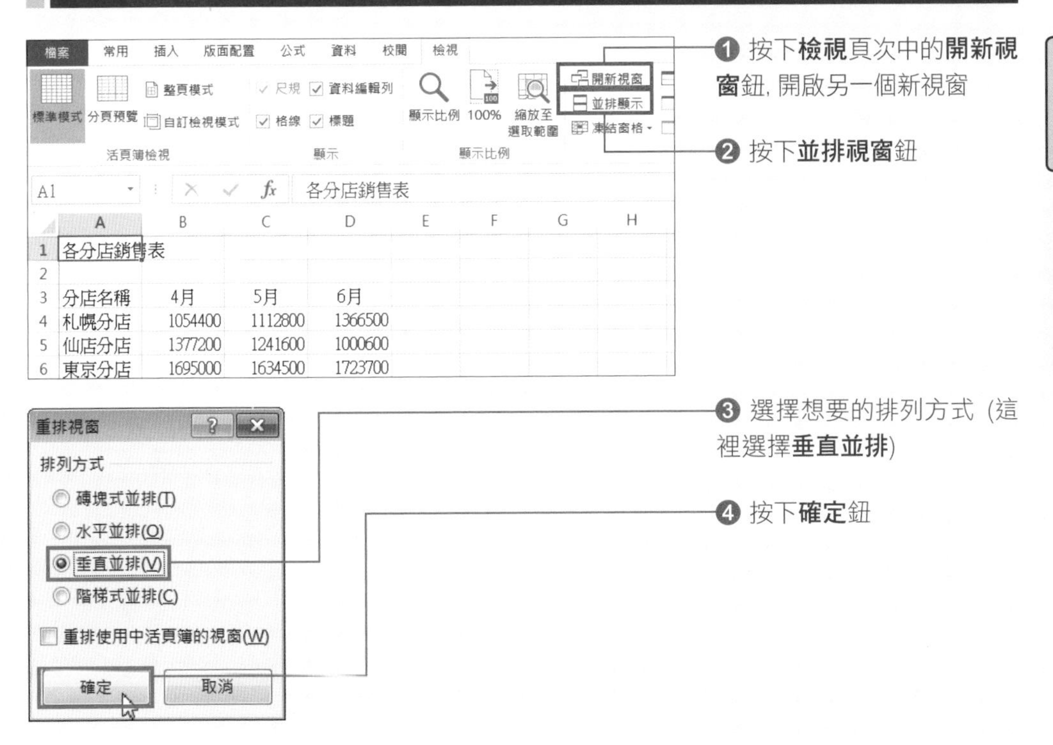

❶ 按下**檢視**頁次中的**開新視窗**鈕, 開啟另一個新視窗

❷ 按下**並排視窗**鈕

❸ 選擇想要的排列方式 (這裡選擇**垂直並排**)

❹ 按下**確定**鈕

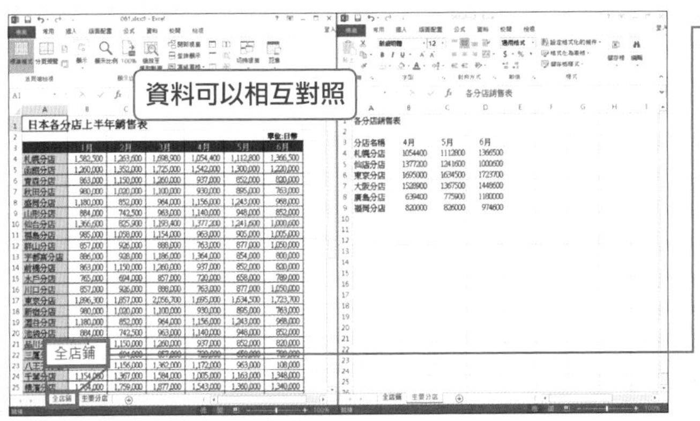

❺ 兩個視窗會以左右的方式並排顯示。切換到另一個工作表

第 2 章 》表格編輯

SECTION 062 表格編輯

替工作表頁次標籤填滿色彩以便尋找

活頁簿中有太多工作表的話，工作表會變的不易尋找。讓工作表依類型來設定工作表頁次標籤顏色，例如：「重要工作表」、「使用中的工作表」等，以方便尋找。

工作表的色彩設定

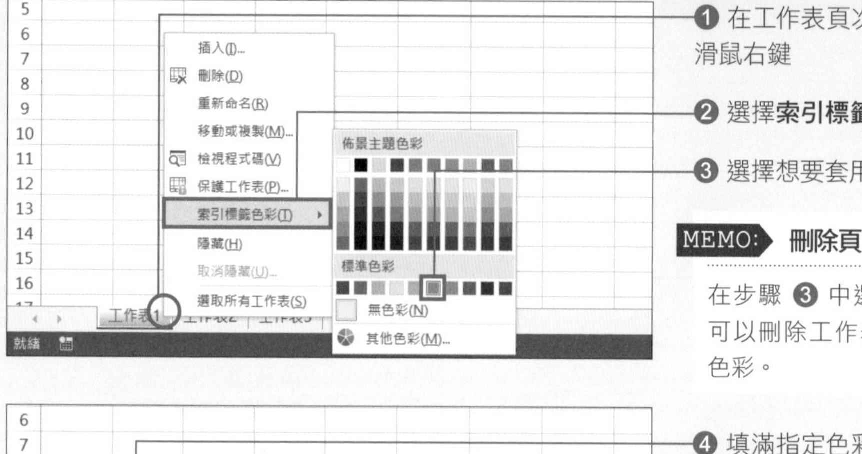

❶ 在工作表頁次標籤上按下滑鼠右鍵

❷ 選擇**索引標籤色彩**

❸ 選擇想要套用的顏色

MEMO: 刪除頁次標籤色彩

在步驟 ❸ 中選擇**無色彩**，可以刪除工作表頁次標籤色彩。

❹ 填滿指定色彩的工作表頁次標籤

填滿色彩的索引標籤

工作表1 工作表2 工作表3

MEMO: 新增工作表

按下工作表名稱右邊的 ⊕ 鈕可以新增工作表。

技巧補充

編輯中的工作表頁次標籤色彩

編輯中的工作表頁次標籤色彩會以漸層方式顯示。切換到其他工作表後，頁次標籤就會依設定色彩顯示。

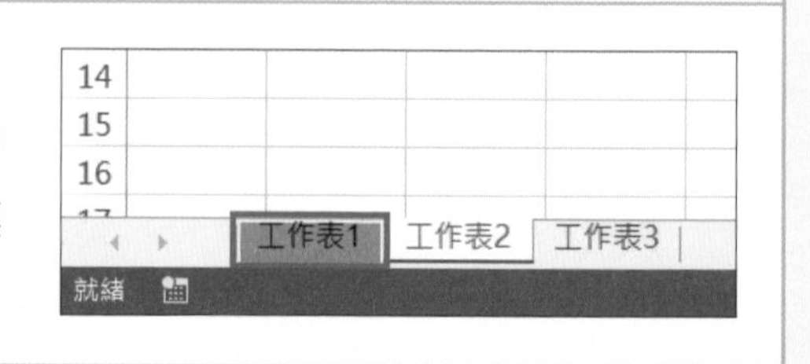

SECTION 063
表格編輯

利用快速鍵來切換工作表

一般在切換工作表時，都是在工作表頁次標籤上按下滑鼠左鍵。若能記住切換工作表的快速鍵的話，可以從編輯的工作表直接切換到其他工作表，以提高工作效率。

工作表的切換

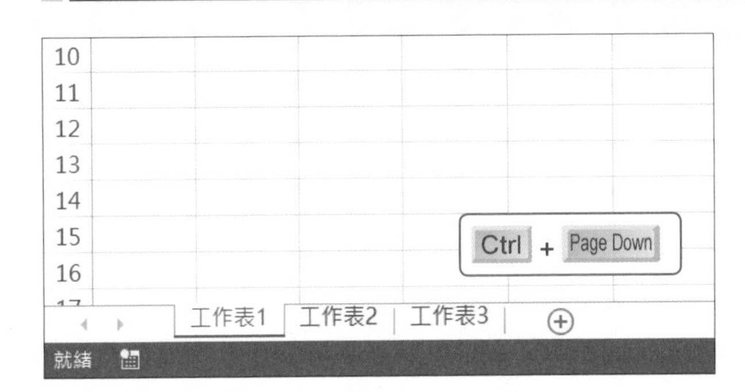

❶ 按下 Ctrl + Page Down 鍵

MEMO: 活頁簿的切換

同時開啟多個活頁簿時，按下 Ctrl + Tab 鍵可以切換到其他活頁簿。

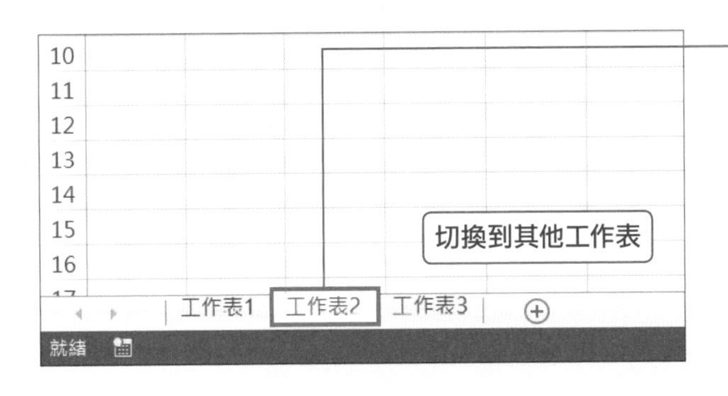

❷ 切換到右邊的工作表了 (這裡為**工作表 2**)

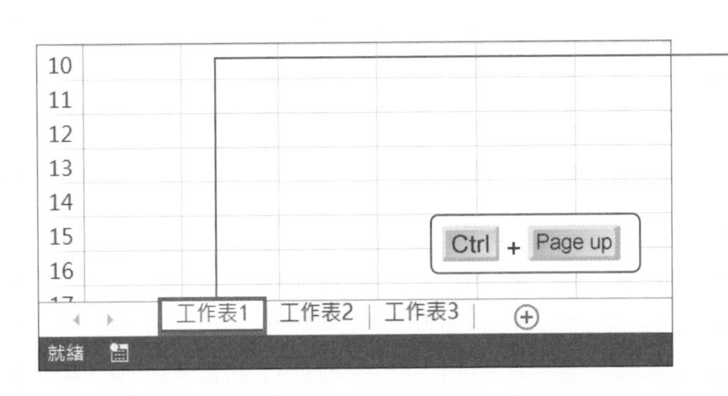

❸ 按下 Ctrl + Page up 鍵，可切換到左邊的工作表 (這裡為**工作表 1**)

COLUMN

你一定要懂的商業表格製作技巧

要將會議資料或報告書以表格來呈現，你得製作清楚易懂且兼具美觀的表格。

在此將分享幾個製作清楚易懂的表格技巧。

❶ 設定標題

首先要明確表示表格所呈現的資料內容為何。

❷ 統一字型大小

要統一每個資料階層的文字大小，例如：標題等。

❸ 長文字要在儲存格內換列顯示

在儲存格內換列顯示時，先將輸入指標移動到要換列的位置，然後按下 Alt + Enter 鍵。

❹ 統一列高

選取多列並設定列高後，選取列的列高會同時被變更。

❺ 將文字水平置中對齊

將文字水平置中對齊後，文字的上面會留白，讓版面看起來更舒服。

❻ 不要使用太多框線樣式

使用太多線條樣式，反而會讓表格看起來更亂。儘量讓線條樣式限制在 2~3 種。

❼ 限制背景色彩

統一使用淡色且同色系的背景色。

產品規格比較表

	商品A	商品A	商品A
容量	16/32/64GB	16/32/64GB	16/32GB
CPU	CoreV6 dual core 1.2GHz	CoreV5 dual core 800MHz	CoreV4 1GHz
顯示螢幕	4吋 1136×640畫素	3.5吋 960×640畫素	3.5吋 960×640畫素
相機	800萬畫素 LED閃光燈 臉部對焦 防手震 廣角	800萬畫素 LED閃光燈 臉部對焦 防手震	500萬畫素 LED閃光燈
正面相機	1280×960畫素	640×480畫素	640×480畫素
影像錄影	1920×1080畫素	1920×1080畫素	1280×720畫素

第 3 章

學會這些就是高手！

格式設定的密技

SECTION 064 格式設定

設定儲存格格式

在**儲存格格式**交談窗的**數值**頁次中，可以設定儲存格資料的顯示格式。這是非常實用的功能，請記住開啟交談窗的快速鍵，這樣設定格式時會更有效率。

在「儲存格格式」交談窗中設定格式

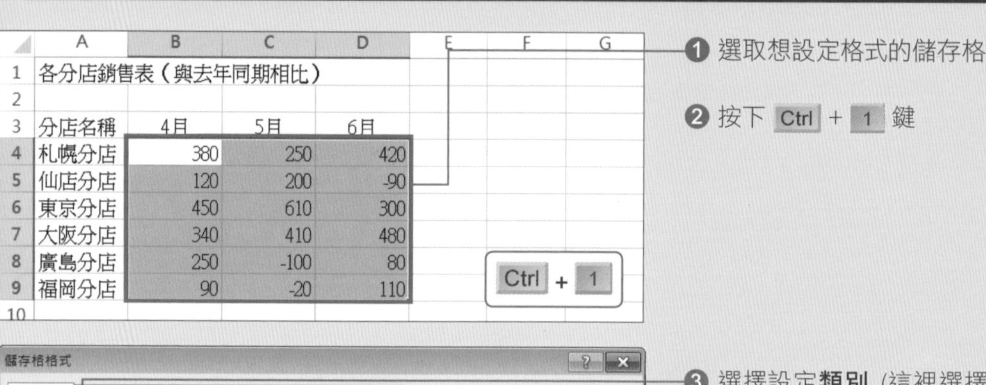

	A	B	C	D	E	F	G
1	各分店銷售表（與去年同期相比）						
2							
3	分店名稱	4月	5月	6月			
4	札幌分店	380	250	420			
5	仙店分店	120	200	-90			
6	東京分店	450	610	300			
7	大阪分店	340	410	480			
8	廣島分店	250	-100	80			
9	福岡分店	90	-20	110			
10							

❶ 選取想設定格式的儲存格

❷ 按下 Ctrl + 1 鍵

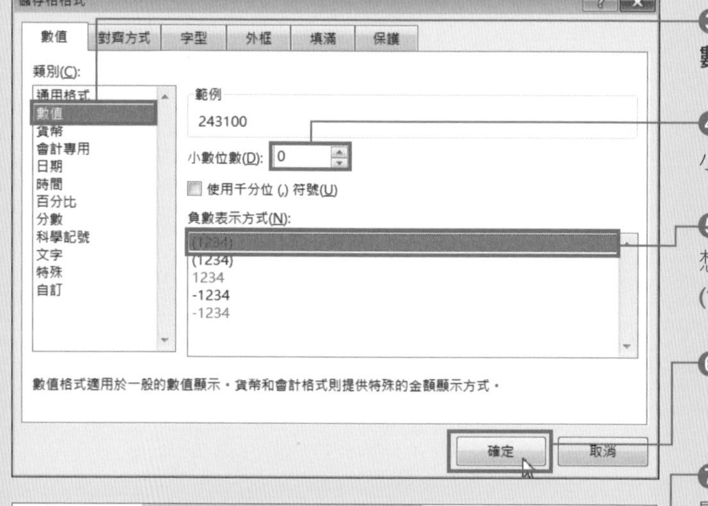

❸ 選擇設定**類別** (這裡選擇**數值**)

❹ 在此輸入「0」 (不要顯示小數)

❺ 在**負數表示方式**欄中選擇想要顯示的方式 (這裡選擇 (1234))

❻ 按下**確定**鈕

❼ 儲存格資料會依設定格式顯示

	A	B	C	D	E	F	G
1	各分店銷售表（與去年同期相比）						
2							
3	分店名稱	4月	5月	6月			
4	札幌分店	380	250	420			
5	仙店分店	120	200	(90)			
6	東京分店	450	610	300			
7	大阪分店	340	410	480			
8	廣島分店	250	(100)	80			
9	福岡分店	90	(20)	110			
10							

依設定格式顯示

MEMO: 其他方法

除了這個方法外，按下**常用**頁次**字型**或**對齊方式**區中的 ⧉，也可開啟**儲存格格式**交談窗。

SECTION

065

格式設定

讓資料依輸入方式顯示

輸入數字的首碼為「0」時，例如：電話號碼等，最左邊的「0」不會被顯示出來。雖然在「'」後面接著輸入數字，數字會被當成文字，但每次都要輸入「'」在操作上比較麻煩。直接將儲存格的格式改成「文字」，就不用再輸入「'」。

讓輸入的資料以文字格式顯示

	A	B	C	D
1	會員名單			
2	部門	姓名	電話	
3	營業部	張美華	910123456	
4		許慶祥		
5		林培安		
6		王明輝		

❶ 輸入資料後（這裡輸入 0910123456），最左邊的 0 不會被顯示出來

❷ 選取想要設定格式的儲存格

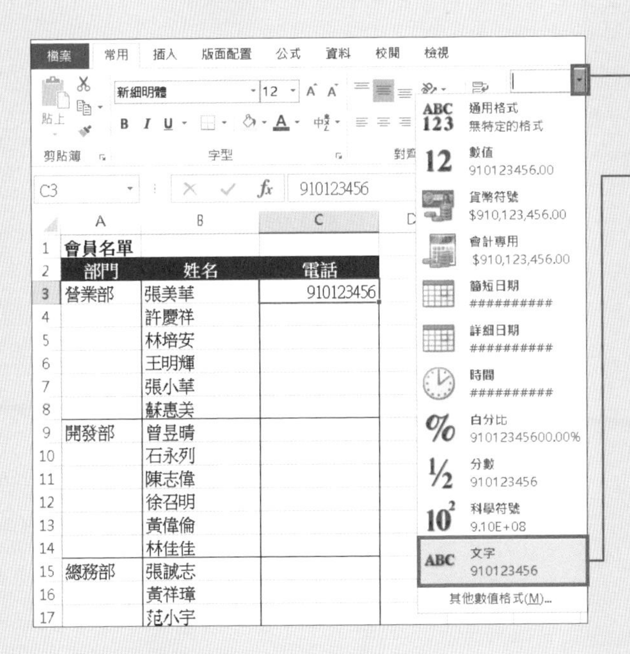

❸ 按下**常用**頁次**數值格式**列示窗的箭頭

❹ 捲動清單，選擇**文字**

MEMO: 還原顯示格式

要還原資料的顯示格式時，按下**數值格式**選單的 ▾，然後選擇最上方的**通用格式**。

	A	B	C	D	E
1	會員名單				
2	部門	姓名	電話		
3	營業部	張美華	0910123456		
4		許慶祥			
5		林培安			
6		王明輝			

❺ 輸入的數字（這裡輸入 0910123456），會以文字方式顯示

第 3 章 ≫ 格式設定

輸入分數的技巧

想要輸入「1/2」、「2/5」等分數，但直接在數字間輸入「/」後，數字會被變換成日期資料。要以分數方式顯示時，要先輸入「0」後再輸入空白，接著再輸入分數，例如「1/2」。

輸入分數

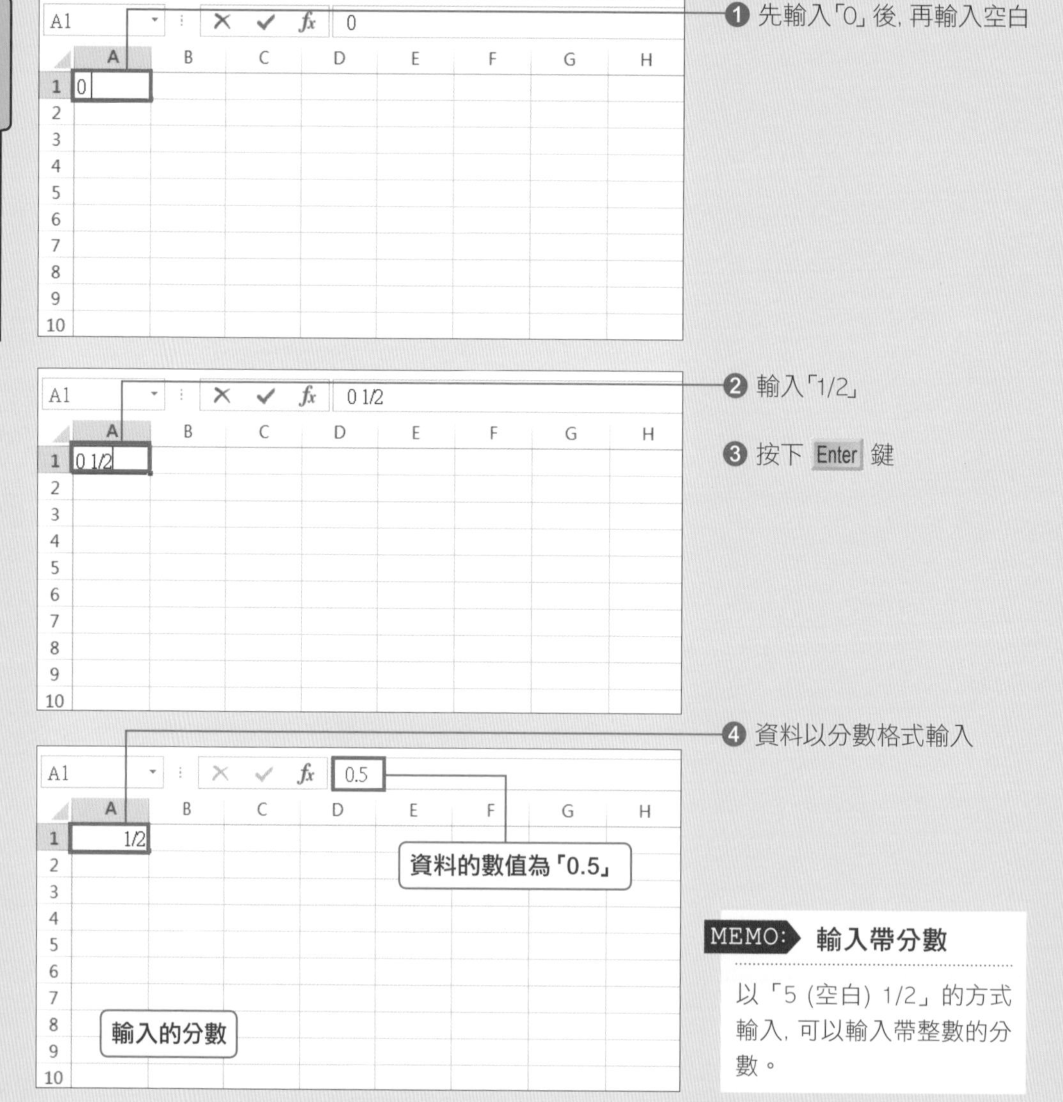

MEMO: 輸入帶分數

以「5 (空白) 1/2」的方式輸入，可以輸入帶整數的分數。

SECTION 067 格式設定

顯示有括號的數字 (1)、(2)

在預設的情況下, (1)、(2) 等被括號框住的數字會被視為負數, 因此輸入後會被轉換成「-1」、「-2」。其實只要變更負數的顯示方式, 就能讓數字以括號的方式顯示。

顯示有括號的數字

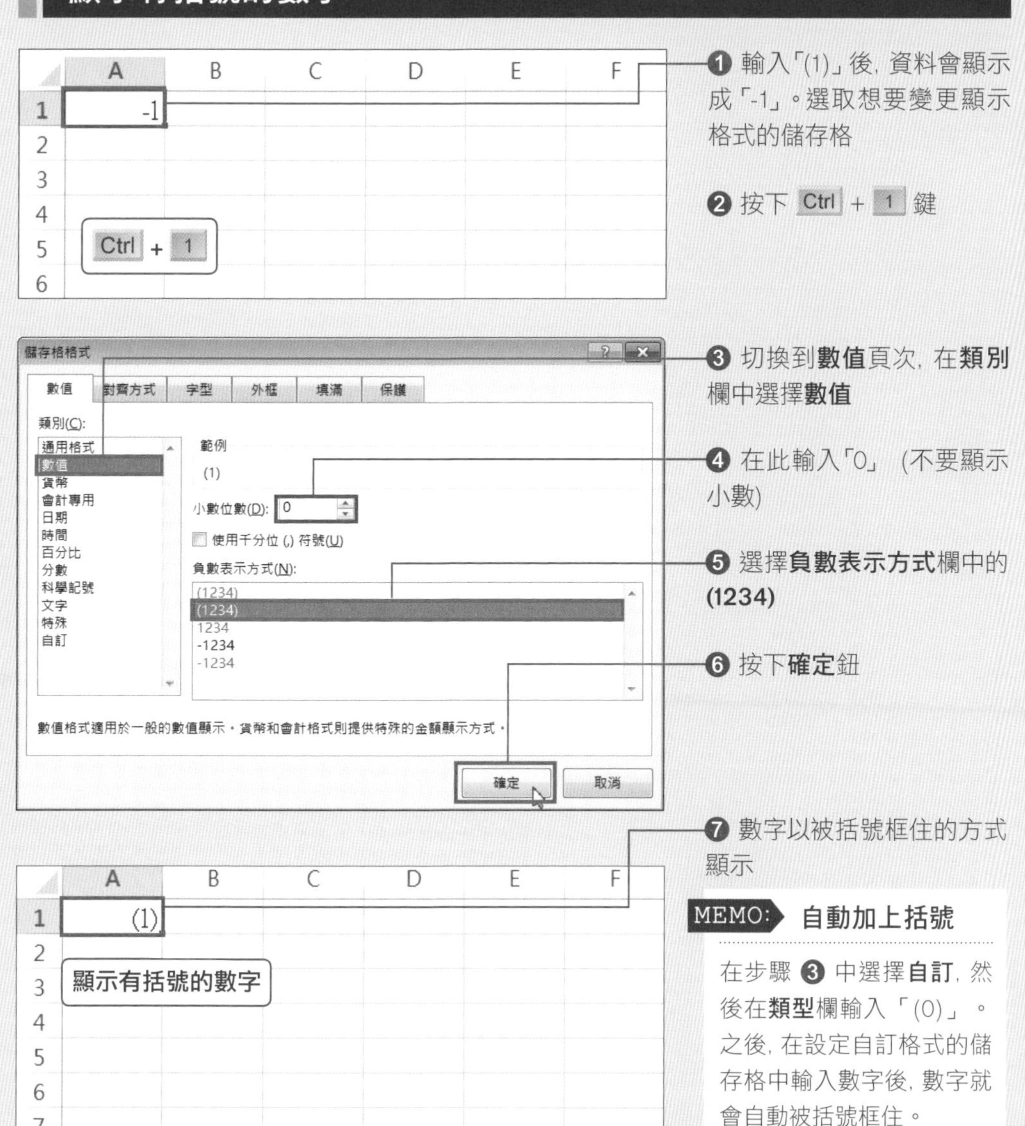

❶ 輸入「(1)」後, 資料會顯示成「-1」。選取想要變更顯示格式的儲存格

❷ 按下 Ctrl + 1 鍵

❸ 切換到**數值**頁次, 在**類別**欄中選擇**數值**

❹ 在此輸入「0」 (不要顯示小數)

❺ 選擇**負數表示方式**欄中的 **(1234)**

❻ 按下**確定**鈕

❼ 數字以被括號框住的方式顯示

MEMO: 自動加上括號

在步驟 ❸ 中選擇**自訂**, 然後在**類型**欄輸入「(0)」。之後, 在設定自訂格式的儲存格中輸入數字後, 數字就會自動被括號框住。

SECTION 068 格式設定

將日期的顯示方式從「西曆」轉換成「中華民國曆」

將輸入的數值以「/」區隔的話，資料會自動以西曆的日期顯示。從**儲存格格式**交談窗中變更**行事曆類型**後，不用另外查詢西曆所對應的中華民國日期，就能快速轉換。

設定日期以中華民國曆顯示

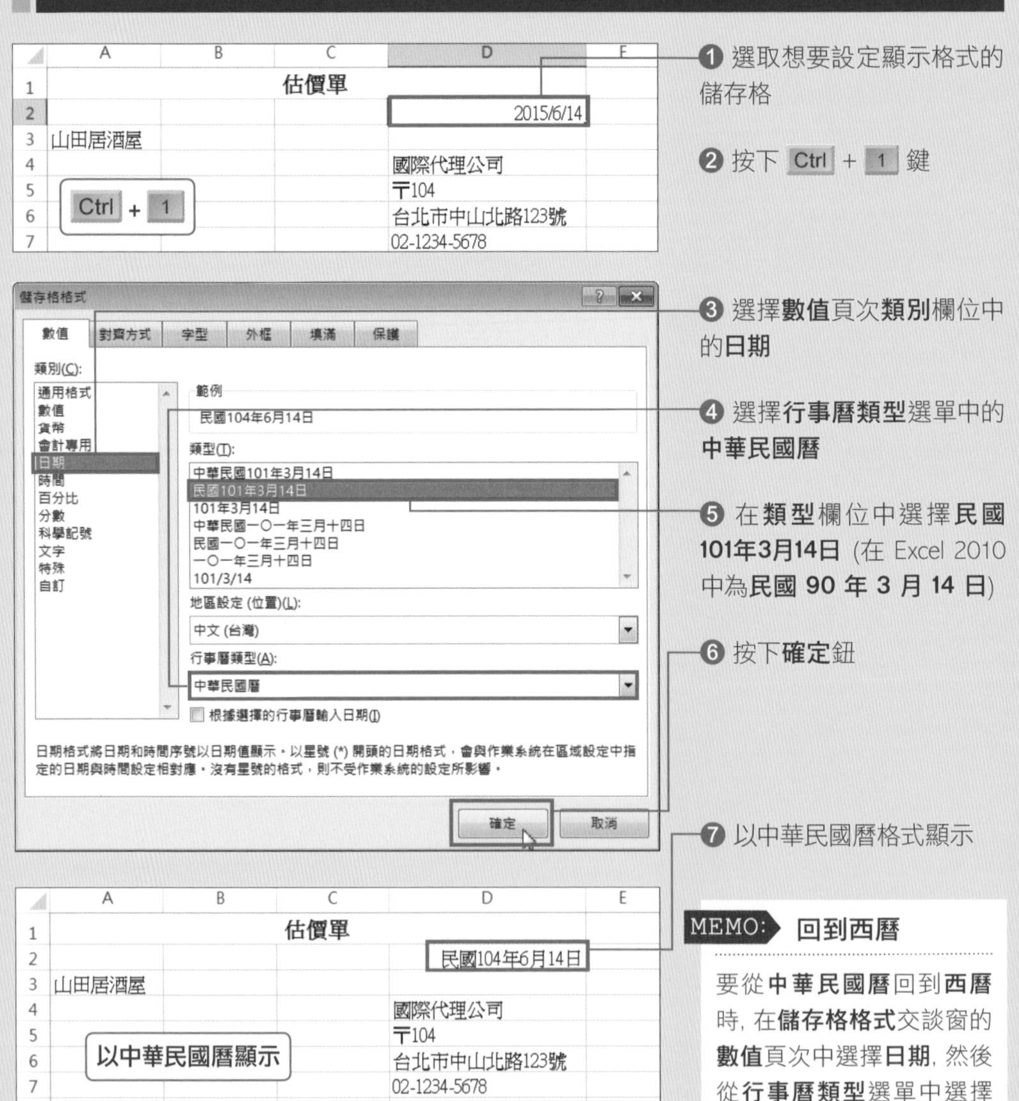

❶ 選取想要設定顯示格式的儲存格

❷ 按下 Ctrl + 1 鍵

❸ 選擇**數值**頁次**類別**欄位中的**日期**

❹ 選擇**行事曆類型**選單中的**中華民國曆**

❺ 在**類型**欄位中選擇**民國101年3月14日**（在 Excel 2010 中為**民國 90 年 3 月 14 日**）

❻ 按下**確定**鈕

❼ 以中華民國曆格式顯示

MEMO: 回到西曆

要從**中華民國曆**回到**西曆**時，在**儲存格格式**交談窗的**數值**頁次中選擇**日期**，然後從**行事曆類型**選單中選擇**西曆**。

姓名後面加上「先生/小姐」

在**儲存格格式**交談窗中，可以指定在字串前後加上想要顯示的特定文字。這裡以在姓名後面加上「先生/小姐」為例來說明。

在字串後面顯示特定文字

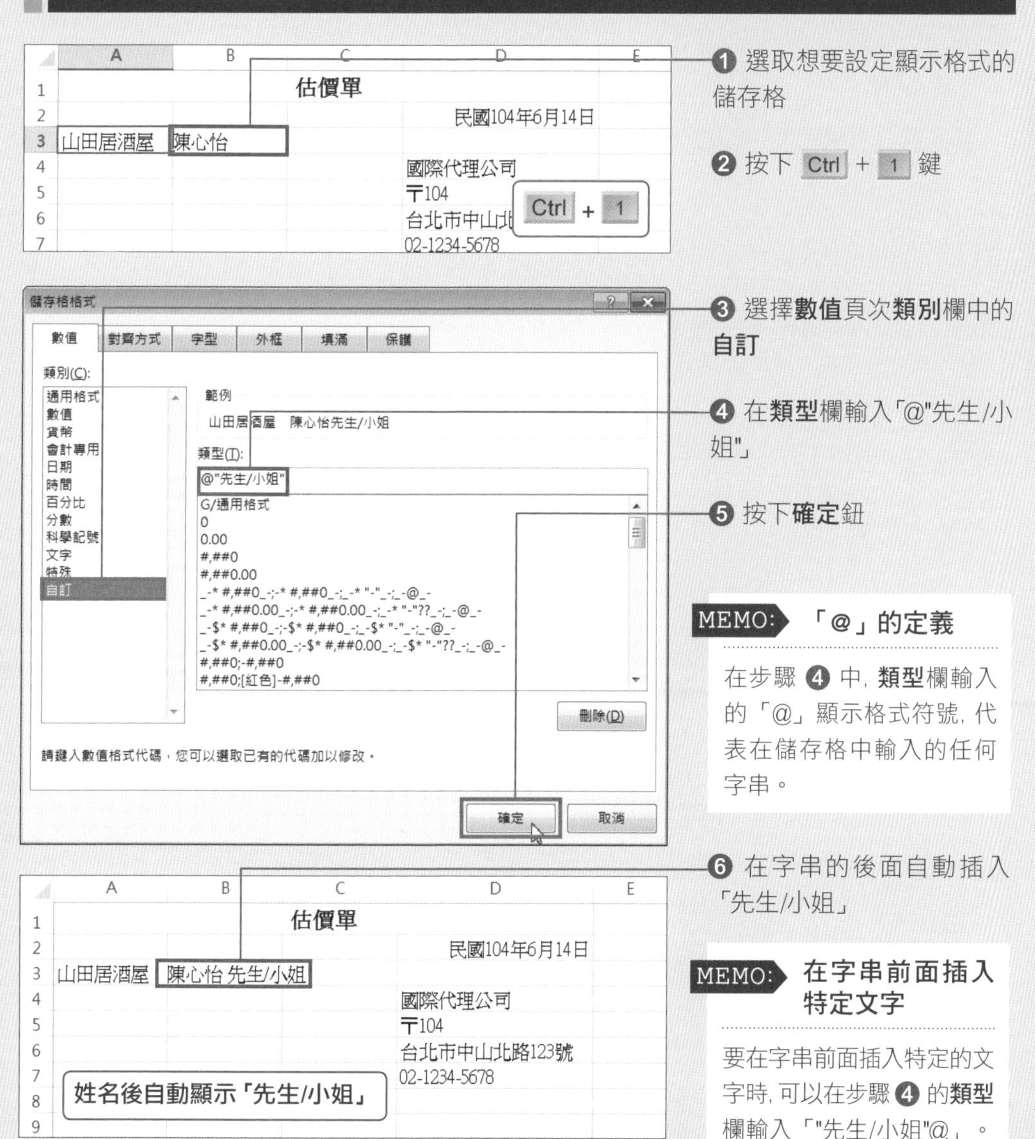

❶ 選取想要設定顯示格式的儲存格

❷ 按下 Ctrl + 1 鍵

❸ 選擇**數值**頁次**類別**欄中的**自訂**

❹ 在**類型**欄輸入「@"先生/小姐"」

❺ 按下**確定**鈕

❻ 在字串的後面自動插入「先生/小姐」

MEMO: 「@」的定義

在步驟 ❹ 中，**類型**欄輸入的「@」顯示格式符號，代表在儲存格中輸入的任何字串。

MEMO: 在字串前面插入特定文字

要在字串前面插入特定的文字時，可以在步驟 ❹ 的**類型**欄輸入「"先生/小姐"@」。

SECTION 070 格式設定

統一顯示數字位數

在儲存格輸入「0001」後，「0」並不會被顯示出來，只會顯示「1」。若要在混有 2 位數或 3 位數的數字表格中，統一顯示數字的位數時，可以在數字前面加「0」的方式，自訂其顯示格式。

將數字統一以4個位數顯示

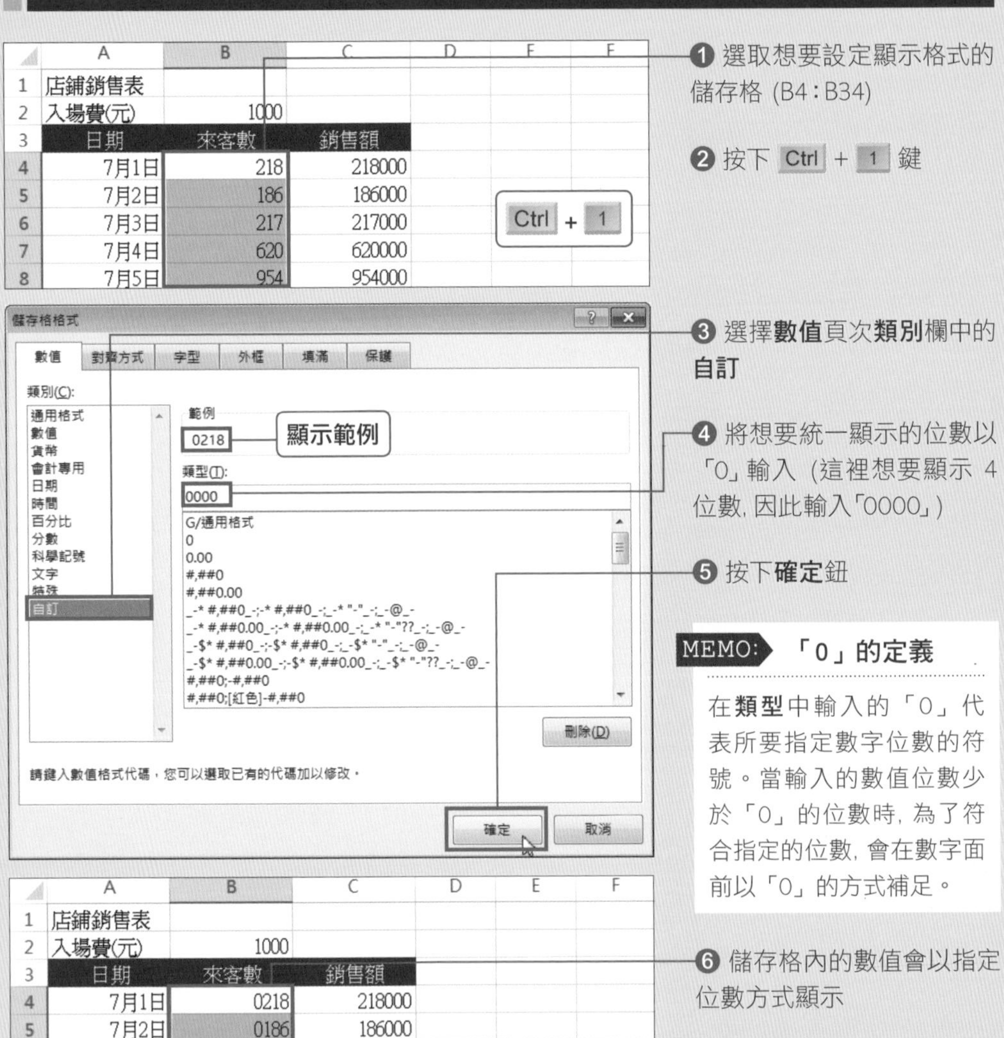

❶ 選取想要設定顯示格式的儲存格 (B4：B34)

❷ 按下 Ctrl + 1 鍵

❸ 選擇**數值**頁次**類別**欄中的**自訂**

❹ 將想要統一顯示的位數以「0」輸入 (這裡想要顯示 4 位數，因此輸入「0000」)

❺ 按下**確定**鈕

❻ 儲存格內的數值會以指定位數方式顯示

MEMO：「0」的定義

在**類型**中輸入的「0」代表所要指定數字位數的符號。當輸入的數值位數少於「0」的位數時，為了符合指定的位數，會在數字面前以「0」的方式補足。

增減小數位數

要增減小數點以下的位數時，可以按下**常用**頁次中的**增加小數位數**鈕或**減少小數位數**鈕。每按一下會增減 1 個位數。

減少小數位數的顯示

	A	B	C
1	各分店銷售表		
2			
3	分店名稱	第一季	成長率
4	札幌分店	1,377,200	0.254044382
5	東京分店	1,695,000	0.312667171
6	大阪分店	1,528,900	0.282027633
7	福岡分店	820,000	0.151260814
8	合計	5,421,100	1

❶ 選取想要變更小數位數的儲存格

	A	B	C
1	各分店銷售表		
2			
3	分店名稱	第一季	成長率
4	札幌分店	1,377,200	0.254044382
5	東京分店	1,695,000	0.312667171
6	大阪分店	1,528,900	0.282027633
7	福岡分店	820,000	0.151260814
8	合計	5,421,100	1
9			

❷ 按 6 下**常用**頁次中的**減少小數位數**鈕，每按一下減少 1 位數

MEMO: 增加小數位數

要增加顯示小數位數時，要按下**常用**頁次中的**增加小數位數**鈕 。

	A	B	C
1	各分店銷售表		
2			
3	分店名稱	第一季	成長率
4	札幌分店	1,377,200	0.254
5	東京分店	1,695,000	0.313
6	大阪分店	1,528,900	0.282
7	福岡分店	820,000	0.151
8	合計	5,421,100	1

減少 6 小數位數

❸ 減少位數後顯示的數字為最後被隱藏數值四捨五入後的結果

MEMO: 顯示數字與實際數字的差異

利用此方法來改變顯示的小數位數，即使看到的數字有所改變，但其實際值並沒有被改變。計算時，也是用實際值計算，因此有時會出現顯示的結果與實際計算結果不同的情況。

SECTION
072
格式設定

在數字中插入千分位「,」

在一串數字中插入千分位符號, 會比較容易閱讀。雖然可以在輸入數字的同時, 將千分位符號一起輸入, 但利用千分位樣式, 不用手動輸入就能將千分位符號自動插入到數值中, 在編輯上也更有效率。

以千分位樣式顯示

	A	B	C	D	E	F
1	各分店銷售表					
2						
3	分店名稱	4月	5月	6月		
4	札幌分店	1054400	1112800	1366500		
5	仙店分店	1377200	1241600	1000600		
6	東京分店	1695000	1634500	1723700		
7	大阪分店	1528900	1367500	1448600		
8	廣島分店	639400	775900	1180000		
9	福岡分店	820000	826000	974600		
10						

❶ 選取想要套用千分位樣式的儲存格

❷ 按下**常用**頁次中的**千分位樣式**鈕

	A	B	C	D	E	F
1	各					
2						
3	分店名稱	4月	5月	6月		
4	札幌分店	1,054,400.00	1,112,800.00	1,366,500.00		
5	仙店分店	1,377,200.00	1,241,600.00	1,000,600.00		
6	東京分店	1,695,000.00	1,634,500.00	1,723,700.00		
7	大阪分店	1,528,900.00	1,367,500.00	1,448,600.00		
8	廣島分店	639,400.00	775,900.00	1,180,000.00		
9	福岡分店	820,000.00	826,000.00	974,600.00		
10						

每 3 個位數就自動插入「,」

❸ 設定千分位樣式後, 數字就會自動插入「,」

MEMO: 取消千分位樣式

要取消千分位樣式, 讓數字以原來樣式顯示時, 可以按下**數值格式**列示窗的 ▾ 鈕, 然後從選單中選擇最上方的**通用格式**。

SECTION 073 格式設定

在數字中插入 $ 貨幣符號

直接在數字後面加上「元」的話，該儲存格資料會被視為文字而無法進行計算上。但若套用貨幣樣式後，貨幣符號「$」會自動加在數字前，資料還是會被當成數字且可以做計算。

顯示貨幣符號

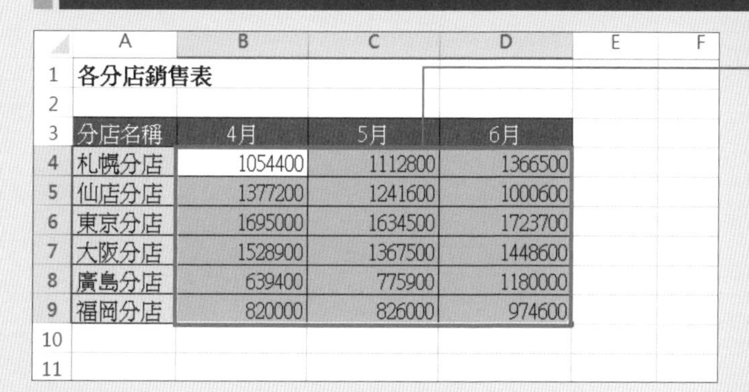

	A	B	C	D	E	F
1	各分店銷售表					
2						
3	分店名稱	4月	5月	6月		
4	札幌分店	1054400	1112800	1366500		
5	仙店分店	1377200	1241600	1000600		
6	東京分店	1695000	1634500	1723700		
7	大阪分店	1528900	1367500	1448600		
8	廣島分店	639400	775900	1180000		
9	福岡分店	820000	826000	974600		
10						
11						

❶ 選取想要顯示貨幣符號的儲存格

❷ 按下**常用**頁次中的**會計數字格式**鈕

	A	B	C	D	E	F
1	各分店銷售表					
2						
3	分店名稱	4月	5月	6月		
4	札幌分店	$1,054,400.00	$1,112,800.00	$1,366,500.00		
5	仙店分店	$1,377,200.00	$1,241,600.00	$1,000,600.00		
6	東京分店	$1,695,000.00	$1,634,500.00	$1,723,700.00		
7	大阪分店	$1,528,900.00	$1,367,500.00	$1,448,600.00		
8	廣島分店	$ 639,400.00	$ 775,900.00	$1,180,000.00		
9	福岡分店	$ 820,000.00	$ 826,000.00	$ 974,600.00		
10						
11						

❸ 在數字中插入「$」符號及千分位符號「,」

MEMO: 插入「$」以外的貨幣符號

要在數字中插入英鎊或歐元單位符號時，可以按下**會計數字格式**鈕的 ▾，然後選擇想要套用的單位符號。

SECTION
074
格式設定

在數字中插入 %

在資料分析等情況下，想要將數字資料以百分比方式顯示時，可以在該儲存格上套用百分比樣式。套用後，數字會自動以百分比樣式顯示，並在數字後面插入「%」，例如「0.1」會以「10%」的方式顯示。

將數字以「%」方式顯示

	A	B	C	D	E	F	G
1	區域	比率					
2	北部	0.1					
3	中部						
4	南部						
5	東部						
6	外島地區						
7							
8							
9							
10							

先輸入任意數字 (這裡輸入「0.1」)

❶ 選取想要設定成百分比樣式的儲存格

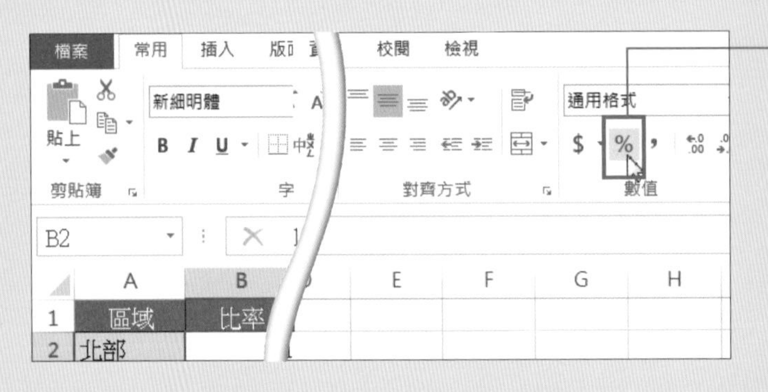

❷ 按下**常用**頁次中的**百分比樣式**鈕

	A	B	C	D	E	F	G
1	區域	比率					
2	北部	10%					
3	中部						
4	南部						
5	東部						
6	外島地區						
7							
8							
9							
10							

以「%」樣式顯示

❸ 數字會以「%」樣式顯示

在電話號碼或郵遞區號中自動輸入連字符號「-」

如「0910-123-456」或「〒802-01」等，要在電話號碼或郵遞區號中輸入「-」時，只要先設定資料顯示的格式，之後，只要在設定的儲存格中輸入數字，就能在指定的位置中插入「-」。

在數字中插入連字符號「-」

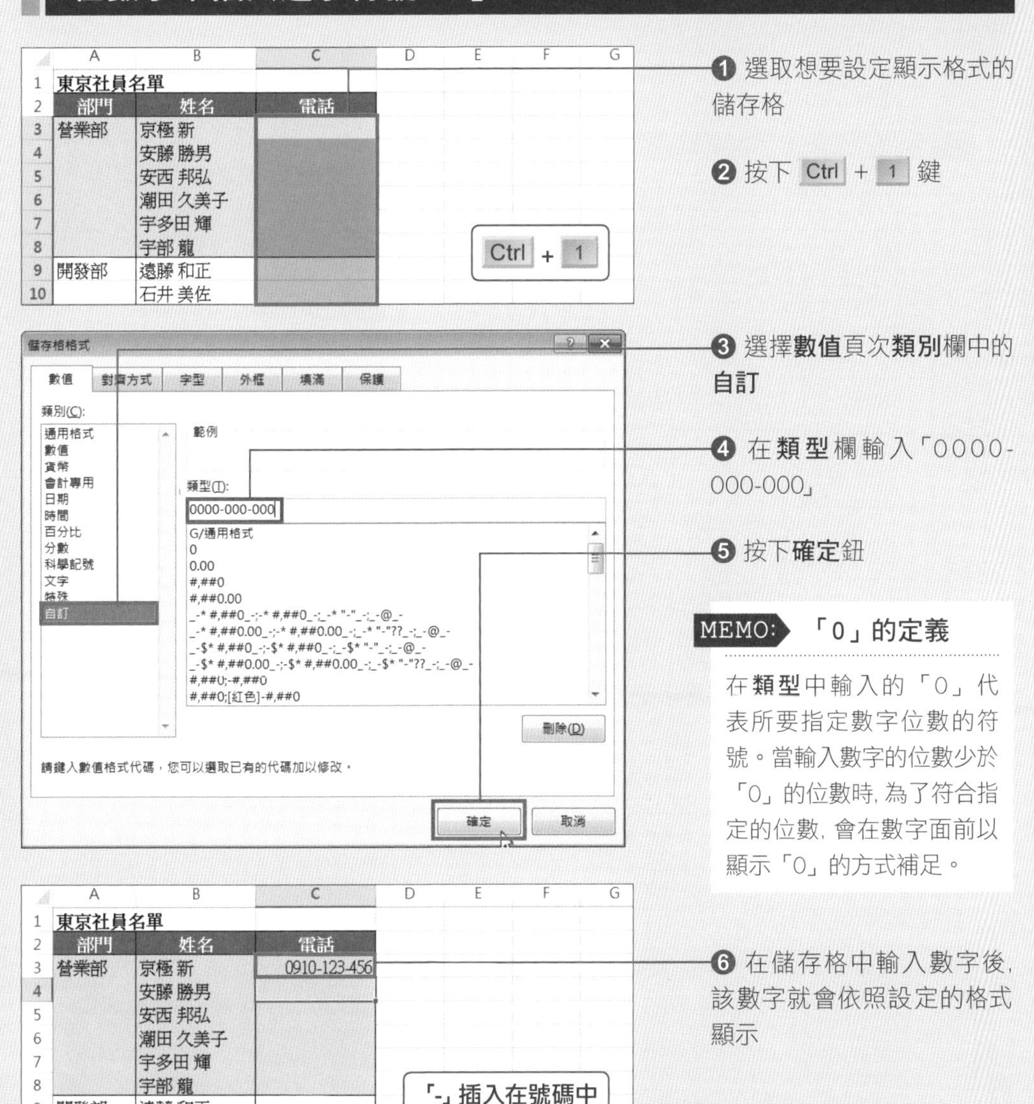

❶ 選取想要設定顯示格式的儲存格

❷ 按下 Ctrl + 1 鍵

❸ 選擇**數值**頁次**類別**欄中的**自訂**

❹ 在**類型**欄輸入「0000-000-000」

❺ 按下**確定**鈕

❻ 在儲存格中輸入數字後，該數字就會依照設定的格式顯示

MEMO: 「0」的定義

在**類型**中輸入的「0」代表所要指定數字位數的符號。當輸入數字的位數少於「0」的位數時，為了符合指定的位數，會在數字面前以顯示「0」的方式補足。

SECTION

076 將金額以「○○千元」顯示

格式設定

在數值很大的表格中，將數字以「千元」或「百萬元」為單位顯示的話，可以讓資料更清楚易懂。運用單元 069 的技巧，讓數值依設定的位數四捨五入後，以「○○千元」的樣式顯示。

讓數字以千元為單位並在後面加入「千元」文字

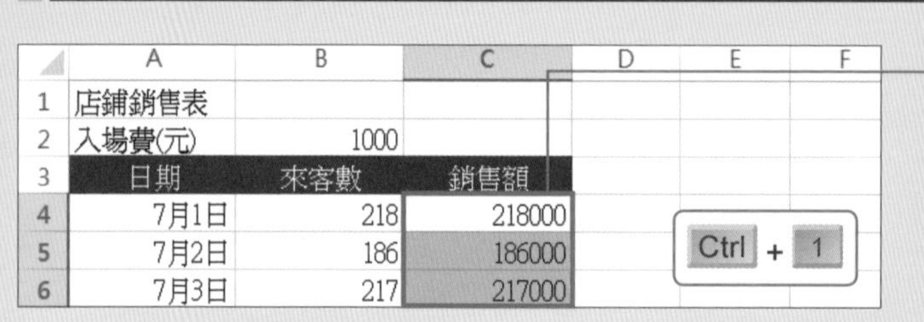

	A	B	C	D	E	F
1	店鋪銷售表					
2	入場費(元)	1000				
3	日期	來客數	銷售額			
4	7月1日	218	218000			
5	7月2日	186	186000			
6	7月3日	217	217000			

❶ 選取想要設定顯示格式的儲存格

❷ 按下 Ctrl + 1 鍵

❸ 選擇**數值**頁次**類別**欄中的**自訂**

❹ 在**類型**欄輸入「0,"千元"」

❺ 按下**確定**鈕

MEMO: 「0」與「,」的定義

在步驟 ❹ 中輸入的「0」與「,」是用來設定顯示格式的符號。「0」代表要指定數字位數的符號；「,」代表以 1000 為單位的分隔符號。

	A	B	C	D	E	F
1						
2		00				
3	日期	來客數	銷售額			
4	7月1日	218	218千元			
5	7月2日	186	186千元			
6	7月3日	217	217千元			
7	7月4日	620	620千元			
8	7月5日	954	954千元			
9	7月6日	1012	1012千元			

數字後顯示「千元」

❻ 數字在千位數進行四捨五入後，接著顯示「千元」文字

MEMO: 顯示數字與實際數字的差異

四捨五入後所顯示的數值，因其實際值並沒有被改變，有時會造成看到的數值與實際計算結果有所差異。

在數字後面加上單位

運用**單元 069** 的技巧，可以顯示自訂的單位。這裡將以「100個」、「200個」為例，說明如何在數字後面加上自訂單位文字。

自訂數值單位

❶ 選取想要設定顯示格式的儲存格

❷ 按下 Ctrl + 1 鍵

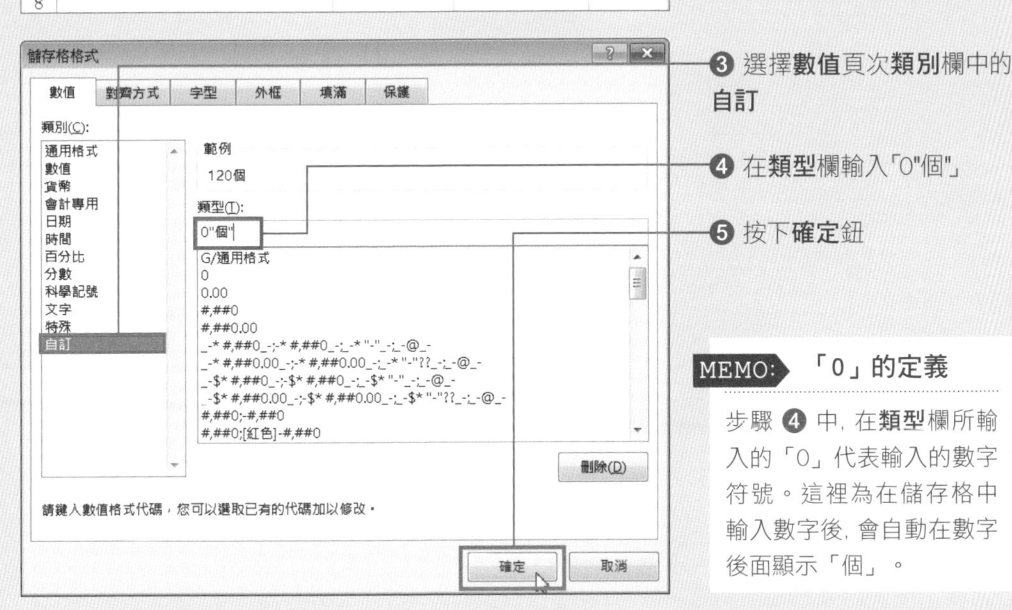

❸ 選擇**數值**頁次**類別**欄中的**自訂**

❹ 在**類型**欄輸入「0"個"」

❺ 按下**確定**鈕

MEMO:「0」的定義

步驟 ❹ 中，在**類型**欄所輸入的「0」代表輸入的數字符號。這裡為在儲存格中輸入數字後，會自動在數字後面顯示「個」。

❻ 選取的儲存格會依照自訂的格式顯示

用紅色標示負數數值

在預設的情況下，所有的數值資料都會以黑色顯示。在**儲存格格式**交談窗中將負數數值設定成以紅色文字顯示的話，只要一眼就能掌握住表格中哪裡出現負數數值。

變更負數數值的顯示方式

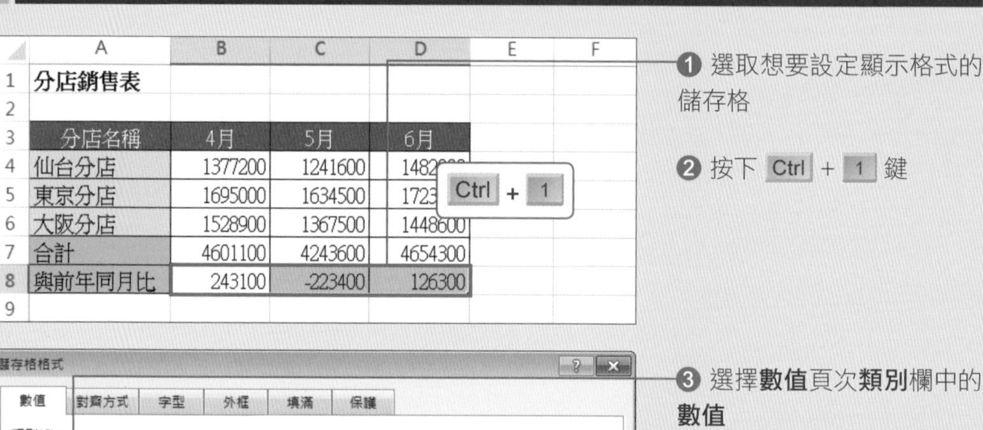

❶ 選取想要設定顯示格式的儲存格

❷ 按下 Ctrl + 1 鍵

❸ 選擇**數值**頁次**類別**欄中的**數值**

❹ 在此輸入「0」（不要顯示小數）

❺ 選擇**負數表示方式**欄中紅色的「-1234」

❻ 按下**確定**鈕

❼ 負數數值會以紅色顯示

MEMO: 自動設定成紅色

將資料設定成**數值**或**貨幣**格式的同時，負數數值也會自動被設定成紅色。

SECTION 079

格式設定

清除所有格式的設定

想要保留資料，但想取消儲存格顏色、字型、千分位符號等格式設定時，可以只將套用的格式清除。清除格式時，可以透過**常用**頁次中的**清除**鈕來完成。

保留原有資料並刪除套用的格式

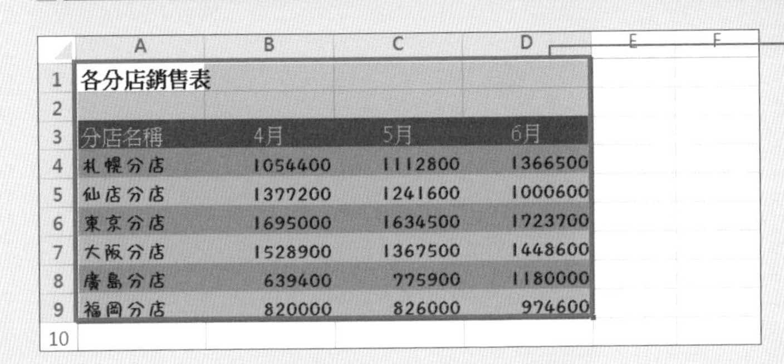

	A	B	C	D
1	各分店銷售表			
2				
3	分店名稱	4月	5月	6月
4	札幌分店	1054400	1112800	1366500
5	仙店分店	1377200	1241600	1000600
6	東京分店	1695000	1634500	1723700
7	大阪分店	1528900	1367500	1448600
8	廣島分店	639400	775900	1180000
9	福岡分店	820000	826000	974600
10				

❶ 選取要清除格式的儲存格範圍

插入 刪除 格式
儲存格
Σ 自動加總 ▾
填滿 ▾
清除 ▾
排序與篩選 尋找與選取 ▾
全部清除(A)
清除格式(F)
清除內容(C)
清除註解(M)
清除超連結(L)
移除超連結(R)

❷ 從**常用**頁次中按下**清除**鈕，選擇**清除格式**

	A	B	C	D
1	各分店銷售表			
2				
3	分店名稱	4月	5月	6月
4	札幌分店	1054400	1112800	1366500
5	仙店分店	1377200	1241600	1000600
6	東京分店	1695000	1634500	1723700
7	大阪分店	1528900	1367500	1448600
8	廣島分店	639400	775900	118[illegible]
9	福岡分店	820000	826000	97[illegible]
10				

格式被清除了

❸ 所有套用的格式都被清除了，只剩資料被留下

MEMO: 保留格式、刪除資料

想要以保留格式的方式將資料刪除時，可以在步驟 ❷ 中選擇**清除內容**。

第 3 章 ≫ 格式設定

SECTION 080 格式化的條件

標示出前 10 名的銷售量－設定格式化的條件

Excel 中有分析資料變化及走向的功能，如透過**設定格式化的條件**可以標示出前 10 名的銷售量。要使用格式化的條件時，可以從**常用**頁次**樣式**區的工具鈕中設定。

套用設定格式化的條件

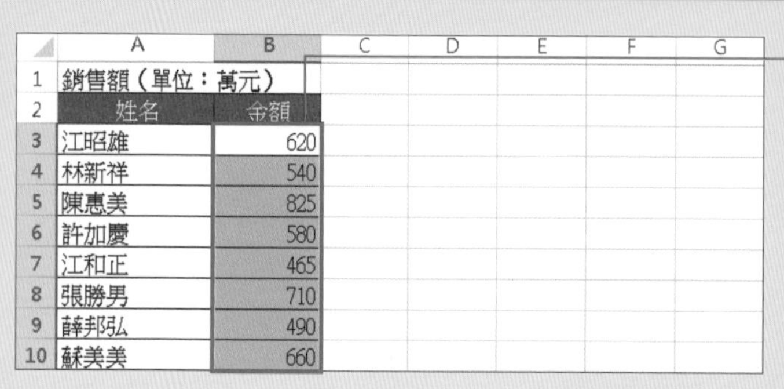

❶ 選取要設定格式化條件的儲存格（B3：B32）

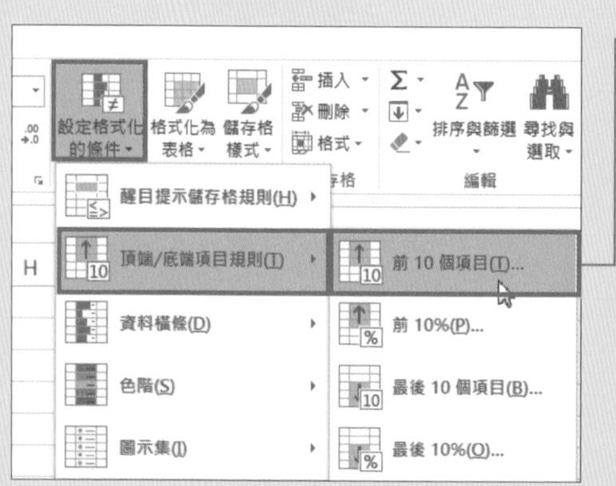

❷ 切換到**常用**頁次，然後按下**設定格式化的條件**鈕，執行**頂端/底端項目規則/前10個項目**命令

MEMO: 設定格式化的條件

設定格式化的條件是指只將符合條件的資料，套用指定格式的功能。

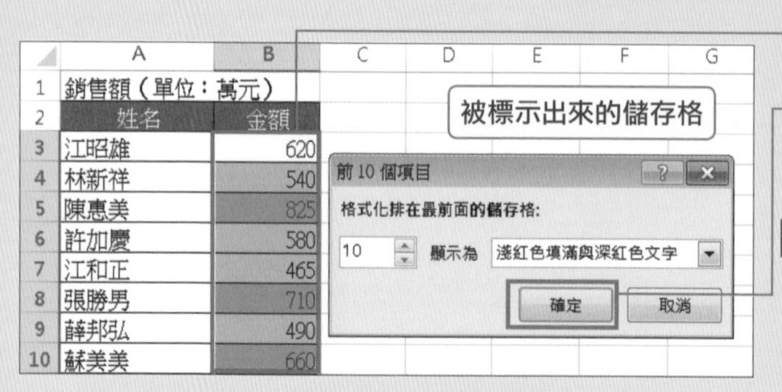

❸ 前 10 個項目會被標示出來

❹ 按下**確定**鈕，關閉**前 10 個項目**交談窗

MEMO: 變更標示的項目數及格式

在**前 10 個項目**交談窗中可以變更想要標示的項目數及格式。

SECTION 081 格式化的條件

自訂格式化條件的規則

要特別標示出顯示在特別範圍的資料或前 10 個項目等，經常會用到的條件都已經內建在 Excel 中。當預設的條件中，沒有想要套用的格式化條件時，也可以自行新增規則。

在設定格式化的條件中設定自訂規則

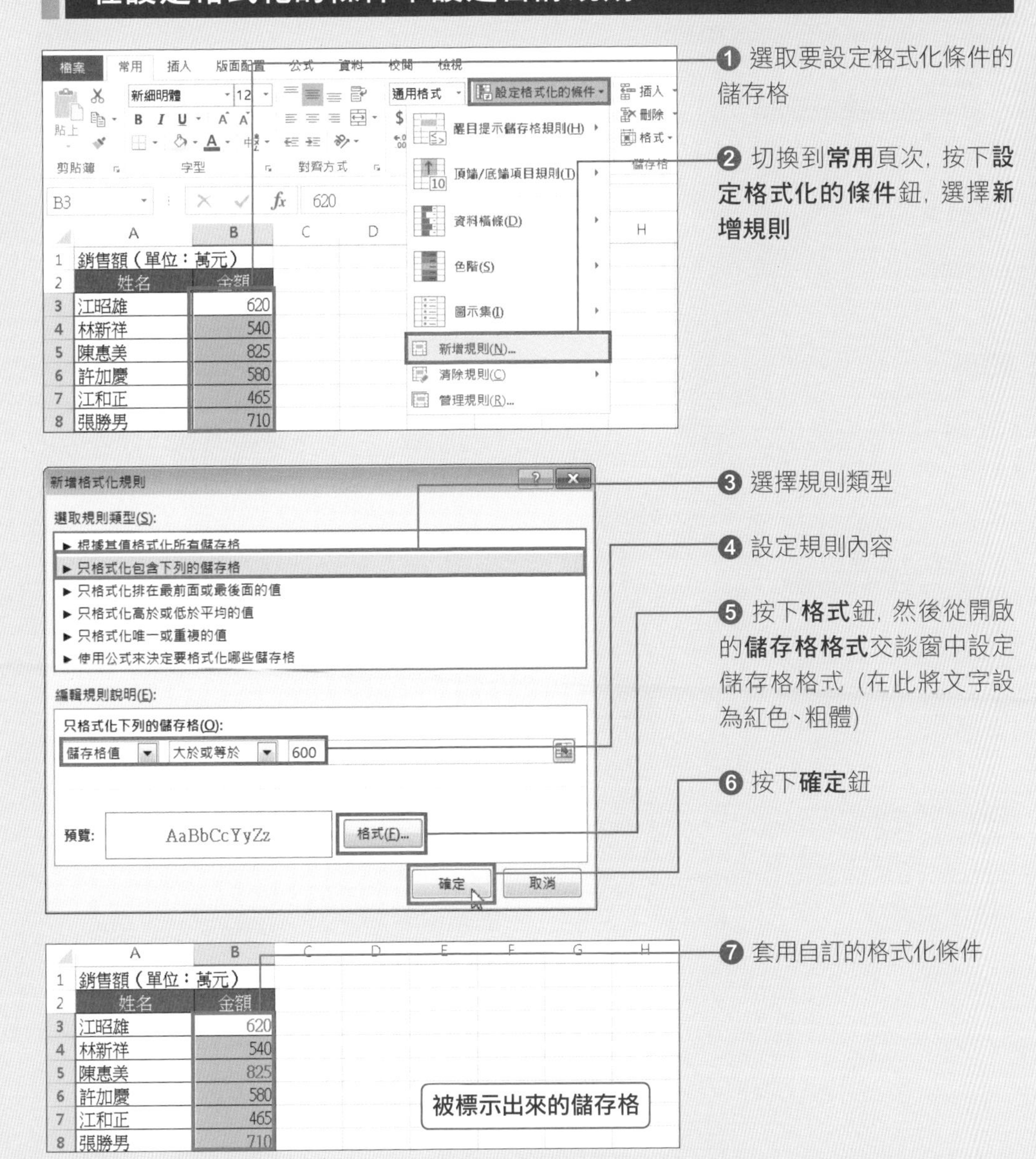

SECTION 082 格式化的條件

編輯格式化條件

設定好的格式化條件可以透過編輯，將它修改成更符合需求的條件或樣式。這裡要將儲存格的值超過 600 以上就特別標示出來的條件（參照**單元 081**）修改成 500 以下才特別標示出來。

變更格式化條件的規則

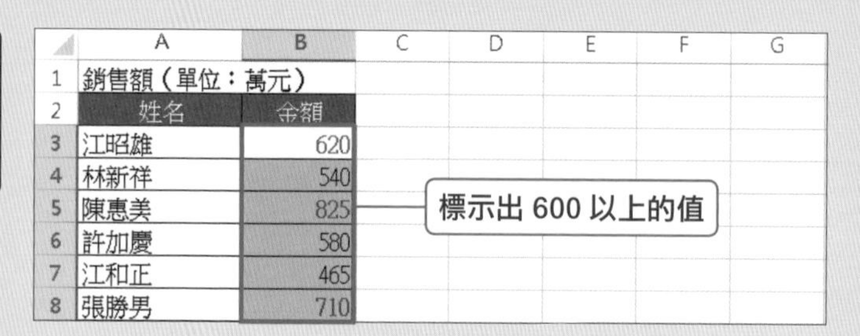

先開啟要設定的工作表

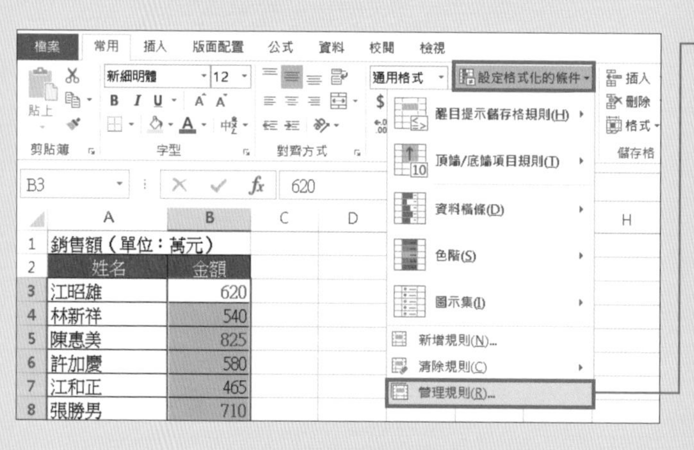

❶ 切換到**常用**頁次，按下**設定格式化的條件**鈕，選擇**管理規則**

❷ 選擇**這個工作表**

❸ 選擇原有的格式化規則（這裡為儲存格值>=600）

❹ 按下**編輯規則**鈕

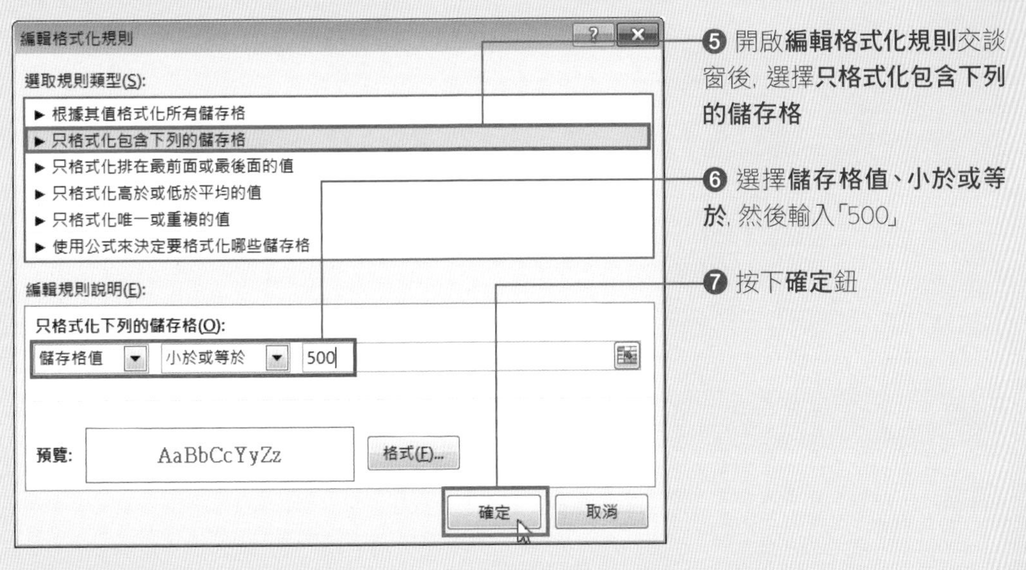

❺ 開啟**編輯格式化規則**交談窗後，選擇**只格式化包含下列的儲存格**

❻ 選擇**儲存格值**、**小於或等於**，然後輸入「500」

❼ 按下**確定**鈕

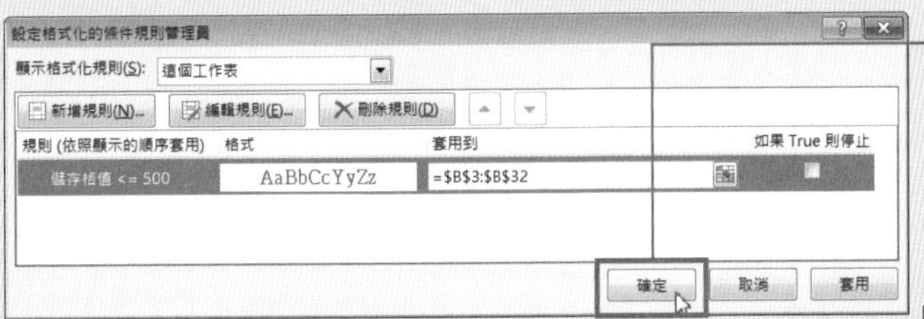

❽ 回到**設定格式化的條件規則管理員**交談窗後，按下**確定**鈕

❾ 符合新條件的儲存格資料會被標示出來

	A	B
1	銷售額(單位:萬元)	
2	姓名	金額
3	江昭雄	620
4	林新祥	540
5	陳惠美	825
6	許加慶	580
7	江和正	465
8	張勝男	710
9	薛邦弘	490
10	蘇美美	660
11	古沙月	550
12	張健飛	595
13	徐哲治	780
14	王輝鴻	550
15	夏雅彥	420

未達 500 的數值會被標示出來

MEMO: 設定多個格式化條件規則

要設定「未達 500 萬元以紅色顯示、700 萬元則以綠色顯示」的多個格式化條件規則時，要在**設定格式化的條件規則管理員**交談窗按下**新增規則**鈕，然後再設定條件及格式內容。

技巧補充

設定符合條件的儲存格格式

按下**編輯格式化規則**交談窗的**格式**鈕，開啟**儲存格格式**交談窗後，即可設定儲存格格式。

083 利用格式化條件將高分者填上色彩

格式化的條件

格式化條件中的規則可以透過公式來設定。公式中使用邏輯運算式，就能設定「〇〇以上」或「等於〇〇」等條件。這裡將設定當數值大於 700 以上時，就將該儲存格填滿色彩為例來說明。

使用公式來設定格式化條件

MEMO: 何謂公式

這裡所輸入的條件為「當儲存格 B3 的資料為 700 以上」。當選取多個儲存格的情況下，輸入公式時會以最上面 (或最左邊) 的儲存格為參照對象，之後儲存格的公式會以相對參照的方式來設定。

SECTION

084 利用格式化條件設定每隔一列填滿色彩

格式化的條件

以隔列方式填滿儲存格的方法有很多種，這裡將利用函數的格式化條件來說明。當新增/刪除列時，色彩會自動重新設定，因此可以省去重新設定的動作。

使用函數來設定格式化條件

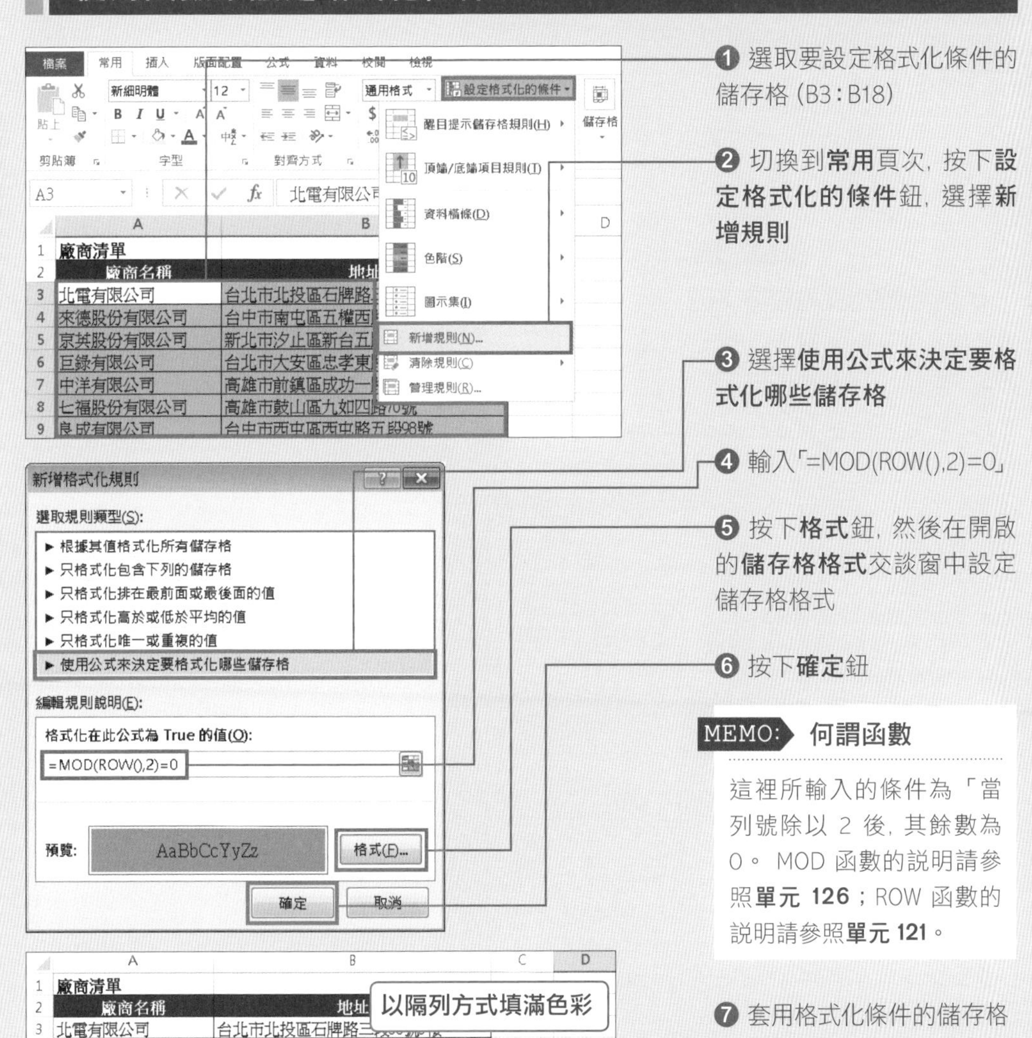

❶ 選取要設定格式化條件的儲存格（B3：B18）

❷ 切換到**常用**頁次，按下**設定格式化的條件**鈕，選擇**新增規則**

❸ 選擇**使用公式來決定要格式化哪些儲存格**

❹ 輸入「=MOD(ROW(),2)=0」

❺ 按下**格式**鈕，然後在開啟的**儲存格格式**交談窗中設定儲存格格式

❻ 按下**確定**鈕

MEMO: 何謂函數

這裡所輸入的條件為「當列號除以 2 後，其餘數為 0。MOD 函數的說明請參照**單元 126**；ROW 函數的說明請參照**單元 121**。

❼ 套用格式化條件的儲存格

第 3 章 » 格式化的條件

SECTION

085 用格式化條件將星期六、日的儲存格填滿色彩

格式化的條件

WEEKDAY 函數可以計算日期所對應的星期。這裡將使用 WEEKDAY 函數和格式化條件的組合, 將星期六、日的儲存格填滿色彩。

使用WEEKDAY函數求得對應的星期

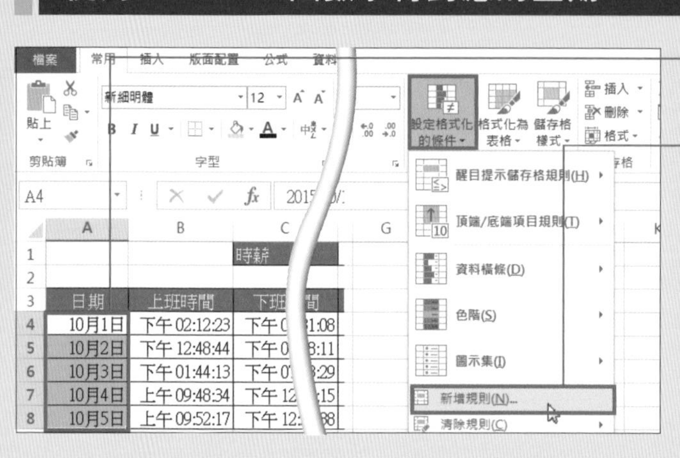

❶ 選取要設定格式化條件的儲存格

❷ 切換到**常用**頁次, 按下**設定格式化的條件**鈕, 選擇**新增規則**

❸ 選擇**使用公式來決定要格式化哪些儲存格**

❹ 輸入「=WEEKDAY(A4,2)>=6」

❺ 按下**格式**鈕, 然後在開啟的**儲存格格式**交談窗中設定儲存格格式

新增格式化規則
選取規則類型(S):
▶ 根據其值格式化所有儲存格
▶ 只格式化包含下列的儲存格
▶ 只格式化排在最前面或最後面的值
▶ 只格式化高於或低於平均的值
▶ 只格式化唯一或重複的值
▶ 使用公式來決定要格式化哪些儲存格
編輯規則說明(E):
格式化在此公式為 True 的值(O):
=WEEKDAY(A4,2)>=6
預覽: 未設定格式
格式(F)...
確定
取消

MEMO: WEEKDAY函數

WEEKDAY 函數可以從日期資料中計算出星期。回傳值可以從 3 種類型中選擇 (請參照下面的 **MEMO**)。

=WEEKDAY (日期,類型)

MEMO: 回傳值的類型

WEEKDAY 函數的引數**類型**, 可從下表的 3 種類型中選擇其中一種。省略的情況下, 會自動指定 1。

類型	回傳值
1	星期日 (1)～星期六 (7)
2	星期一 (1)～星期日 (7)
3	星期一 (0)～星期日 (6)

第3章 ≫ 格式化的條件

❻ 開啟**儲存格格式**交談窗後, 在**填滿**頁次中選擇想要填滿的色彩

❼ 按下**確定**鈕

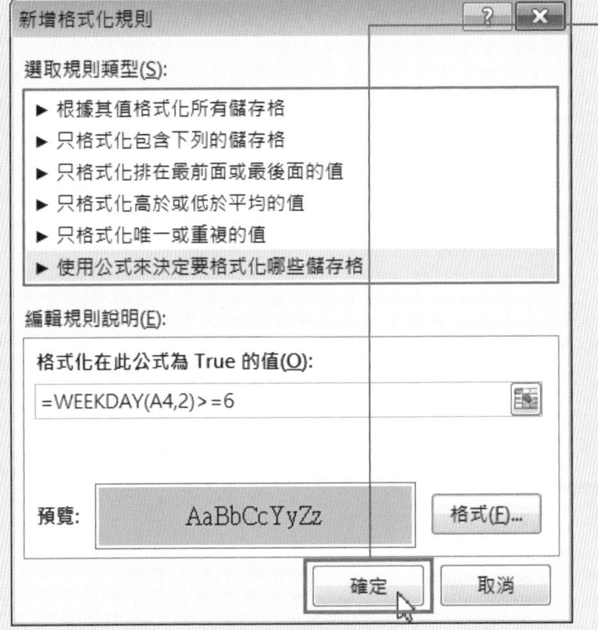

❽ 回到**新增格式化規則**交談窗後, 按下**確定**鈕

MEMO: 輸入公式的說明

將 WEEKDAY 函數的類型引數指定為「2」後, 回傳值為星期六 =6、星期日 =7。

公式中指定當 WEEKDAY 函數的回傳值大於等於 6 的情況下, 會設定儲存格的背景色彩。因此當遇到星期六或星期日時, 就會設定儲存格的背景色。

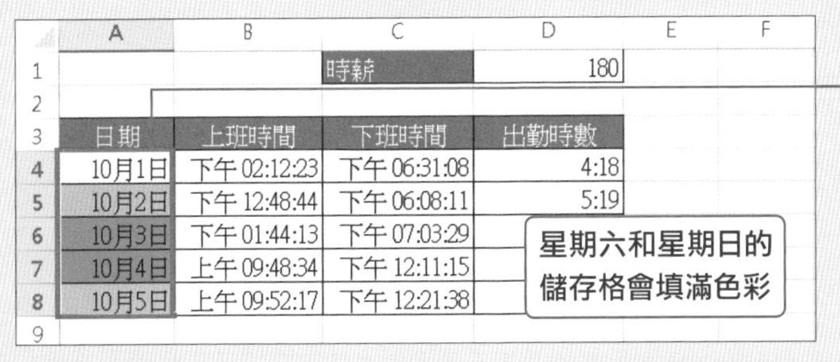

❾ 設定格式化條件後, 符合條件的儲存格會填滿色彩

SECTION

086 利用格式化條件標示出重複資料

格式化的條件

在編輯資料時，常會因「忘了將資料刪除」、「輸入相同資料」等情況而造成資料重複的情形。**格式化條件**功能可以將重複資料標示出來，以便快速掌握多餘的資料。

標示出重複的資料

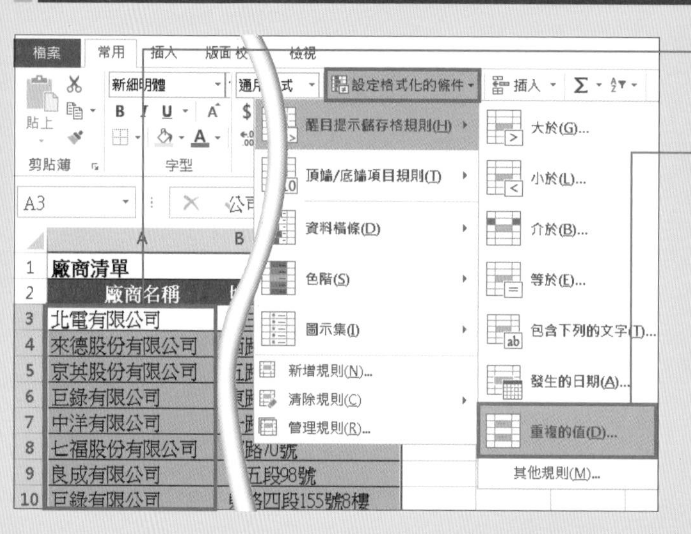

❶ 選取要設定格式化條件的儲存格（A3：B19）

❷ 切換到**常用**頁次，按下**設定格式化的條件**鈕，選擇**醒目提示儲存格規則/重複的值**

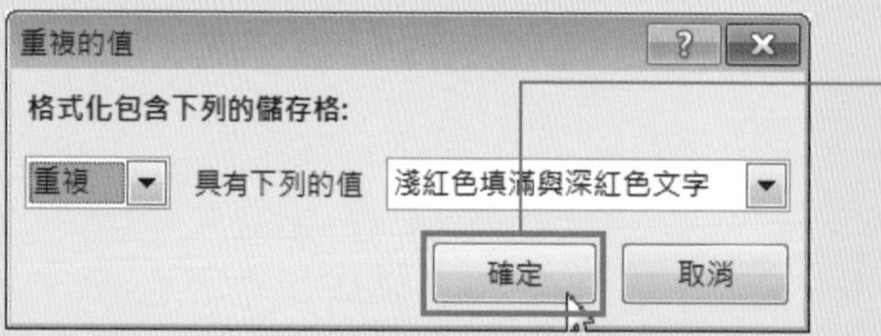

❸ 按下**確定**鈕

	A	B
1	廠商清單	
2	廠商名稱	地址
3	北電有限公司	台北市北投區石牌…
4	來德股份有限公司	台中市南屯區五權…
5	京英股份有限公司	新北市汐止區新台五路一段500號
6	巨錄有限公司	台北市大安區忠孝東路四段155號8樓
7	中洋有限公司	高雄市前鎮區成功一路1號
8	七福股份有限公司	高雄市鼓山區九如四路70號
9	良成有限公司	台中市西屯區西屯路五段98號
10	巨錄有限公司	台北市大安區忠孝東路四段155號8樓
11	台港股份有限公司	台北市大安區敦化南路一段326號2樓
12	耐普股份有限公司	台北市中正區寶慶路100號6樓
13	保來股份有限公司	新竹縣關西鎮石光里石岡子100號

重複資料會被標示出來

❹ 重複的資料會被標示出來

❺ 刪除任何一筆重複的資料後，留下的資料會取消重複資料的標示

SECTION

087

格式化的條件

透過「色階」來比較資料

想要一眼就能掌握資料分佈時，可以透過**格式化條件**中的**色階**功能，將資料大小依色彩濃淡來顯示。Excel 中內建 12 種不同色階樣式，可依資料需求選擇適合的樣式。

透過色階來呈現資料

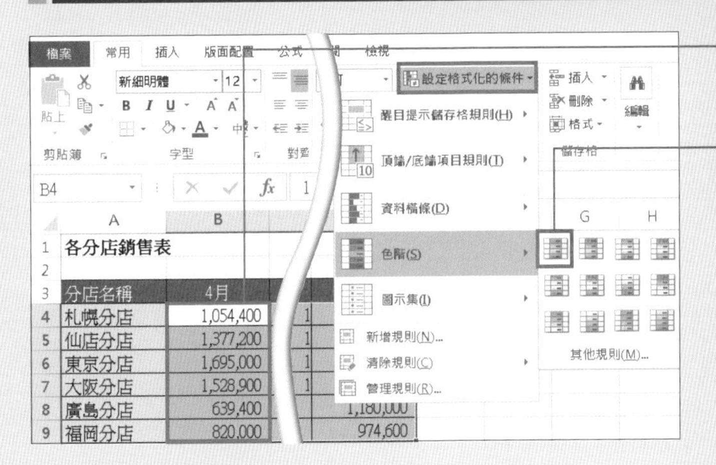

❶ 選取要設定格式化條件的儲存格（B4：D9）

❷ 按下**常用**頁次的**設定格式化的條件**鈕，選擇**色階**，再選擇想要套用的色階樣式

各分店銷售表（以色階方式顯示）

分店名稱	4月	5月	6月
札幌分店	1,054,400	1,112,800	1,366,500
仙店分店	1,377,200	1,241,600	1,000,600
東京分店	1,695,000	1,634,500	1,723,700
大阪分店	1,528,900	1,367,500	1,448,600
廣島分店	639,400	775,900	1,180,000
福岡分店	820,000	826,000	974,600

❸ 套用色階後，就能掌握銷量的高低了

技巧補充

從「快速分析」中套用

從 Excel 2013 開始，選取要分析的儲存格範圍後，按下選取範圍右下方出現的**快速分析**鈕，然後選擇**格式設定**頁次中的**色階**，也能讓資料透過色階顯示。此方法在 Excel 2010 前的版本無法使用。

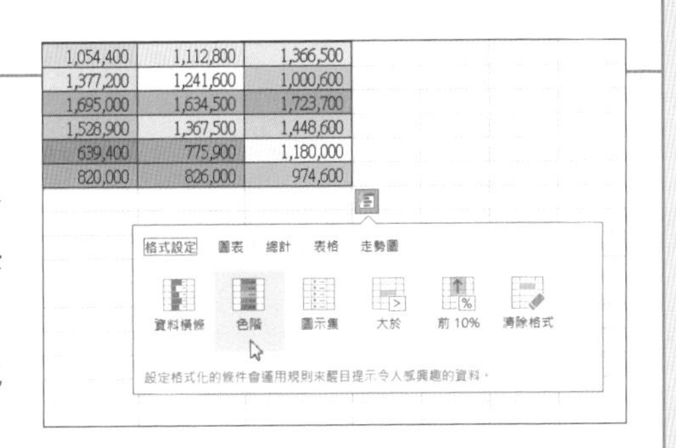

第 3 章 格式化的條件

透過「資料橫條」來比較資料

使用**格式化條件**中的**資料橫條**功能後，橫條會依據數值的大小顯示在儲存格中。橫條的長短是以資料數值大小來顯示，因此若想要快速比較資料間的關係時，利用此方法就能快速比較出結果。

將資料利用橫條呈現

❶ 選取要設定格式化條件的儲存格（B4：D9）

❷ 按下**常用**頁次的**設定格式化的條件**鈕，選擇**資料橫條**，再選擇想要套用的橫條樣式

	A	B	C	D	E	F
1	各分店銷售表					
2						
3	分店名稱	4月	5月	6月		
4	札幌分店	1,054,400	1,112,800	1,366,500		
5	仙店分店	1,377,200	1,241,600	1,000,600		
6	東京分店	1,695,000	1,634,500	1,723,700		
7	大阪分店	1,528,900	1,367,500	1,448,600		
8	廣島分店	639,400	775,900	1,180,000		
9	福岡分店	820,000	826,000	974,600		
10						

以橫條方式顯示

❸ 套用橫條樣式後，就能直接比較銷售額了

技巧補充

從「快速分析」中套用

從 Excel 2013 開始，選取要分析的儲存格範圍後，按下選取範圍右下方出現的**快速分析**鈕，選擇**格式設定**頁次中的**資料橫條**，也能讓資料以橫條方式顯示。此方法在 Excel 2010 前的版本無法使用。

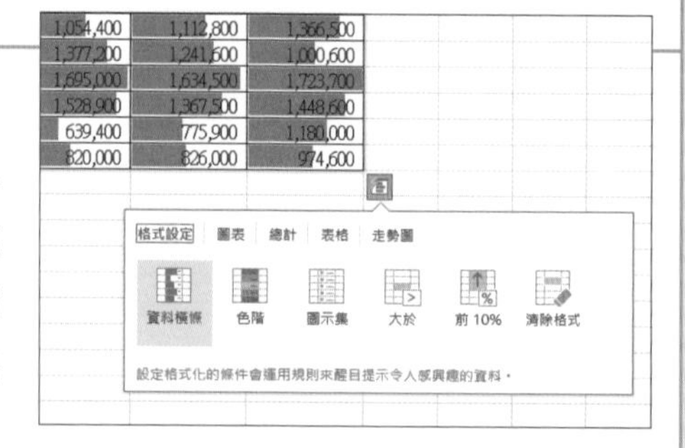

透過「圖示集」比較資料

利用**圖示集**可以分析資料的順序（排序）。**圖示集**可以將資料依大小區分成最大值、中間值、最小值等順序後，以圖示顯示。可以套用的圖示有箭頭、圓形等。

透過「圖示集」來呈現資料

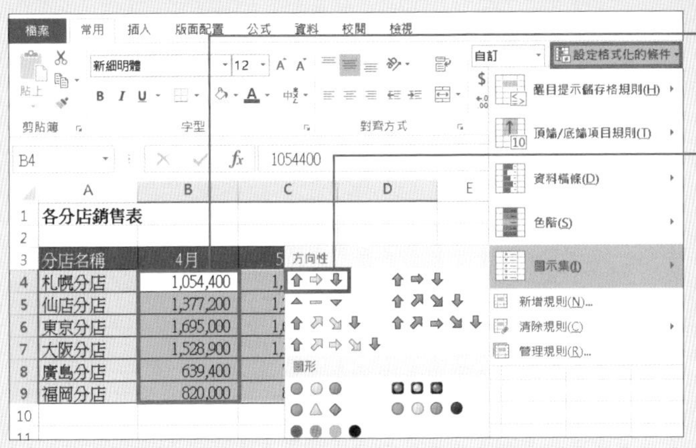

❶ 選取要設定格式化條件的儲存格（B4：D9）

❷ 按下**常用**頁次的**設定格式化的條件**鈕，選擇**圖示集**，再選擇想要套用的圖示

各分店銷售表

以圖示方式顯示

分店名稱	4月	5月	6月
札幌分店	⇨ 1,054,400	⇨ 1,112,800	⇧ 1,366,500
仙店分店	⇧ 1,377,200	⇨ 1,241,600	⇨ 1,000,600
東京分店	⇧ 1,695,000	⇧ 1,634,500	⇧ 1,723,700
大阪分店	⇧ 1,528,900	⇧ 1,367,500	⇧ 1,448,600
廣島分店	⇩ 639,400	⇩ 775,900	⇨ 1,180,000
福岡分店	⇩ 820,000	⇩ 826,000	⇩ 974,600

❸ 在儲存格內顯示圖示後，就能立即比較銷售額了

技巧補充

從「快速分析」中套用

從 Excel 2013 開始，選取要分析的儲存格範圍後，按下選取範圍右下方出現的**快速分析**鈕，選擇**格式設定**頁次中的**圖示集**，圖示就會顯示在儲存格中。此方法在 Excel 2010 前的版本無法使用。

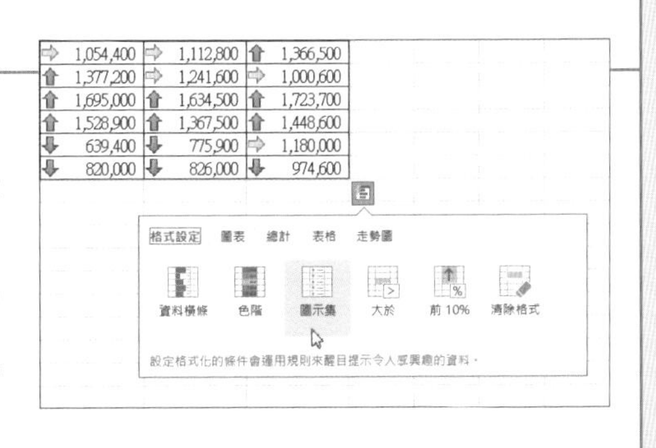

搜尋套用格式化條件的儲存格範圍

要修改格式化條件等動作前，要先選取套用格式化條件的儲存格範圍。若找不到或不確定該儲存格範圍時，可以透過**特殊目標**功能，快速找出儲存格範圍。

選取套用格式化條件的儲存格範圍

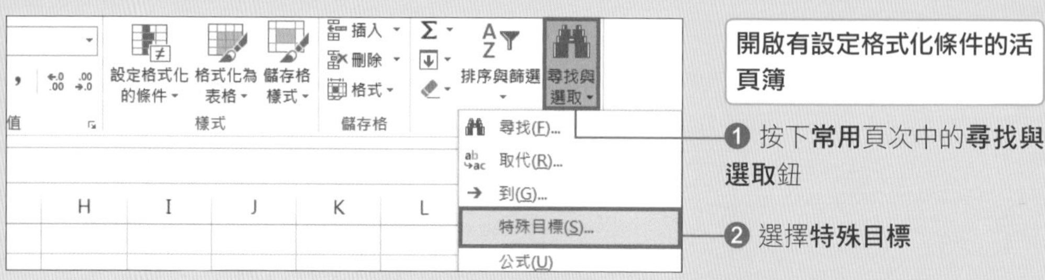

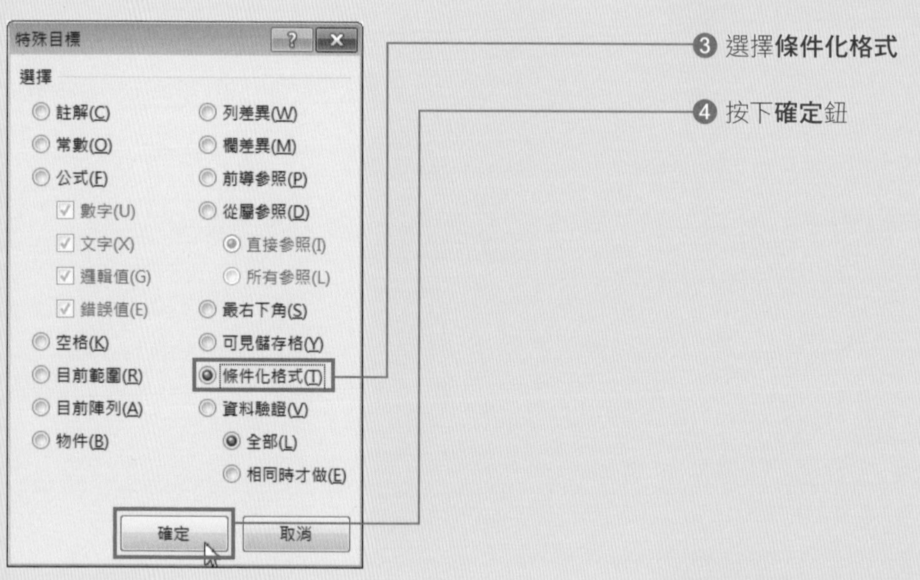

	A	B	C	D	E	F
1	銷售額（單位：萬元）					
2	姓名	金額				
3	江昭雄	620				
4	林新祥	540				
5	陳惠美	825				
6	許加慶	580				
7	江和正	465				
8	張勝男	710				

套用格式化條件的儲存格會被選取

❺ 套用格式化條件的儲存格會被選取

清除格式化條件

不想套用格式化條件時，可以將它清除。清除格式化條件後，只有格式化條件所套用的格式會被清除，其他的格式設定會被保留下來。

清除格式化條件將資料還原

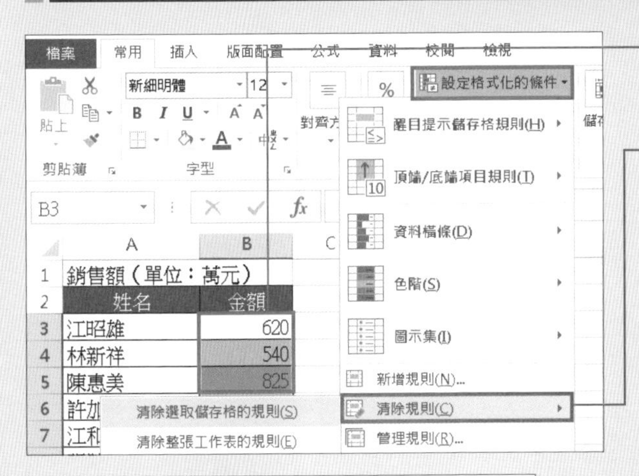

❶ 選取要清除格式條件的儲存格範圍（B3：B32）

❷ 按下**常用**頁次的**設定格式化的條件**鈕，選擇**清除規則/清除選取儲存格的規則**

	A	B	C	D	E	F
1	銷售額（單位：萬元）					
2	姓名	金額				
3	江昭雄	620				
4	林新祥	540				
5	陳惠美	825				
6	許加慶	580				
7	江和正	465				
8	張勝男	710				
9	薛邦弘	490				
10	蘇美美	660				
11	古沙月	550				

清除套用的格式化條件

❸ 利用格式化條件被標示出來的資料內容，會被還原成原來的格式

MEMO：清除整張工作表的格式化條件

要統一刪除整個工作表中套用格式化條件的規則時，請按下**常用**頁次的**設定格式化的條件**鈕，選擇**清除規則/清除整張工作表的規則**。

技巧補充

從「快速分析」中清除

從 Excel 2013 開始，選取要分析的儲存格後，按下選取範圍右下方出現的**快速分析鈕**，選擇**格式設定**頁次中的**清除格式**，完成後，套用的規則就會被清除。此方法在 Excel 2010 前的版本無法使用。

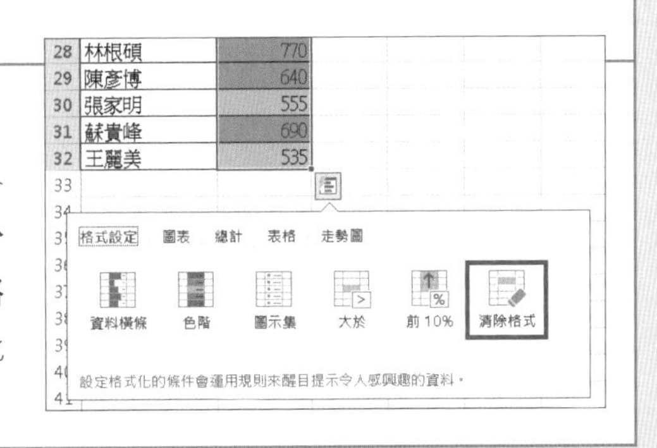

COLUMN

讓新增的儲存格格式可以重複套用

套用多種格式的組合被稱為**樣式**，例如儲存格同時設定了格線、字型等。從**常用**頁次**儲存格樣式**鈕的選單中選擇樣式名稱，就能同時將該樣式的所有格式套用到選取的儲存格中。

除了原有的樣式外，也可以新增自訂的樣式。例如，想要自訂一個填滿儲存格色彩、文字顏色及置中對齊的樣式，以做為表格標題樣式時，在一般的情況下需要手動做設定，但若將它們新增成自訂的樣式後，只要點選此樣式，就能一次將格式設定完成。

要自訂樣式，請按下**常用**頁次的**儲存格樣式**鈕，選擇**新增儲存格樣式**，在開啟的**樣式**交談窗中新增。另外，按下**儲存格樣式**鈕，選擇**合併樣式**，開啟**合併樣式**交談窗後，可以複製到其他活頁簿中的自訂樣式。想要統一多個表格的表格格式時，利用這個方法會讓表格的編輯省時又省力。

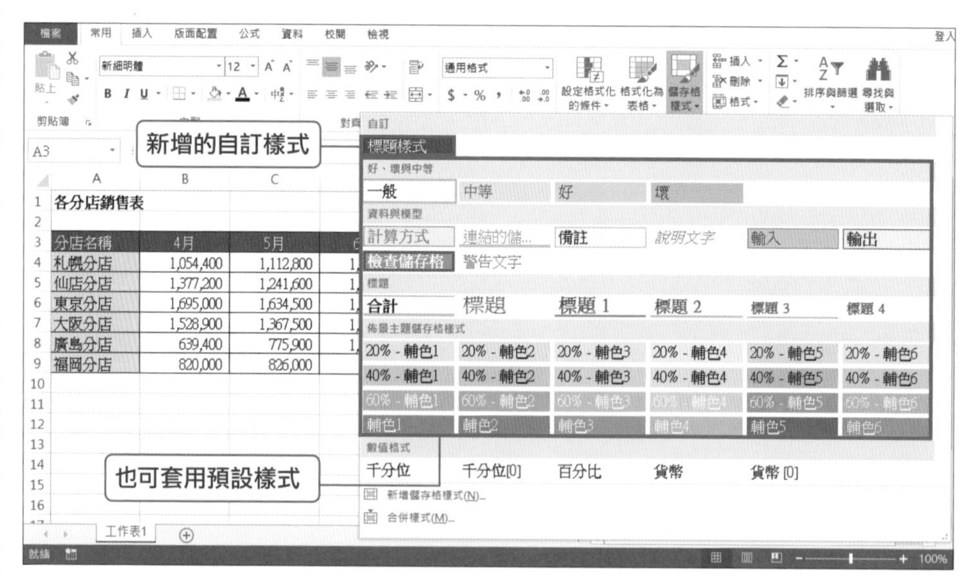

要套用自訂的樣式前，先選取想要套用的儲存格範圍，然後按下**常用**頁次的**儲存格樣式**，從選單中的**自訂**區中選擇想要套用的樣式

第 4 章

麻煩的計算也能輕鬆上手！

用公式與函數提升 3 倍效率的技巧

利用儲存格中的數值來計算

在儲存格中以「=」為開頭輸入資料，Excel 會將它認定為公式。公式除了可輸入數值及算術運算子外，也可以指定儲存格，將它當成算式的一部份。在公式中所指定的儲存格稱為**參照儲存格**。

輸入公式

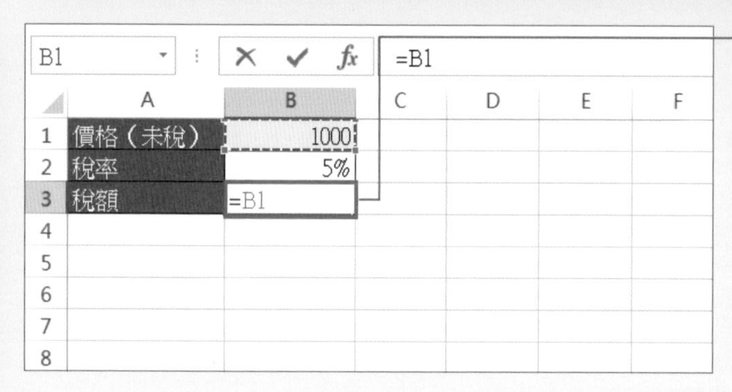

❶ 輸入「=」，然後選取想要參照的儲存格 (這裡為 B1)

MEMO: 輸入公式

在儲存格中輸入公式時，要在「=」後面接著輸入數值及算術運算子。

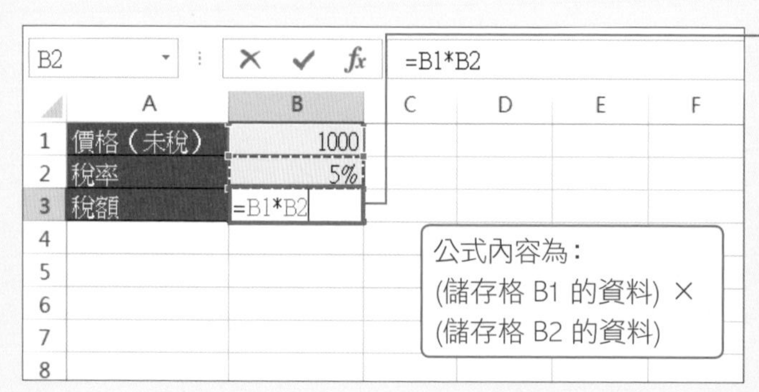

❷ 接著輸入「*」，然後選取想要參照的儲存格 (這裡為 B2)

❸ 按下 Enter 鍵

MEMO: 算術運算子

主要的算術運算子如下。

運算子	說明	範例	計算結果
+	加法	=10+5	15
-	減法	=10-5	5
*	乘法	=10*5	50
/	除法	=10/5	2
^	次方	=10^5	100000
%	百分比	=5%	0.05

B4

	A	B	C	D	E	F
1	價格（未稅）	1000				
2	稅率	5%				
3	稅額	50				
4						
5						
6						
7						
8						

計算結果

❹ 執行計算後，會將結果顯示在儲存格中

計算經過的時間或天數

Excel 中所顯示的日期或時間都是透過**序列值**的數值在管理, 因此可以像數量或價錢一樣, 計算出經過的時間或天數。這裡將以結束時間減掉開始時間的方法, 求得經過的時間為例來說明。

計算經過時間

	A	B	C	D	E
1	日期	上班時間	下班時間	出勤時間	
2	12月1日	09:30	14:50	=C2-B2	
3	12月2日	09:40	15:00		
4	12月3日	13:00	18:00		
5	12月4日	13:00	18:30		
6	12月5日	09:30	15:00		
7					
8					
9					

❶ 輸入結束時間減開始時間的公式 (這裡為=C2-B2)

❷ 按下 Enter 鍵

MEMO: 序列值

序列值是指用來表示時間及日期的數值。將輸入時間或日期的儲存格顯示格式設定成**通用格式**後, 就能看到對應的序列值。

	A	B	C	D	E
1	日期	上班時間	下班時間	出勤時間	
2	12月1日	09:30	14:50	05:20	
3	12月2日	09:40	15:00		
4	12月3日	13:00	18:00		
5	12月4日	13:00	18:30		
6	12月5日	09:30	15:00		
7					
8					
9					

經過的時間

❷ 計算後的結果會以時間格式顯示

MEMO: 計算跨日的時間

計算從 22:00 開始到隔天 6:00 的時間時, 「6:00」要以「30:00」或「2015/8/2 6:00」的方式輸入。

技巧補充

求得天數

計算天數的方法與時間相同, 都能將它們相加減。右圖為在儲存格 B3 中輸入公式「=B2-B1」。

B3 =B2-B1

	A	B	C	D
1	發售日	2014/7/17		
2	今天的日期	2015/7/18		
3	販售期間	366		
4				

SECTION 094 公式的基礎

依出勤時間計算薪資

依出勤時間乘以時薪，就能計算出當天的薪資。由於日期及時間都是以**序列值**計算，因此要以時薪方式計算出結果時，要將結果乘以 24 倍。

計算時薪

	A	B	C	D	E
1			時薪	180	
2					
3	日期	上班時間	下班時間	薪資	
4	12月1日	14:00	18:00	=(C4-B4)*24	
5	12月2日				
6	12月3日				
7	12月4日				
8	12月5日				
9					
10					

❶ 先計算出勤時數（這裡為 =(C4-B4)）

❷ 接著輸入「*24」

D4 =(C4-B4)*24*$D$1

	A	B	C	D	E
1			時薪	180	
2					
3	日期	上班時間	下班時間	薪資	
4	12月1日	14:00	18:00	=(C4-B4)*24*$D$1	
5	12月2日				
6	12月3日				
7	12月4日				
8	12月5日				

❸ 輸入「*」

❹ 選取輸入時薪的儲存格（這裡為 D1）

❺ 按下 F4 鍵。將時薪儲存格設定成絕對參照儲存格（參照**單元 102**）

❻ 按下 Enter 鍵

	A	B	C	D	E
1			時薪	180	
2					
3	日期	上班時間	下班時間	薪資	
4	12月1日	14:00	18:00	720	
5	12月2日				
6	12月3日				
7	12月4日				
8	12月5日				
9					
10					

❼ 在儲存格顯示當天的薪資

MEMO: 計算日期與時間

計算日期與時間時，序列值為「1 天=24 小時=1.0」。例如「12:00」代表 12 小時計算的情況下，因「12:00」的序列值為「0.5」，所以要乘以 24 後才能以「12」來計算。

在儲存格中顯示公式內容

在儲存格中輸入公式後，儲存格會顯示公式計算後的結果，而非輸入的公式。若想要「分析公式」或「列印公式」時，也可以將公式完整列在儲存格中。

顯示公式

❶ 按下 Ctrl + ~ 鍵

	A	B	C	D
1	加購		有	無
2	製品		250	0
3	製品A	4400	=$B3+C$2	=$B3+D$2
4	製品B	5200	=$B4+C$2	=$B4+D$2
5	製品C	6200	=$B5+C$2	=$B5+D$2

顯示的公式內容

❷ 以公式輸入的儲存格內容會將其公式顯示出來。再次按下 Ctrl + ~ 鍵，可將顯示內容切換回計算結果

MEMO: 從公式頁次中設定顯示公式

按下**公式**頁次中的**顯示公式**鈕，也能將顯示內容切換成公式。

技巧補充

直接以公式顯示

在儲存格輸入公式後，想要直接以公式而非計算結果顯示時，可以按下**檔案**頁次的**選項**，然後從開啟的 **Excel 選項**交談窗中依序勾選**進階**頁次的**在儲存格顯示公式，而不顯示計算的結果**。

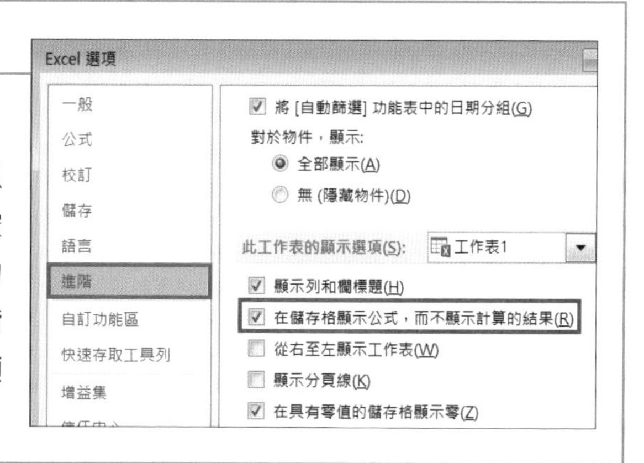

SECTION 096 公式的基礎

計算時參照其他工作表的值

公式中所要參照的內容，可以從其他工作表中取得。在想要統計以各分店、年度或地區區分的工作表資料時，是一個很便利的方法。

在公式中使用其他工作表的資料

❶ 輸入「=」

MEMO: 直接輸入儲存格編號

公式中所要參照的儲存格，可以以直接輸入儲存格編號的方式來指定。輸入儲存格編號的英文字母時，不用區分大小寫。

E10　=分店別!E10

各分店銷售表

分店名稱	1月	2月	3月	合計
札幌分店	1,054,400	1,112,800	1,366,500	3,533,700
仙店分店	1,377,200	1,241,600	1,000,600	3,619,400
東京分店	1,695,000	1,634,500	1,723,700	5,053,200
大阪分店	1,528,900	1,367,500	1,448,600	4,345,000
廣島分店	639,400	775,900	1,180,000	2,595,300
福岡分店	820,000	826,000	974,600	2,620,600
合計	7,114,900	6,958,300	7,694,000	21,767,200

各季銷售　分店別

❷ 切換到**分店別**工作表後，選取要參照的儲存格

❸ 按下 Enter 鍵

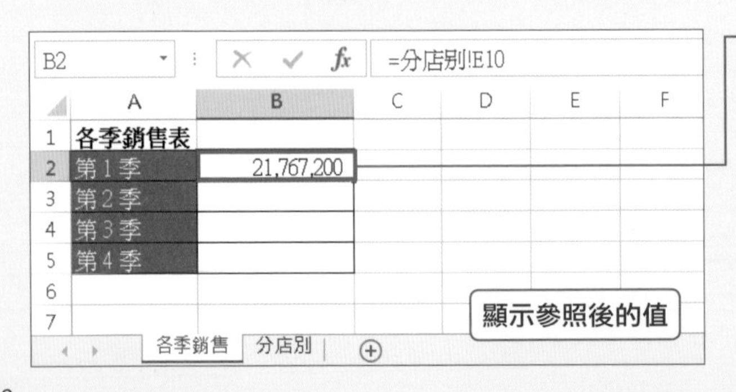

❹ 回到原來的工作表，並顯示其他工作表的值

MEMO: 取消輸入的公式

公式輸入到一半想要取消輸入，可以按下 Esc 鍵。

SECTION 097

公式的基礎

計算時參照其他活頁簿的值

公式中所要參照的內容，可以從其他活頁簿中取得。要參照其他活頁簿的資料時，要先切換到其他活頁簿，然後再設定公式所要參照的資料。

在公式中使用其他活頁簿的資料

開啟想要參照的活頁簿 (097-每季銷售.xlsx)

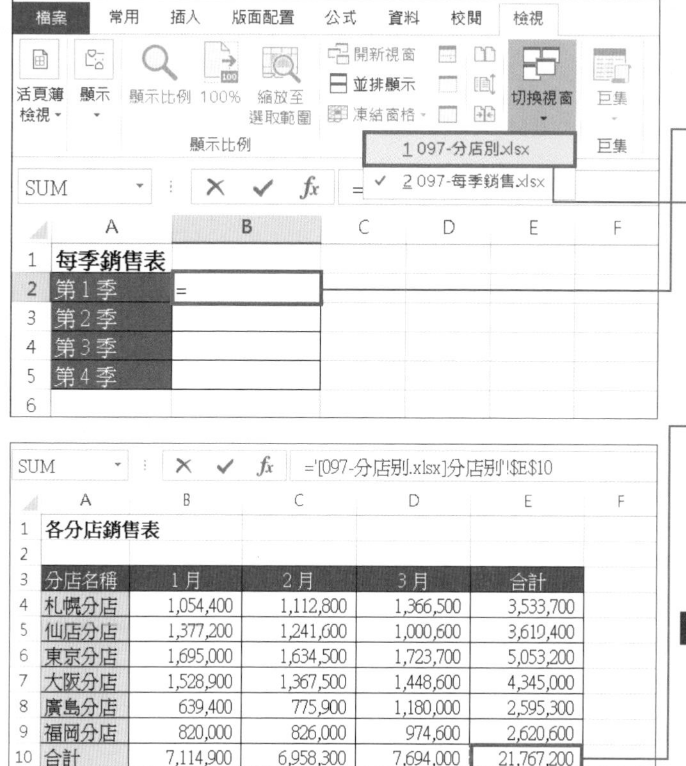

各分店銷售表

分店名稱	1 月	2 月	3 月	合計
札幌分店	1,054,400	1,112,800	1,366,500	3,533,700
仙店分店	1,377,200	1,241,600	1,000,600	3,619,400
東京分店	1,695,000	1,634,500	1,723,700	5,053,200
大阪分店	1,528,900	1,367,500	1,448,600	4,345,000
廣島分店	639,400	775,900	1,180,000	2,595,300
福岡分店	820,000	826,000	974,600	2,620,600
合計	7,114,900	6,958,300	7,694,000	21,767,200

❶ 輸入「=」

❷ 按下**檢視**頁次中的**切換視窗**鈕，選擇要切換的活頁簿名稱

❸ 切換到參照的活頁簿 (097-分店別.xlsx) 後，選取公式中要參照的儲存格

❹ 按下 Enter 鍵

B2 ='[097-分店別.xlsx]分店別'!$E$10

每季銷售表

第 1 季	21,767,200
第 2 季	
第 3 季	
第 4 季	

顯示參照後的值

❺ 顯示其他活頁簿的值

MEMO: 注意檔案儲存的位置

當參照的檔案資料內容改變後，公式也會自動更新。但是當參照的檔案被刪除或改變儲存的位置時，公式將無法顯示正確結果。

SECTION 098

公式的基礎

確認公式的參照來源

想要確認輸入公式是否正確時，可以透過追蹤功能來確認。從參照儲存格到公式儲存格間會以箭頭顯示，因此一眼就能掌握公式中參照了哪些儲存格。

確認公式所參照的儲存格

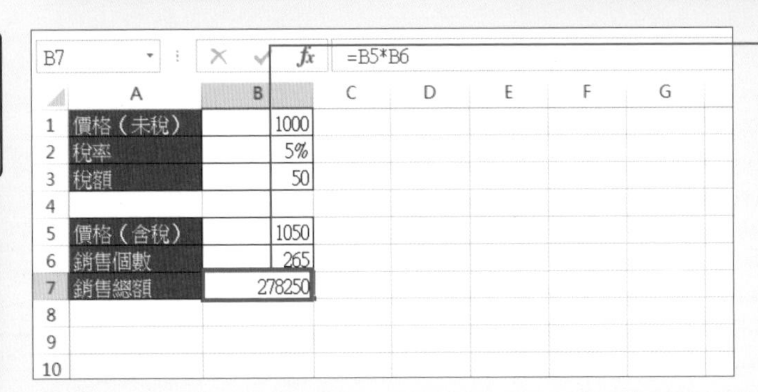

❶ 選取輸入公式的儲存格 (這裡為 B7)

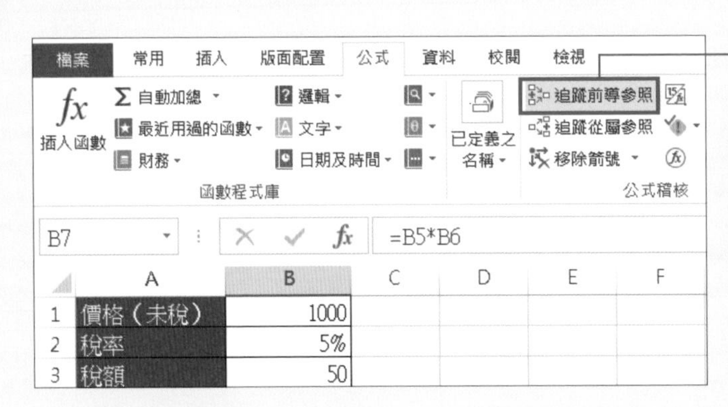

❷ 按下**公式**頁次中的**追蹤前導參照**鈕

MEMO: **追蹤前導參照與追蹤從屬參照**

在輸入公式的儲存格中要按下**追蹤前導參照**鈕；在公式所參照的儲存格中，則要按下**追蹤從屬參照**鈕。

可以確認公式參照的儲存格

❸ 箭頭的顯示會從「被公式參照的儲存格」開始到「輸入公式的儲存格」為止

MEMO: **清除追蹤箭頭**

要清除工作表中的追蹤箭頭時，請按下**公式**頁次中的**移除箭號**鈕。

將公式複製/貼上

要一直重複輸入相同的公式實在很煩人，當公式的數值或字串相同時，利用複製的方式可以將公式快速輸入。若公式中有參照其他儲存格的話，儲存格編號也會自動調整。

複製輸入公式的儲存格

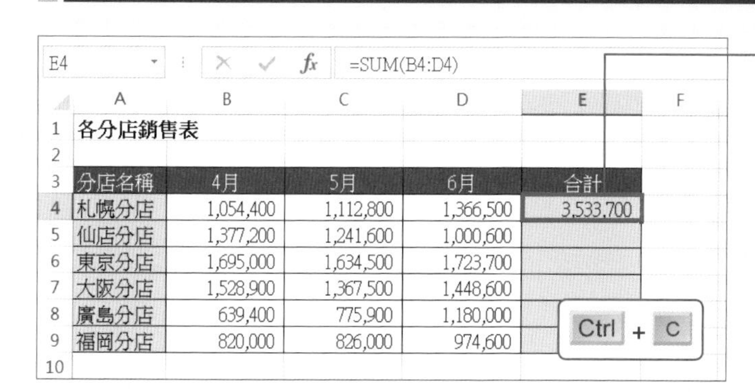

	A	B	C	D	E	F
1	各分店銷售表					
2						
3	分店名稱	4月	5月	6月	合計	
4	札幌分店	1,054,400	1,112,800	1,366,500	3,533,700	
5	仙店分店	1,377,200	1,241,600	1,000,600		
6	東京分店	1,695,000	1,634,500	1,723,700		
7	大阪分店	1,528,900	1,367,500	1,448,600		
8	廣島分店	639,400	775,900	1,180,000		
9	福岡分店	820,000	826,000	974,600		
10						

❶ 選取含有公式的儲存格 (這裡為 E4)

❷ 按下 Ctrl + C 鍵

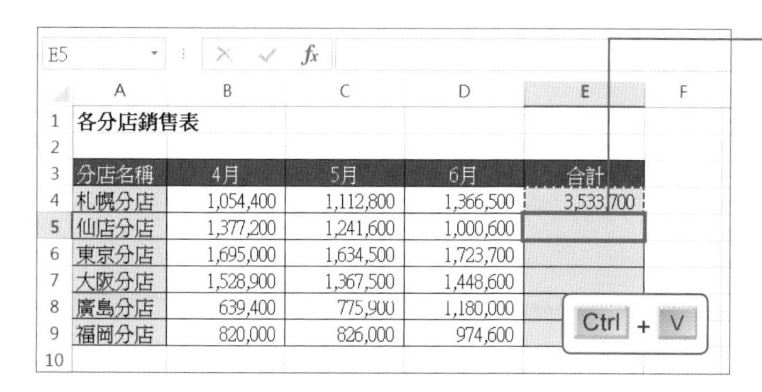

	A	B	C	D	E	F
1	各分店銷售表					
2						
3	分店名稱	4月	5月	6月	合計	
4	札幌分店	1,054,400	1,112,800	1,366,500	3,533,700	
5	仙店分店	1,377,200	1,241,600	1,000,600		
6	東京分店	1,695,000	1,634,500	1,723,700		
7	大阪分店	1,528,900	1,367,500	1,448,600		
8	廣島分店	639,400	775,900	1,180,000		
9	福岡分店	820,000	826,000	974,600		
10						

❸ 選擇想要貼上的儲存格 (這裡為 E5)

❹ 按下 Ctrl + V 鍵

E5　=SUM(B5:D5)

	A	B	C	D	E	F
1	各分店銷售表					
2						
3	分店名稱	4月	5月	6月	合計	
4	札幌分店	1,054,400	1,112,800	1,366,500	3,533,700	
5	仙店分店	1,377,200	1,241,600	1,000,600	3,619,400	
6	東京分店	1,695,000	1,634,500	1,723,700		(Ctrl) ▾
7	大阪分店	1,528,900	1,367,500	1,448,600		
8	廣島分店	639,400	775,900	1,180,000		
9	福岡分店	820,000	826,000	974,600		
10						

完成公式的複製

❺ 被複製的公式會修正對應的儲存格編號後，顯示計算的結果

MEMO: 移動公式

將輸入公式的儲存格剪下再貼到其他儲存格後，可以移動其公式。公式移動時，公式所參照的儲存格編號並不會被改變。

用「自動填滿」功能複製公式

選取輸入公式的儲存格，然後在**填滿控點**上連按兩下滑鼠左鍵，可以瞬間將公式複製到表格的最後一列。在同欄中可以將相同公式統一複製，以增加編輯效率。

將公式複製到表格的最後一列

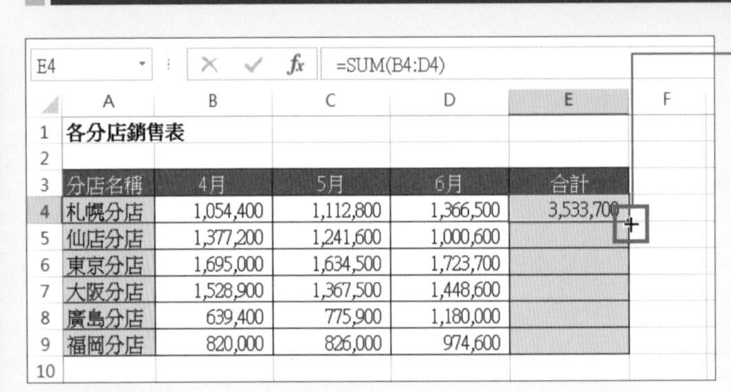

E4　=SUM(B4:D4)

	A	B	C	D	E	F
1	各分店銷售表					
2						
3	分店名稱	4月	5月	6月	合計	
4	札幌分店	1,054,400	1,112,800	1,366,500	3,533,700	
5	仙店分店	1,377,200	1,241,600	1,000,600		
6	東京分店	1,695,000	1,634,500	1,723,700		
7	大阪分店	1,528,900	1,367,500	1,448,600		
8	廣島分店	639,400	775,900	1,180,000		
9	福岡分店	820,000	826,000	974,600		
10						

❶ 選取輸入公式的儲存格 (這裡為 E4)

❷ 在**填滿控點**上快按兩下滑鼠左鍵

E4　=SUM(B4:D4)

	A	B	C	D	E	F
1	各分店銷售表					
2						
3	分店名稱	4月	5月	6月	合計	
4	札幌分店	1,054,400	1,112,800	1,366,500	3,533,700	
5	仙店分店	1,377,200	1,241,600	1,000,600	3,619,400	
6	東京分店	1,695,000	1,634,500	1,723,700	5,053,200	
7	大阪分店	1,528,900		1,448,600	4,345,000	
8	廣島分店	639,400		1,180,000	2,595,300	
9	福岡分店	820,000		974,600	2,620,600	
10						

公式會複製到表格的最後列

❸ 複製公式後的結果

MEMO: 複製到特定的儲存格為止

不想要複製到表格的最後列，而僅複製到特定儲存格時，可以拉曳填滿控點到特定儲存格為止。

技巧補充

還原目的表格的儲存格格式

複製輸入公式的儲存格後，表格格式也會跟著被複製。要將目地表格格式還原成原來設定的格式時，可以按下右下角的**自動填滿選項**鈕，從選單中選擇**填滿但不填入格式**。

5,053,200
4,345,000
2,595,300
2,620,600

- 複製儲存格(C)
- 僅以格式填滿(F)
- 填滿但不填入格式(O)
- 快速填入(F)

以連結其他工作表方式複製計算結果

複製輸入在其他工作表或活頁簿中的公式，並貼到目的儲存格後，會因為找不到參照儲存格而造成計算結果無法正確顯示。利用**貼上連結**功能，以連結其他工作表的方式，就能正確顯示計算結果。

正確顯示其他工作表的計算結果

	A	B	C	D	E
1	各分店銷售表				
2					
3	分店名稱	4月	5月	6月	合計
4	札幌分店	1,054,400	1,112,800	1,366,500	3,533,700
5	仙店分店	1,377,200	1,241,600	1,000,600	3,619,400
6	東京分店	1,695,000	1,634,500	1,723,700	5,053,200
7	大阪分店	1,528,900	1,367,500	1,448,600	4,345,000
8	廣島分店	639,400	775,900	1,180,000	2,595,300
9	福岡分店	820,000		974,600	2,620,600
10	合計	7,114,900		7,694,000	21,767,200

❶ 選取想要複製的儲存格 (這裡為 E10)，然後按下 Ctrl + C 鍵，複製儲存格

B2 =SUM(#REF!)

	A	B
1	每季銷售表	
2	第 1 季	#REF!
3	第 2 季	
4	第 3 季	
5	第 4 季	

(Ctrl)▾ 貼上 貼上值 其他貼上選項

❷ 切換到**每季銷售**工作表後，選取想要貼上的儲存格，然後按下 Ctrl + V 鍵。因無法找到參照來源儲存格，會以錯誤值顯示

❸ 按下**貼上選項**鈕

❹ 選擇**貼上連結**

B2 =分店別!$E$10

	A	B
1	每季銷售表	
2	第 1 季	21,767,200
3	第 2 季	
4	第 3 季	
5	第 4 季	

顯示正確結果

❺ 修正公式後，就可以顯示正確值

MEMO: 與參照值的不同

貼上連結與使用「=」去參照其他工作表的值方法相同 (參照**單元 096**)。當參照範圍較大時，利用貼上連結的方法會比較有效率。

SECTION 102 公式的基礎

將參照儲存格設為「絕對參照」

複製含有參照儲存格的公式時，參照儲存格的編號會跟著變動。若想要讓所有的公式參照同一個儲存格，可以將該儲存格設為絕對參照，不讓它隨著公式變動。

從相對參照切換成絕對參照

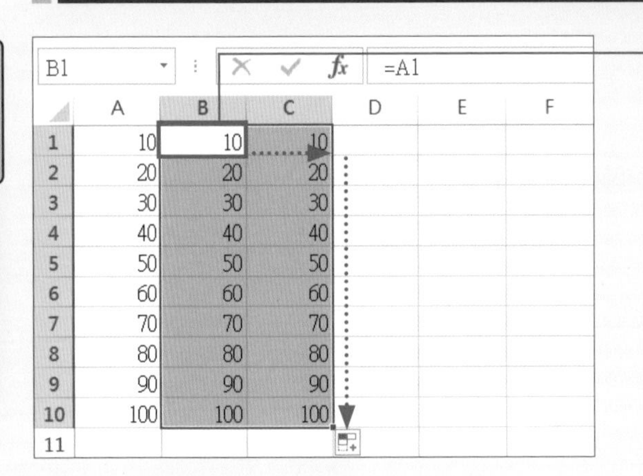

❶ 一般在複製公式時，複製後的公式，其參照儲存格也會跟著變動（此例在儲存格 B1 中輸入「=A1」）

MEMO: 相對參照與絕對參照

相對參照是指複製公式時，參照儲存格編號會自動跟著變動。**絕對參照**則會固定參照的儲存格，讓它不會跟著變動。預設的情況下，複製公式時的參照方式為相對參照。

A1 =$A$1

欄編號與列編號前多了「$」

❷ 輸入「=」

❸ 選取想要參照的儲存格（這裡為 A1）

❹ 按下 F4 鍵，參照方式變成絕對參照後，按下 Enter 鍵

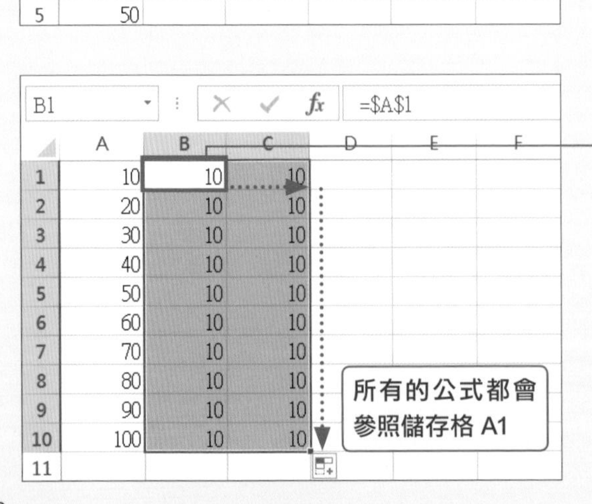

❺ 複製公式後，所有的參照儲存格都是 A1

MEMO: 參照方式的切換

選擇公式中的儲存格編號，按下 F4 鍵後，可以切換參照方式。每按一次 F4 鍵，依相對參照→絕對參照→複合參照（列參照）→複合參照（欄參照）順序方式循環切換。

SECTION 103 公式的基礎

在複合參照中固定參照欄後複製公式

單元 102 介紹的方法，會固定參照的欄與列。利用**複合參照**可以只固定參照的欄或列，未固定的欄或列則會隨著公式變動。

從相對參照切換成複合參照

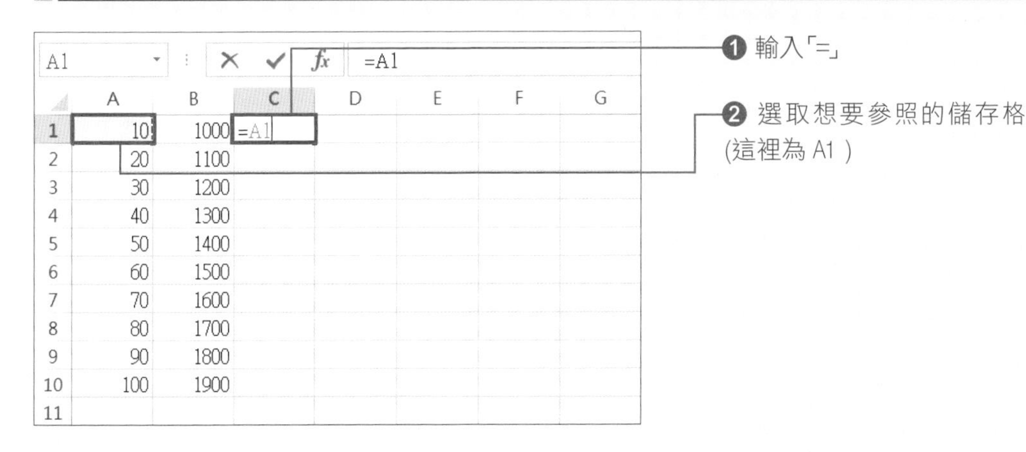

❸ 連按三次 F4 鍵，將參照方式切換成複合參照 (固定欄) 後，按下 Enter 鍵

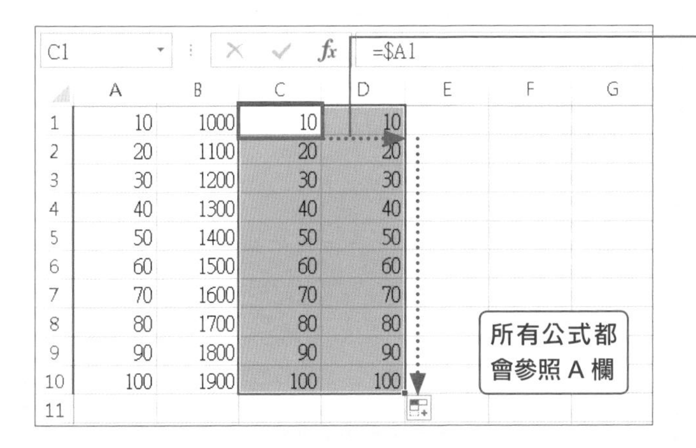

❹ 複製公式後，所有的參照儲存格都會參照同一欄

MEMO: 複合參照

複合參照是指欄或列的其中一方為**絕對參照**，另一方為**相對參照**的參照方式。

透過複和參照方式計算

要將公式往下列及右邊欄位複製時，可以將相對參照或絕對參照（參照**單元 102**）公式輸入到不同的儲存格中，但利用複合式參照的方法會更有效率。即使在大型表格中也能將公式快速輸入。

複製複合參照公式

❶ 選取要輸入公式的儲存格 (這裡為 C3)，然後輸入「=」

❷ 選取要參照的儲存格 (這裡為 B3)

❸ 連按三次 F4 鍵，固定 B 欄

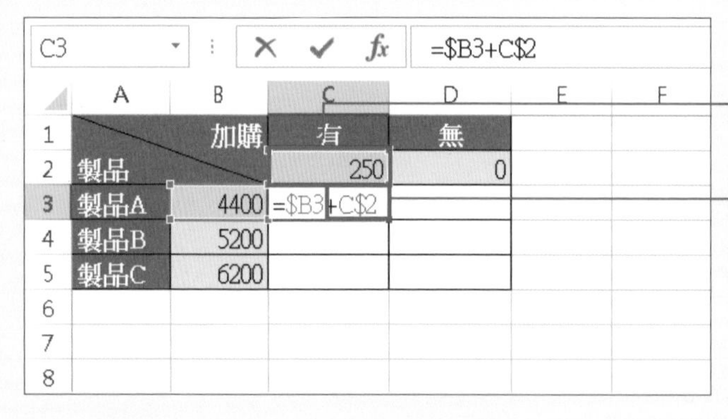

❹ 輸入「+」

❺ 選取要參照的儲存格 (這裡為 C2)

❻ 連按二次 F4 鍵，固定列

❼ 按下 Enter 鍵

D5 =$B5+D$2

	A	B	C	D	E	F
1		加購	有	無		
2	製品		250	0		
3	製品A	4400	4650	4400		
4	製品B	5200	5450	5200		
5	製品C	6200	6450	6200		
6						
7						
8						

計算結果

❽ 將公式複製後，就能顯示其計算結果

MEMO: 公式說明

在這個例子中，會計算出固定 B 欄的儲存格編號及固定第 2 列的儲存格編號之合計結果。

透過結構化參照方式計算

將資料轉換成**表格**（參照**單元 198**）後，欄位會自動被命名，公式可以將該欄名稱指定成參照來源，而這樣的參照被稱「結構化參照」。公式中會以欄的名稱來顯示，與顯示欄位編號相較下，可以更快了解公式內容。

用結構化參照計算

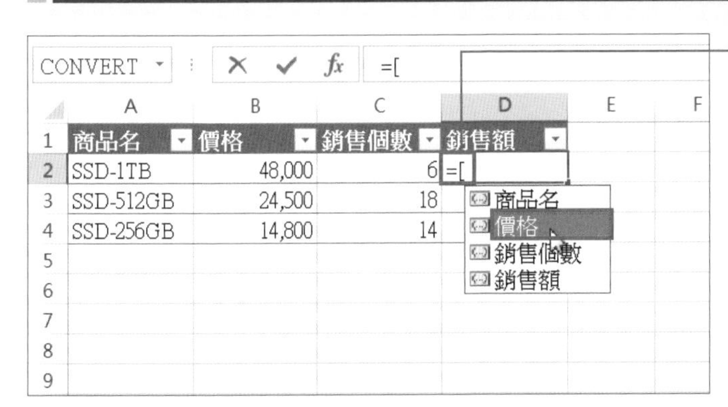

❶ 選取要輸入公式的儲存格（這裡為 D2），輸入半形的「=」後，再輸入「[」

❷ 出現欄名稱後，在要輸入公式的欄名稱上快按兩下滑鼠左鍵

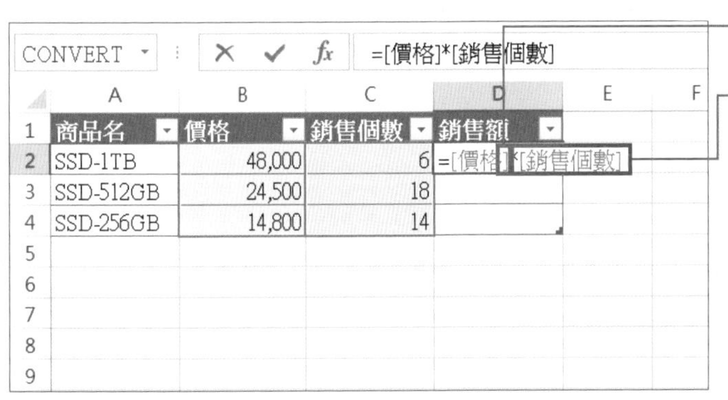

❸ 輸入欄名稱後，再輸入「]」

❹ 接著輸入算術運算子及欄名稱等（這裡輸入「*」及「[銷售個數]」），完成公式

❺ 按下 Enter 鍵

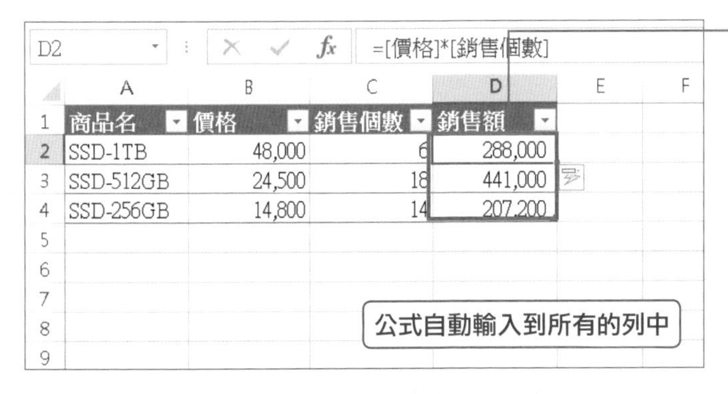

❻ 顯示計算的結果

MEMO: 表格

表格是指透過標題列所顯示篩選按鈕等設定，讓資料更容管理的特別表格（參照**單元 198**）。

SECTION 106

函數

使用「插入函數」交談窗

「函數」是指「求得合計或平均值」、「回傳與條件相符的值」等執行計算公式的總稱。雖然要記住所有函數不容易，但利用交談窗來輸入的話，就會變得輕鬆許多。

輸入 MIN 函數

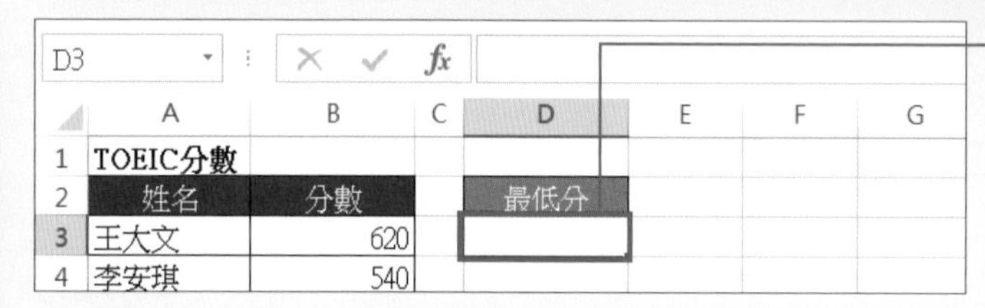

❶ 選取要輸入函數的儲存格 (這裡為 D3)

❷ 按下**公式**頁次的**插入函數**鈕

MEMO: 函數、引數及回傳值

「函數」是指用來執行固定計算公式的總稱。函數中使用的資料稱為「引數」，計算結果稱為「回傳值」。

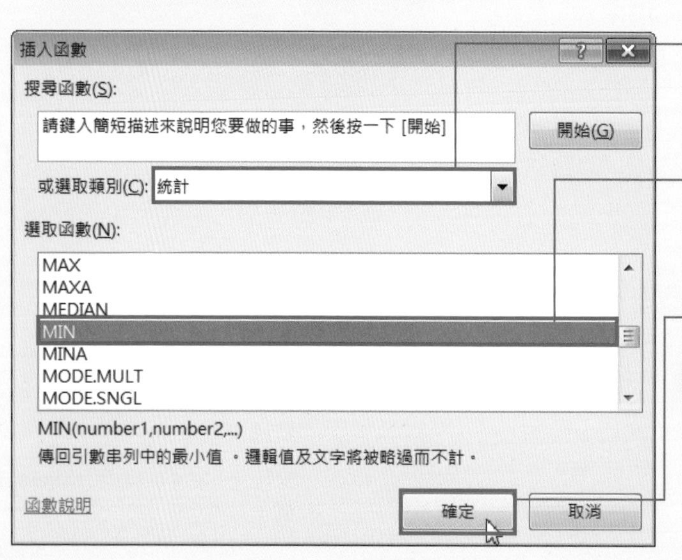

❸ 從**或選取類別**選單中選擇想要插入的函數類別 (這裡為**統計**)

❹ 在**選取函數**欄中會顯示該類別的所有函數, 選擇想要插入函數 (這裡為 **MIN**)

❺ 按下**確定**鈕

MEMO: MIN 函數

MIN 函數會回傳多個數值或指定儲存格範圍內的最小值。

=MIN (數值 1, 數值 2, ...)

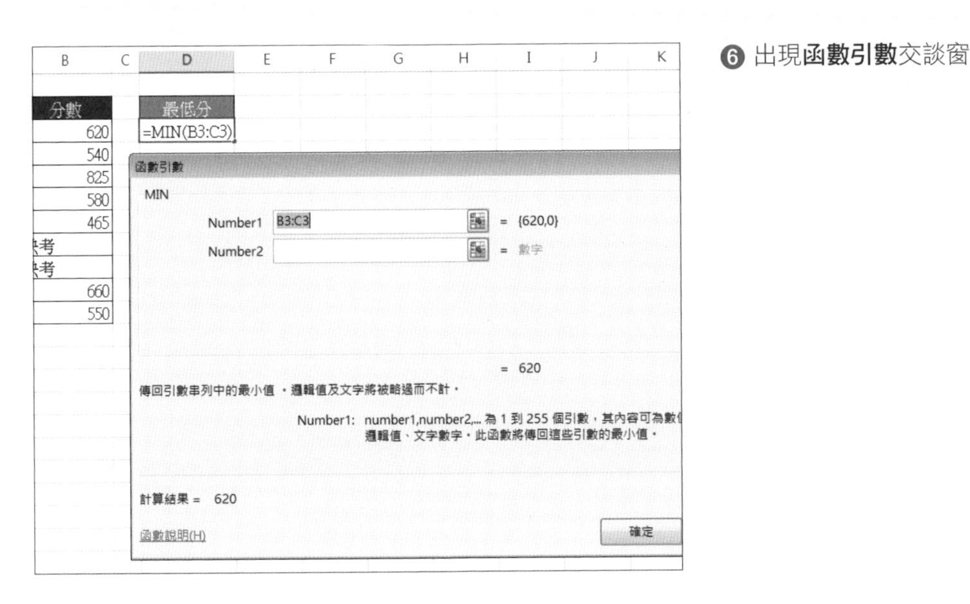

❻ 出現**函數引數**交談窗

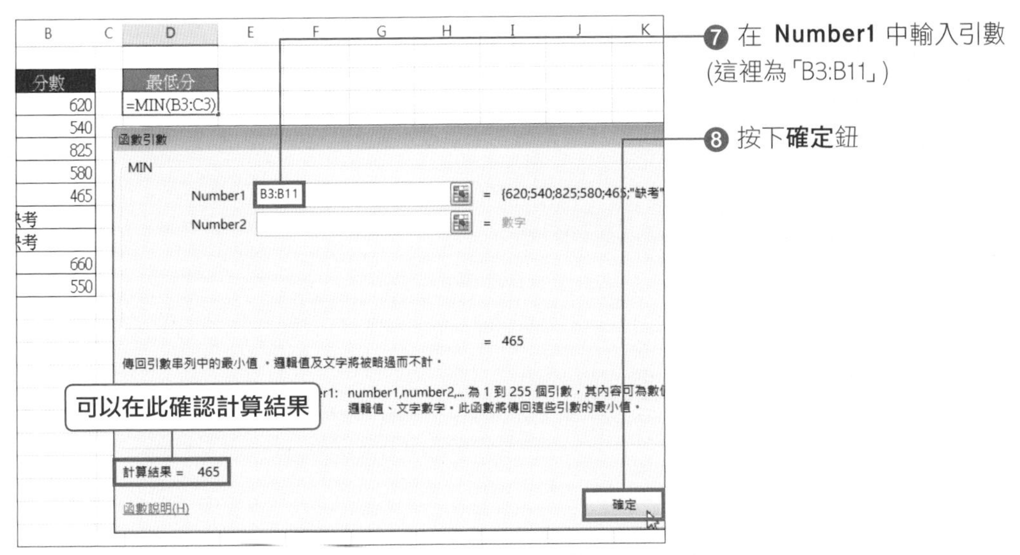

❼ 在 **Number1** 中輸入引數(這裡為「B3:B11」)

❽ 按下**確定**鈕

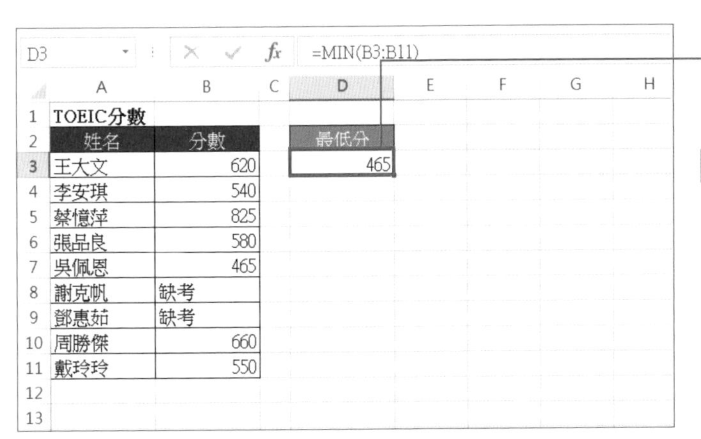

❾ 完成輸入後，就會顯示其計算結果

MEMO: 修改函數

函數和其他公式一樣，可以直接在儲存格或**資料編輯列**中修改。另外，也可以利用步驟 ❶ ~ ❷ 的方法，開啟**函數引數**交談窗來修正。

利用 SUM 函數計算合計

使用**公式**頁次的**自動加總**功能後，會自動輸入 SUM 函數，以便快速求得合計結果。當自動選取的參照儲存格範圍與預定的範圍不相同時，只要重新選取儲存格範圍即可。

輸入 SUM 函數

B4　1054400

	A	B	C	D	E	F
1	各分店銷售表					
2						
3	分店名稱	4月	5月	6月		
4	札幌分店	1,054,400	1,112,800	1,366,500		
5	仙店分店	1,377,200	1,241,600	1,000,600		
6	東京分店	1,695,000	1,634,500	1,723,700		
7	大阪分店	1,528,900	1,367,500	1,448,600		
8	福岡分店	820,000	826,000	974,600		
9	平均	1,295,100	1,236,480	1,302,800		
10	合計					
11						

❶ 在「合計」列輸入 SUM 函數後，會連「平均」數值也一起加總。因此先選取要求得合計的儲存格範圍

MEMO: SUM 函數

SUM 函數會計算出指定儲存格範圍的合計結果。

=SUM (儲存格範圍)

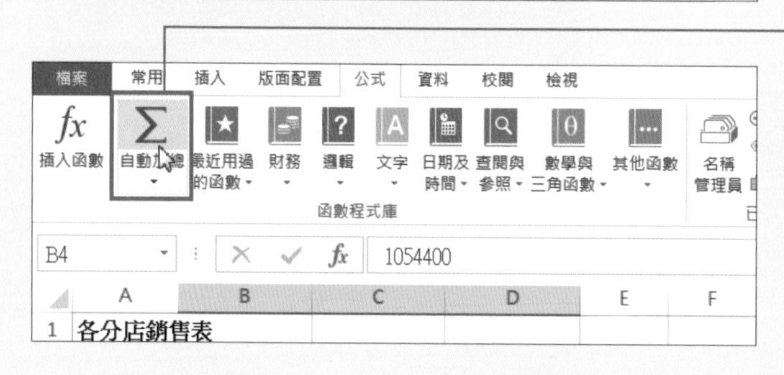

❷ 按下**公式**頁次中**自動加總**鈕的上半部

MEMO: 輸入函數說明

範例中，B4 到 B8 的合計結果會顯示在 B10；C4 到 C8 的合計結果會顯示在 C10；D4 到 D8 的合計結果會顯示在 D10。

	A	B	C	D
1	各分店銷售表			
2				
3	分店名稱	4月	5月	6月
4	札幌分店	1,054,400	1,112,800	1,366,500
5	仙店分店	1,377,200	1,241,600	1,000,600
6	東京分店	1,695,000	1,634,500	1,723,700
7	大阪分店	1,528,900	1,367,500	1,448,600
8	福岡分店	820,000	826,000	974,600
9	平均	1,295,100	1,236,480	1,302,800
10	合計	6,475,500	6,182,400	6,514,000
11				

選取範圍的合計結果會顯示在各欄的合計

❸ 自動輸入 SUM 函數並顯示計算結果

MEMO: 求得不相鄰儲存格範圍的合計

要求算不相鄰儲存格範圍的合計時，按住 Ctrl 鍵不放，選取儲存格範圍，再按下**公式**頁次的**自動加總**鈕，就能計算出各欄的合計值。

SECTION 108 函數

利用 MAX 函數求得最大值

MAX 函數可以求得選取範圍中的最大值。MAX 函數是經常使用的函數之一，可以直接利用**公式**頁次中的**自動加總**鈕來輸入。這裡將以取得測驗分數的最高分為例來說明。

輸入 MAX 函數

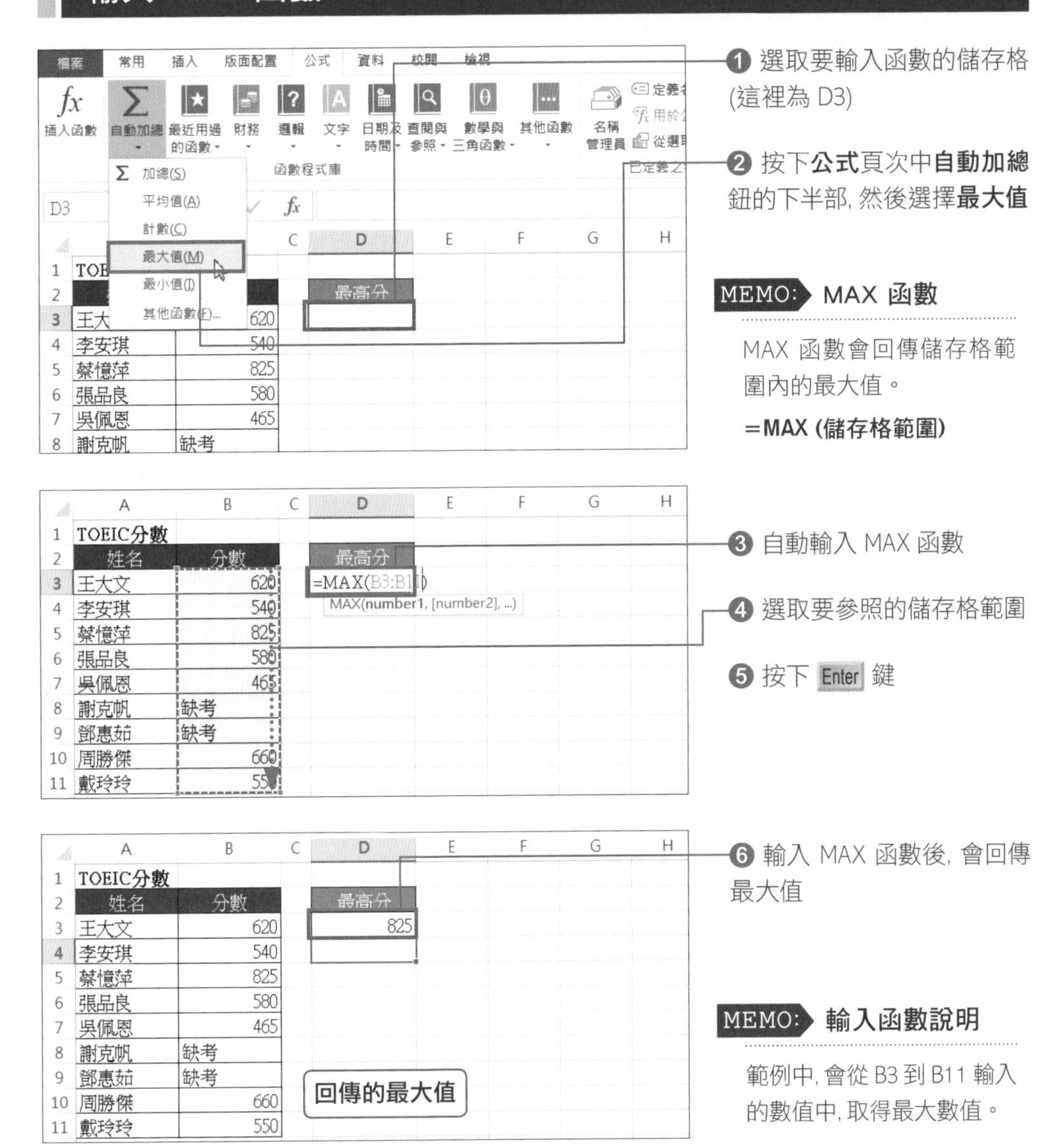

MEMO: MAX 函數

MAX 函數會回傳儲存格範圍內的最大值。

=MAX (儲存格範圍)

MEMO: 輸入函數說明

範例中, 會從 B3 到 B11 輸入的數值中, 取得最大數值。

SECTION 109

函數

利用 AVERAGE 函數求得平均值

AVERAGE 函數可以求得資料的平均值。與求得合計的 SUM 函數一樣，也是經常會使用到的函數之一。這裡將以取得各分店的銷售平均值為例來說明。

輸入 AVERAGE 函數

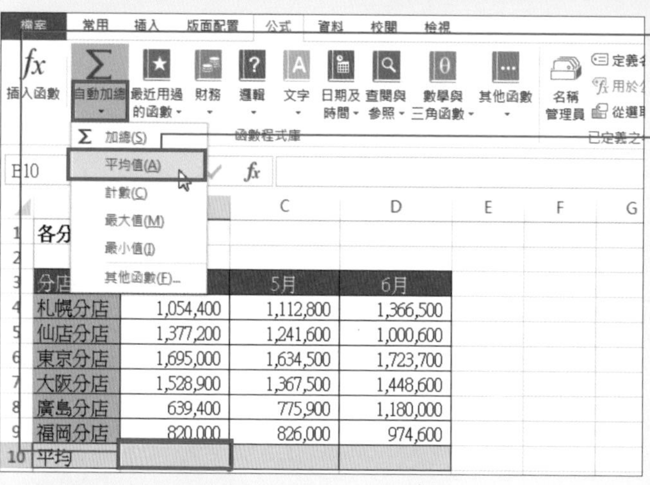

❶ 選取要輸入函數的儲存格 (這裡為 B10)

❷ 按下**公式**頁次中**自動加總**鈕的下半部，選擇**平均值**

MEMO: AVERAGE 函數

AVERAGE 函數會回傳指定儲存格範圍中的平均值。

=AVERAGE (儲存格範圍)

	A	B	C	D	E	F	G
1	各分店銷售表						
2							
3	分店名稱	4月	5月	6月			
4	札幌分店	1,054,400	1,112,800	1,366,500			
5	仙店分店	1,377,200	1,241,600	1,000,600			
6	東京分店	1,695,000	1,634,500	1,723,700			
7	大阪分店	1,528,900	1,367,500	1,448,600			
8	廣島分店	639,400	775,900	1,180,000			
9	福岡分店	820,000	826,000	974,600			
10	平均	=AVERAGE(B4:B9)					
11		AVERAGE(number1, [number2], ...)					

❸ 輸入 AVERAGE 函數後，會自動設定參照的儲存格範圍

❹ 按下 Enter 鍵

MEMO: 輸入函數說明

範例中，會計算出從 B4 到 B9 範圍中所輸入數值的平均值。

	A	B	C	D	E	F	G
1	各分店銷售表						
2							
3	分店名稱	4月	5月	6月			
4	札幌分店	1,054,400	1,112,800	1,366,500			
5	仙店分店	1,377,200	1,241,600	1,000,600			
6	東京分店	1,695,000	1,634,500	1,723,700			
7	大阪分店	1,528,900	1,367,500	[illegible]			
8	廣島分店	639,400	775,900	[illegible]			
9	福岡分店	820,000	826,000	974,600			
10	平均	1,185,817					

指定範圍的平均值

❺ 輸入 AVERAGE 函數後，就能顯示計算結果

MEMO: 修改儲存格範圍

輸入函數時，若參照的儲存格範圍與預定的儲存格範圍不相同時，只要重新選取預定的儲存格範圍即可。

SECTION
110
函數

利用 COUNT 函數求得輸入數值的儲存格個數

COUNT 函數可以求得儲存格範圍中，輸入數值資料的儲存格個數。除了數值外，文字或空白儲存格等皆不會被列入計算。這裡將要取得輸入測驗分數的儲存格個數來統計考生人數。

輸入 COUNT 函數

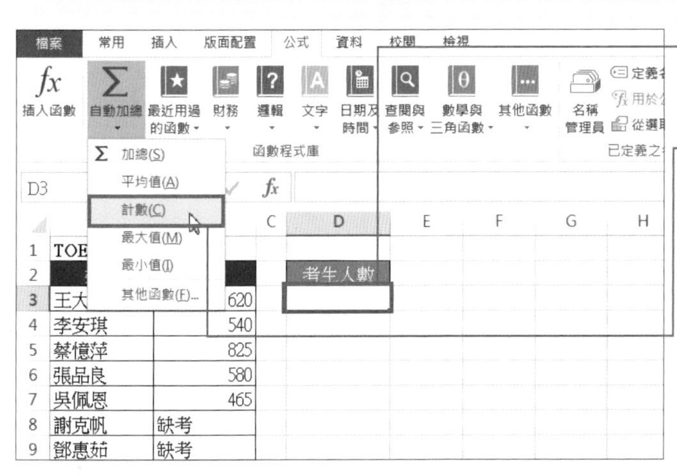

❶ 選取要輸入函數的儲存格（這裡為 D3）

❷ 按下**公式**頁次中**自動加總**鈕的下半部，選擇**計數**

MEMO: COUNT 函數

COUNT 函數會回傳指定儲存格範圍中，輸入數值資料的儲存格個數。
=COUNT(儲存格範圍)

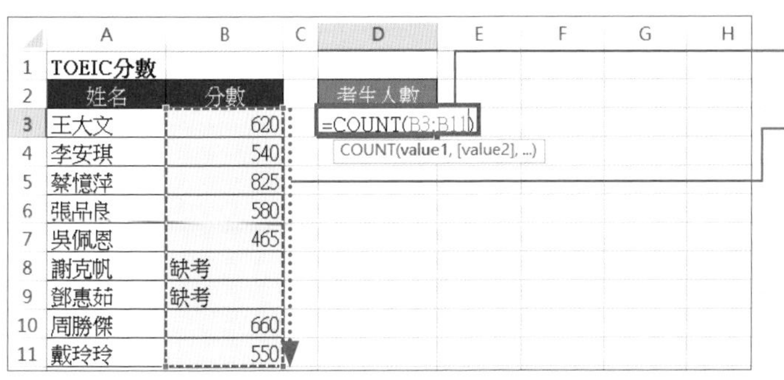

❸ 自動輸入 COUNT 函數

❹ 選取要參照的儲存格範圍

❺ 按下 Enter 鍵

	A	B	C	D
1	TOEIC分數			
2	姓名	分數		考生人數
3	王大文	620		7
4	李安琪	540		
5	蔡憶萍	825		
6	張品良	580		
7	吳佩恩	465		
8	謝克帆	缺考		
9	鄧惠茹	缺考		
10	周勝傑	660		
11	戴玲玲	550		

合計出輸入數值的儲存格個數

❻ 輸入 COUNT 函數後，就能顯示輸入數值資料的儲存格個數

MEMO: 輸入函數說明

範例中，會統計出從 B3 到 B11 範圍中，輸入數值的儲存格個數。

SECTION 111 函數

利用 IF 函數讓符合條件的儲存格顯示「○」

IF 函數也是經常使用的函數之一。以滿足條件或不滿足條件的方式求得不同的結果。這裡將以銷售額達到目標銷售額就顯示「○」，若未達到就顯示「×」為例來說明。

輸入 IF 函數

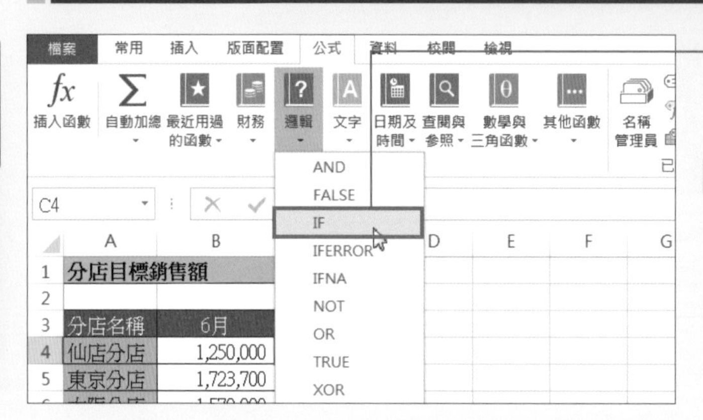

❶ 選取要輸入函數的儲存格 (這裡為 C4)，然後從**公式**頁次中按下**邏輯**鈕，選擇**IF**

MEMO: IF 函數

IF 函數是以條件「邏輯式」來判斷，當滿足條件時為「真」；未滿足條件時為「假」。因此回傳值為真或假的不同結果。

=IF (邏輯式, 結果為真, 結果為假)

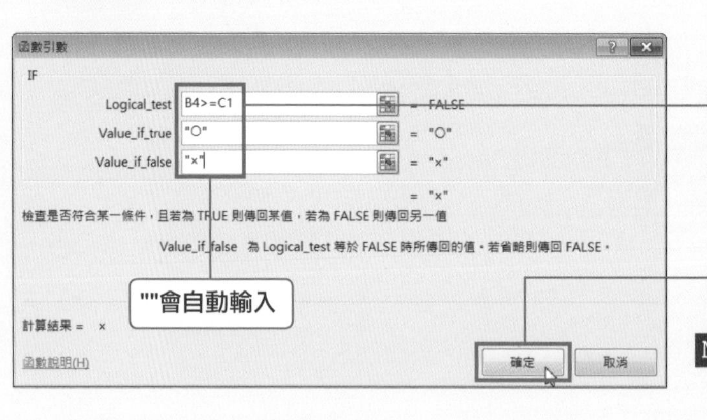

❷ 在 **Logical_test** 輸入「B4>=C1」；在 **Value_if_true** 輸入「○」；在 **Value_if_false** 輸入「×」

❸ 按下 Enter 鍵

MEMO: 邏輯式與邏輯運算子

「邏輯式」是指利用邏輯運算子來比較 2 個值後，依照結果來判斷處理方法的公式。

邏輯運算子	說明
=	等於
<>	不等於
>	大於
>=	大於等於
<=	小於等於
<	小於

	A	B	C	D	E	F	G
1	分店目標銷售額		1,500,000				
2							
3	分店名稱	6月	評價				
4	仙店分店	1,250,000	×				
5	東京分店	1,723,700					
6	大阪分店	1,570,000					
7							
8							
9							

❹ 輸入 IF 函數後，就能顯示其計算結果

B4 的銷售額未達 C1 的目標銷售額，判斷條件不成立，為假，因此顯示「×」

結合多個函數做計算

遇到複雜的計算時，可以結合多個函數一起使用。這裡將把 IF 函數及 SUM 函數組合使用，當未輸入下半年資料時，合計欄位就為空白；若輸入完成就計算出合計值。

IF 函數與 SUM 函數的組合

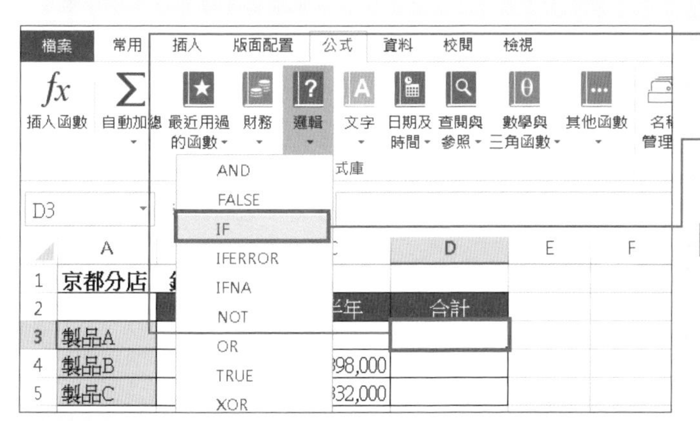

❶ 選取要輸入函數的儲存格 (這裡為 D3)

❷ 從**公式**頁次中按下**邏輯**鈕，選擇 **IF**

MEMO: 巢狀

函數與函數的組合稱為「巢狀函數」。

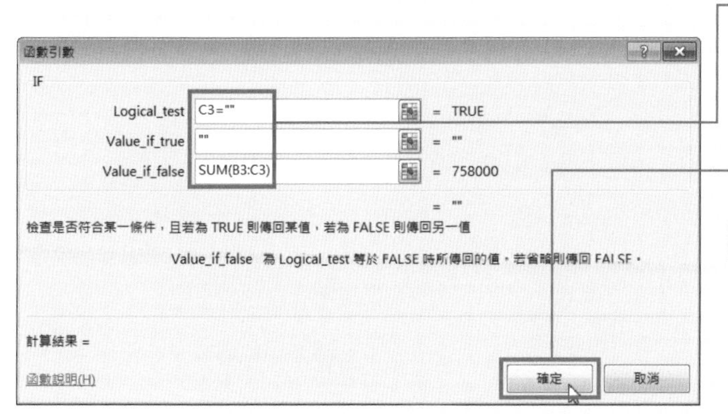

❸ 在 **Logical _ test** 輸入「C3=""」；在 **Value _ if _ true** 輸入「""」；在 **Value _ if _ false** 輸入「=SUM(B3:C3)」

❹ 按下**確定**鈕

MEMO: 指定儲存格為空白

想要指定「空白儲存格」時，可以用「""」來指定。

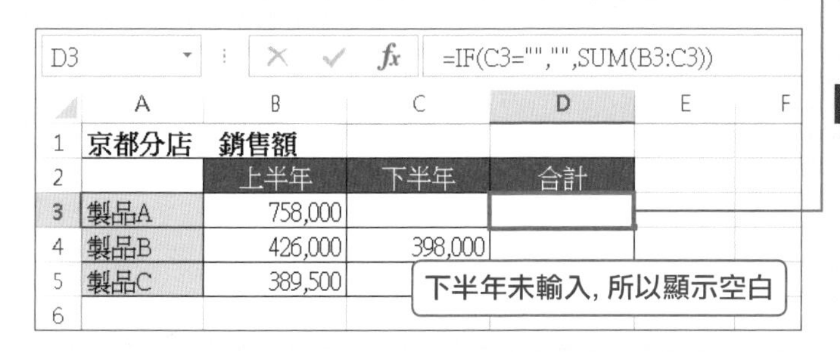

❺ 在 IF 函數中輸入 SUM 函數後，就能顯示計算結果

MEMO: 輸入函數說明

範例中，當符合條件「C3=""」(儲存格 C3 為空白) 就顯示空白，不符合條件的話，就顯示 B3 和 C3 的合計值。

利用函數組合將滿足多個條件的儲存格顯示「○」

將 IF 函數與 AND 函數一起使用的話，可以設定多個條件。這裡將以「產品 A 的銷售額有達目標銷售額」及「產品 B 的銷售額有達目標銷售額」的情況下，就顯示「○」否則顯示「×」為例來說明。

IF 函數與 AND 函數的組合

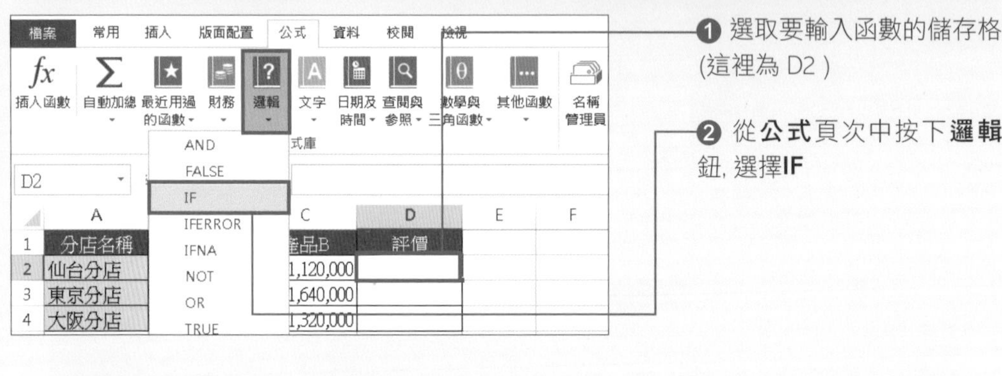

❶ 選取要輸入函數的儲存格 (這裡為 D2)

❷ 從**公式**頁次中按下**邏輯**鈕，選擇**IF**

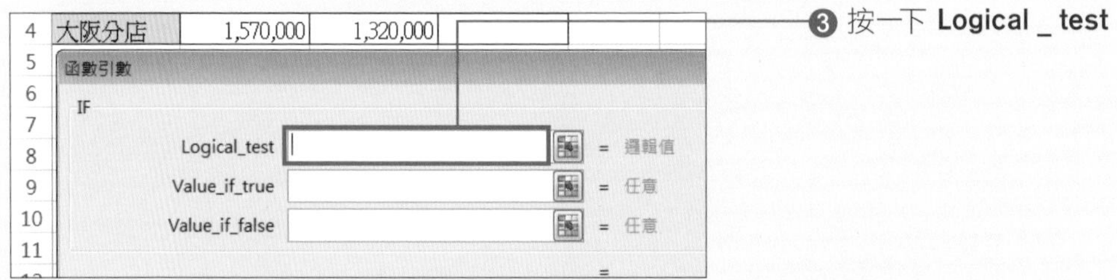

❸ 按一下 **Logical _ test**

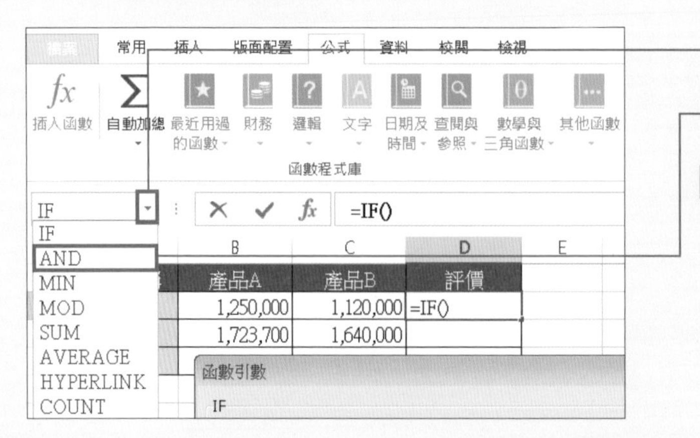

❹ 按下**名稱方塊**的箭頭

❺ 選擇 AND

MEMO: 無法選擇 AND 函數

當左圖的清單中沒有出現 **AND** 時，請選擇**其他函數**。開啟**插入函數**交談窗後，在**或選取類別**中選擇**邏輯**，然後在**選取函數**選擇 **AND**，再按下**確定**鈕。

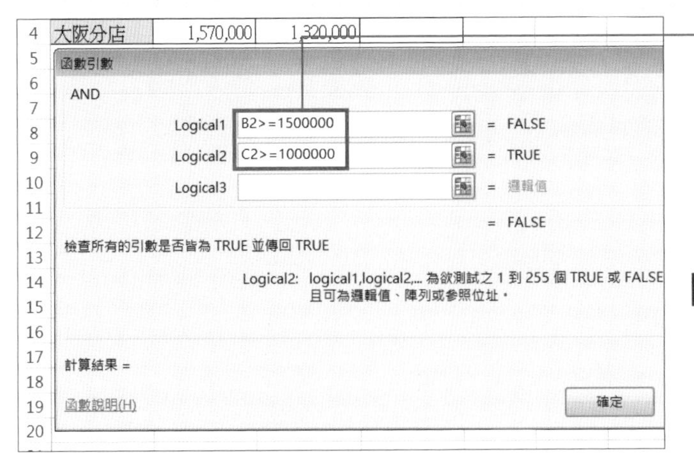

❻ 切換到 AND 函數的**函數引數**交談窗後, 在 **Logical1** 中輸入「B2>=1500000」; 在 **Logical2** 中輸入「C2>=1000000」

MEMO: AND 函數

AND 函數可以用來判斷是否滿足所有條件。

=AND (邏輯式 1, 邏輯式 2, ...)

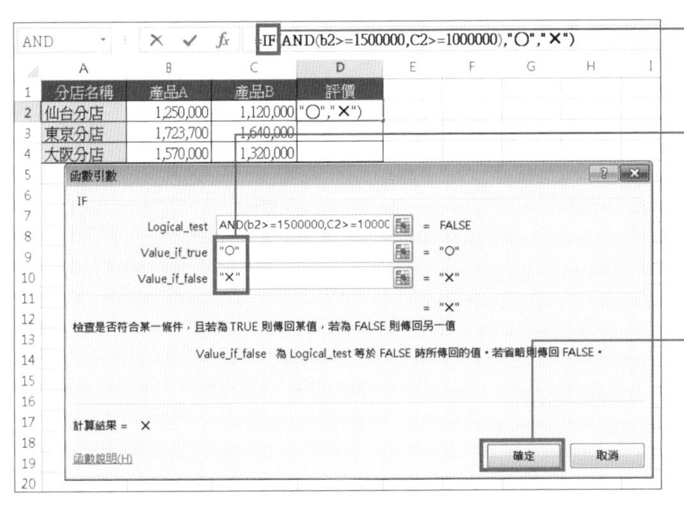

❼ 在**資料編輯**列的「IF」上按一下滑鼠左鍵

❽ 回到 IF 函數的**函數引數**交談窗, 在 **Value _ if _ true** 輸入「○」; 在 **Value _ if _ false** 輸入「×」。「○」與「×」會被自動輸入的「"」框住

❾ 按下**確定**鈕

MEMO: 輸入函數說明

範例中, 當同時滿足「儲存格 B2 的值大於 1500000 且 C2 的值大於 1000000」條件的話就顯示「○」, 否則就顯示「×」。

D2 =IF(AND(B2>=1500000,C2>=1000000),"○","×")

	A	B	C	D
1	分店名稱	產品A	產品B	評價
2	仙台分店	1,250,000	1,120,000	×
3	東京分店	1,723,700	1,640,000	
4	大阪分店	1,570,000	1,320,000	

未滿足條件, 所以顯示「×」

❿ 輸入 IF 函數後, 就能顯示計算結果

SECTION **114** 函數

利用 IF 函數和 ISBLANK 函數不讓空白儲存格顯示 0

輸入公式的儲存格中，若參照儲存格為空白時，會顯示「0」。不想要顯示「0」而以是空白顯示的話，可以使用 IF 函數和判斷儲存格是否為空白儲存格的 ISBLANK 函數來完成。

IF 函數與 ISBLANK 函數的組合

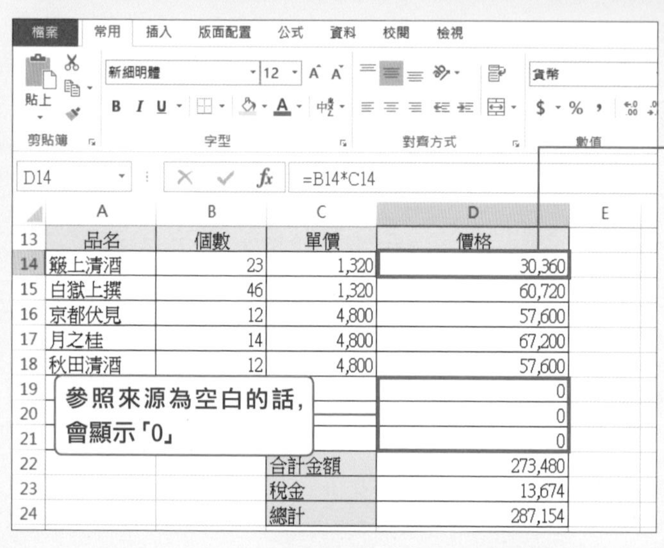

在儲存格 D14 中輸入公式「=B14*C14」

❶ 選取要編輯公式的儲存格（這裡為 D14）

MEMO: ISBLANK 函數

ISBLANK 函數可以用來判斷儲存格是否為空白儲存格。空白的話會回傳真(TRUE)，非空白則回傳假(FALSE)。

=ISBLANK (儲存格範圍)

AND　=IF(ISBLANK(B14),"",B14*C14)

	A	B	C	D
13	品名	個數	單價	價格
14	籔上清酒	23	1,320	K(B14),"",B14*C14)
15	白獄上撰	46	1,320	60,720

❷ 將公式修正成「=IF(ISBLANK(B14), "", B14*C14)」

❸ 按下 Enter 鍵

D14　=IF(ISBLANK(B14),"",B14*C14)

	A	B	C	D
13	品名	個數	單價	價格
14	籔上清酒	23	1,320	30,360
15	白獄上撰		,320	60,720
16	京都伏見		,800	57,600
17	月之桂		,800	67,200
18	秋田清酒	12	4,800	57,600
19				
20				
21				
22			合計金額	273,480
23			稅金	13,674
24			總計	287,154

參照來源為空白的話，就以空白顯示

顯示計算的結果

MEMO: 輸入函數說明

範例中，判斷儲存格 B14 是否為空白儲存格，若為空白就以空白顯示，若不是空白的話，就顯示 B14 乘以 C14 的結果。

❹ 修正公式後，拉曳 D14 的**自動填滿**控點複製公式

SECTION **115** 函數

利用 IFERROR 函數隱藏錯誤值

遇到「公式中的參照來源為字串」、「數值與 0 相除」等情況下，會以錯誤值（參照**單元 136**）顯示。此時，利用可以指定錯誤值處理方式的 IFERROR 函數，將錯誤值隱藏。

輸入 IFERROR 函數

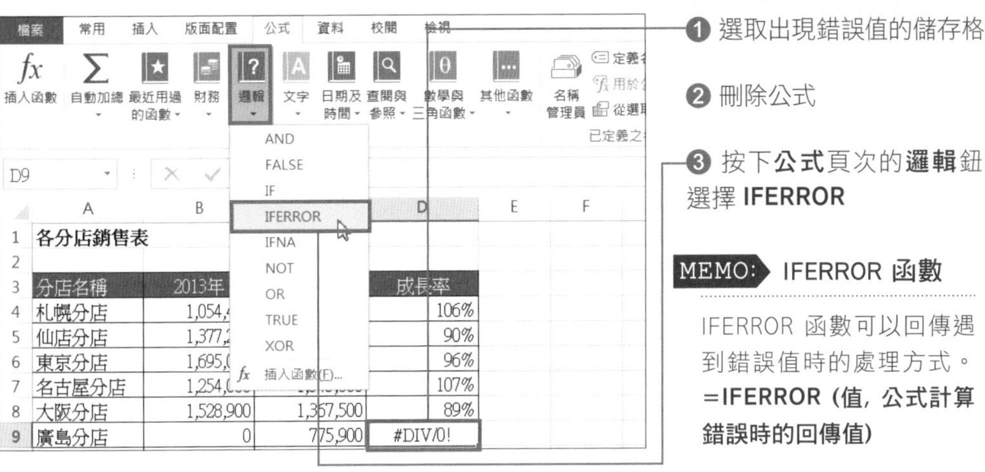

❶ 選取出現錯誤值的儲存格

❷ 刪除公式

❸ 按下**公式**頁次的**邏輯**鈕，選擇 **IFERROR**

MEMO: IFERROR 函數

IFERROR 函數可以回傳遇到錯誤值時的處理方式。
=IFERROR (值，公式計算錯誤時的回傳值)

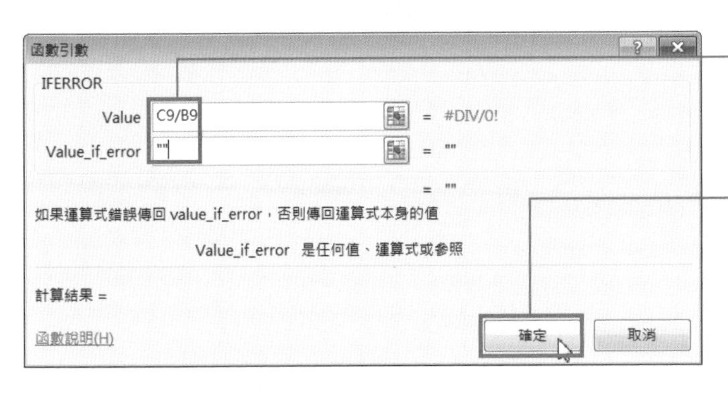

❹ 在 **Value** 輸入「C9/B9」；在 **Value_if_error** 輸入「""」

❺ 按下**確定**鈕

MEMO: 輸入函數說明

範例中，C9 除以 B9 為錯誤時，就以空白顯示。

	分店名稱	2013年	2014年	成長率
4	札幌分店	1,054,400	1,112,800	106%
5	仙店分店	1,377,200	1,241,600	90%
6	東京分店	1,695,000	1,634,500	96%
7	名古屋分店	[illegible]	1,345,800	107%
8	大阪分店	[illegible]	1,367,500	89%
9	廣島分店	[illegible]	775,900	
10	福岡分店	820,000	826,000	101%
11	合計	7,729,500	8,304,100	1
12				

錯誤的儲存格會變成空白

❻ 輸入 IFERROR 函數後，就不會顯示錯誤值

函數

利用 UPPER 函數將小寫字母轉換成大寫

UPPER 函數可以將小寫的英文字母轉換成大寫。遇到英文字母大小寫混著輸入的表格時, 可以將字母統一成大寫。

輸入 UPPER 函數

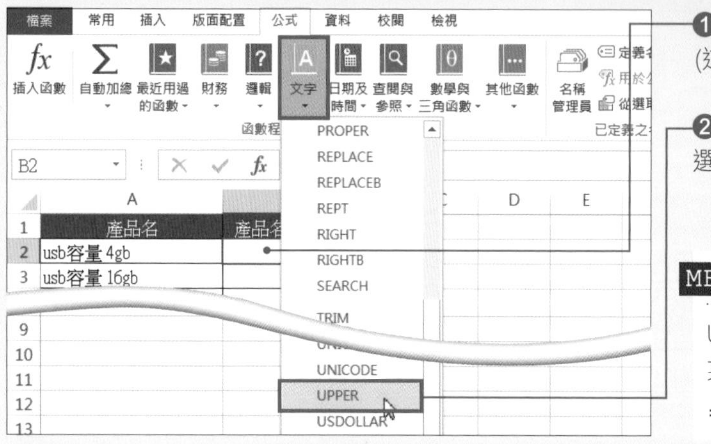

❶ 選取要輸入函數的儲存格 (這裡為 B2)

❷ 按下**公式**頁次的**文字**鈕, 選擇**UPPER**

MEMO: UPPER 函數

UPPER 函數可以將小寫的英文字母轉換成大寫。

=UPPER (字串)

❸ 在 **Text** 輸入「A2」

❹ 按下**確定**鈕

MEMO: 輸入函數說明

範例中, 當儲存格 A2 輸入的字串中有小寫字母時, 就會轉換成大寫。

	A	B	C	D	E
1	產品名	產品名（大寫字母）			
2	usb容量 4gb	USB容量 4GB			
3	usb容量 16gb				
4	DVD-r				
5	DVD-rw				
6	hdd 500gb				
7	hdd 1tb				
8					
9					

字母從小寫轉換成大寫

❺ 輸入 UPPER 函數後, 參照儲存格 (A2) 的文字皆會被轉換成大寫

利用 ASC 函數將全形文字轉換成半形

ASC 函數可以將全形英文字母轉換成半形。另外，雖然英文字母或數字等會被轉換成半形，但中文字無法被轉換。

輸入 ASC 函數

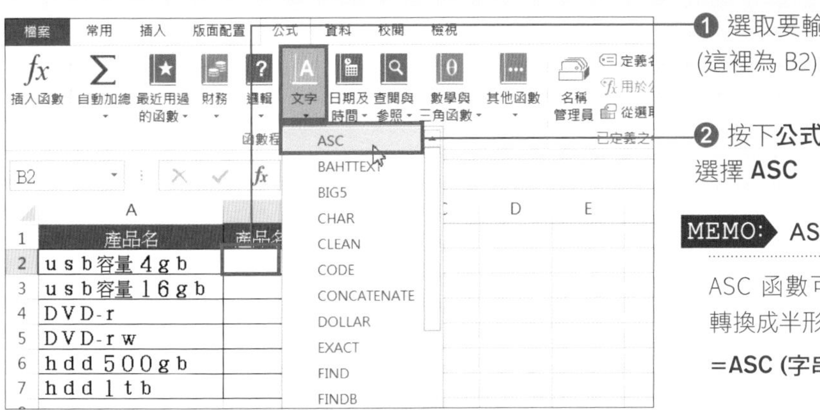

❶ 選取要輸入函數的儲存格（這裡為 B2）

❷ 按下**公式**頁次中的**文字**鈕，選擇 **ASC**

MEMO: ASC 函數

ASC 函數可以將全形文字轉換成半形文字。

=ASC (字串)

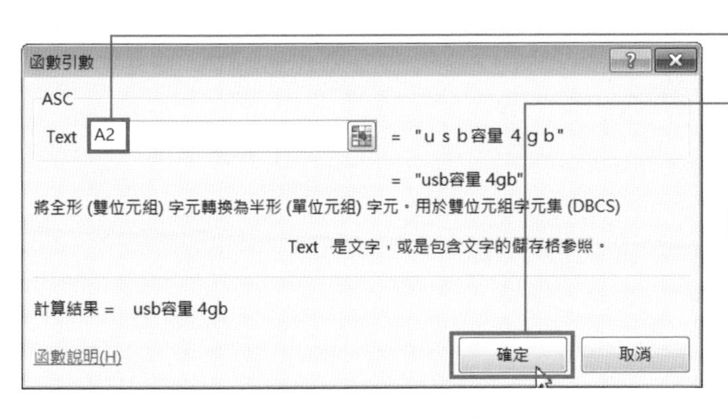

❸ 在 **Text** 輸入「A2」

❹ 按下**確定**鈕

MEMO: 輸入函數說明

範例中，當儲存格 A2 輸入的字串中，有全形英文字母或數字時，就會轉換成半形。

	A	B	C	D	E
1	產品名	產品名（大寫字母）			
2	ｕｓｂ容量４ｇｂ	usb容量 4gb			
3	ｕｓｂ容量１６ｇｂ				
4	ＤＶＤ-ｒ				
5	ＤＶＤ-ｒｗ				
6	ｈｄｄ５００ｇｂ				
7	ｈｄｄ１ｔｂ				
8					
9					

字母從全形轉換成半形

❺ 輸入 ASC 函數後，全形文字皆會被轉換成半形文字

第 4 章 函數

SECTION 118

函數

利用 TODAY 函數顯示當天的日期

TODAY 函數會將電腦系統的日期當成是今天的日期顯示。每次開啟活頁簿後，日期都會自動更新，因此在請款單等需要輸入日期的資料中設定後，可以減少重新輸入日期的動作。

輸入 TODAY 函數

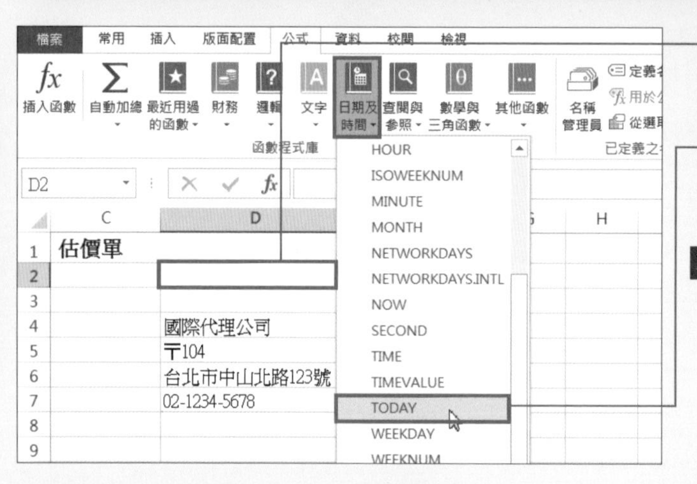

❶ 選取要輸入函數的儲存格 (這裡為 D2)

❷ 按下**公式**頁次的**日期及時間**鈕，選擇**TODAY**

MEMO: TODAY 函數

TODAY 函數會顯示今天的日期。( ) 內不用輸入任何引數。

=TODAY ()

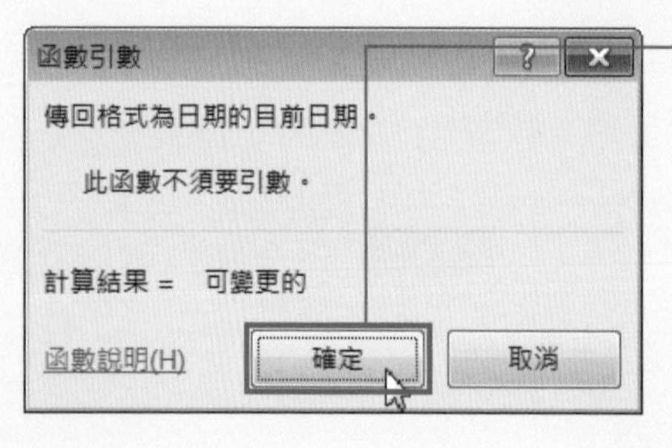

❸ 按下**確定**鈕

MEMO: 輸入固定日期

想要輸入固定日期，不要讓它隨著電腦系統日期更新時，可以按下 Ctrl + ; 。

	A	B	C	D	E
1			估價單		
2				2015/7/18	
3	山田居酒屋				
4				國際代理公司	
5				〒104	
6				台北市中山北路123號	
7				02-1234-5678	
8					
9					
10	估價金額				
11			NT$287,154		

以西曆顯示今天的日期

❹ 輸入 TODAY 函數後，就會顯示當天的日期

MEMO: 輸入函數說明

範例中，顯示開啟活頁簿的日期。關閉活頁簿之後在其他天再開啟後，則會顯示開啟當天的日期。

利用 HOUR 函數取出小時的值

HOUR 函數可從時間資料中取出小時的數值。這裡將以「下班時間」減掉「上班時間」後，再從取得的「出勤時數」中取出小時的數值做說明。

輸入 HOUR 函數

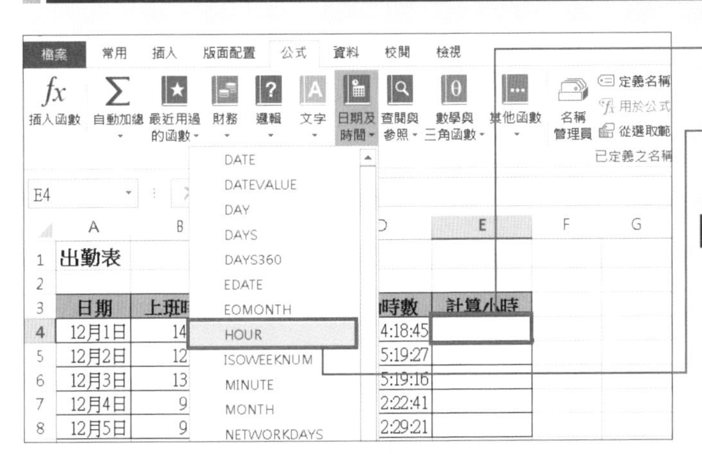

❶ 選取要輸入函數的儲存格 (這裡為 E4)

❷ 按下**公式**頁次的**日期及時間**鈕，選擇 **HOUR**

MEMO: HOUR 函數

HOUR 函數會從時間資料的「時」、「分」、「秒」中取出「時」的數值後回傳。

=HOUR (時間)

函數引數
HOUR
Serial_number D4 = 0.1796875
= 4
傳回時間數值所代表的小時數，從 0 (12:00 A.M.) 到 23 (11:00 P.M.)。
Serial_number 為 Microsoft Excel 所使用的日期時間碼數字，或是時間格式的文字，例如 16:48:00 或 4:48:00 PM。
計算結果 = 4
函數說明(H)
確定 取消

❸ 在 **Serial _ number** 輸入「D4」

❹ 按下**確定**鈕

MEMO: 輸入函數說明

範例中，從儲存格 D4 輸入的時間資料中，取出小時的數值。

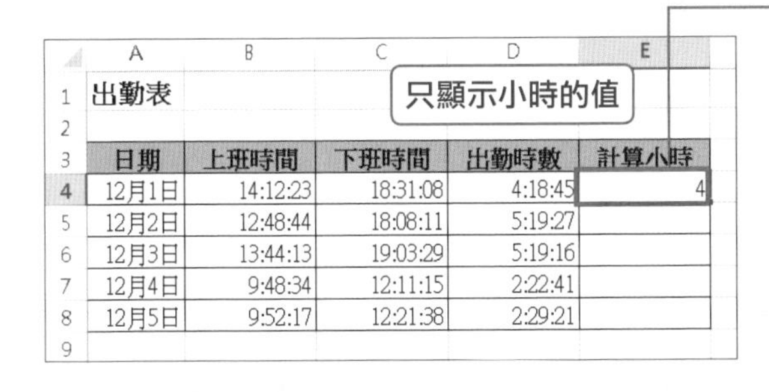

	A	B	C	D	E
1	出勤表				
2					
3	日期	上班時間	下班時間	出勤時數	計算小時
4	12月1日	14:12:23	18:31:08	4:18:45	4
5	12月2日	12:48:44	18:08:11	5:19:27	
6	12月3日	13:44:13	19:03:29	5:19:16	
7	12月4日	9:48:34	12:11:15	2:22:41	
8	12月5日	9:52:17	12:21:38	2:29:21	
9					

❺ 顯示參照儲存格中小時的數值

MEMO: MONTH 函數與 DAY 函數

MONTH 函數可以取得日期資料中的「月」數值；DAY 函數可以取得日期資料中「日」的數值。

=MONTH (日期)
=DAY (日期)

SECTION 120 函數

利用 DATEDIF 函數計算經過幾個月

DATEDIF 函數可以計算出時間經過的月份或年。DATEDIF 函數無法透過公式頁次中的按鈕輸入，要直接在儲存格中輸入。

輸入 DATEDIF 函數

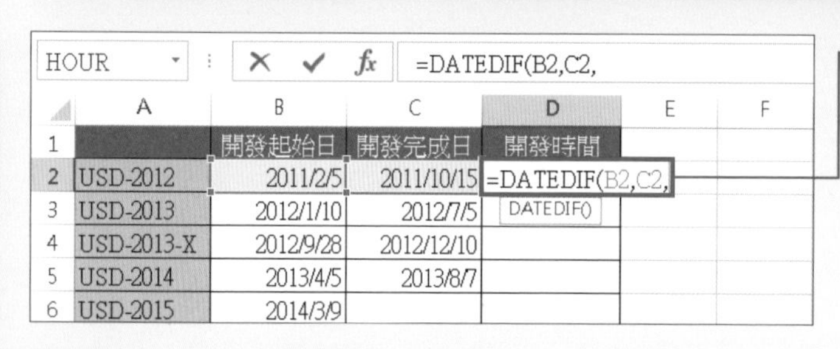

❶ 選取要輸入函數的儲存格 (這裡為 D2)

❷ 輸入「=DATEDIF(B2, C2, 」

MEMO: DATEDIF 函數

DATEDIF 函數會回傳 2 個日期之間相差的年數、月數或天數。

=DATEDIF (起始日期, 結束日期, 回傳單位)

可以指定的單位如右。

"Y"：期間內的完整年數
"M"：期間內的完整月數
"D"：期間內的天數

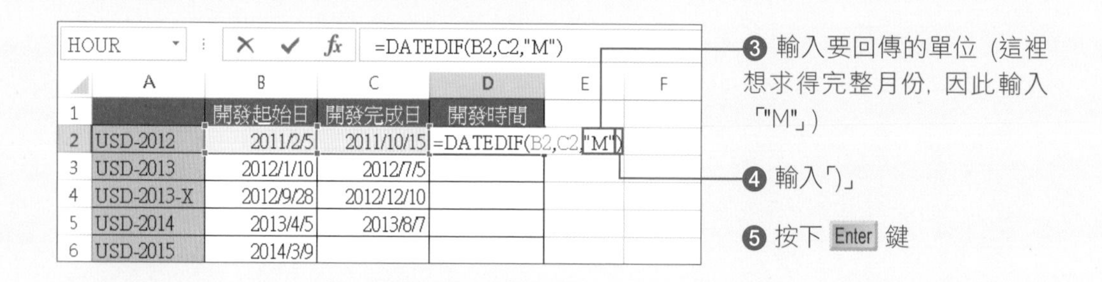

❻ 輸入 DATEDIF 函數後, 就能顯示計算結果

MEMO: 輸入函數說明

範例中, 會顯示 B2 和 C2 輸入的日期間, 所經過的月數。

SECTION 121 函數

利用 ROW 函數自動更新連續編號

ROW 函數可以回傳目的儲存格的列編號。沒有輸入引數時, 會回傳輸入 ROW 函數的儲存格列編號。想從第 3 列開始輸入連續編號時, 只要將編號減 2 後, 連續編號就會從 1 開始。

輸入 ROW 函數

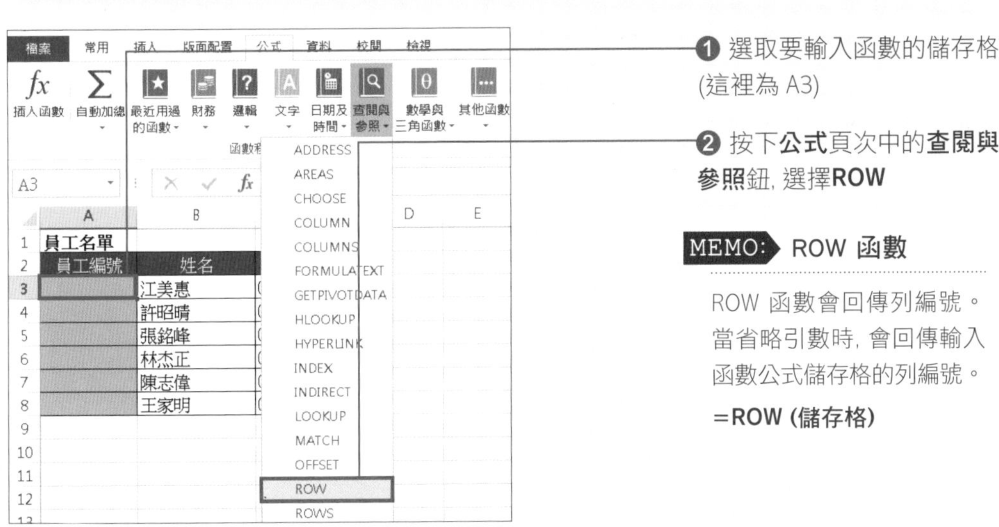

❶ 選取要輸入函數的儲存格 (這裡為 A3)

❷ 按下**公式**頁次中的**查閱與參照**鈕, 選擇**ROW**

MEMO: ROW 函數

ROW 函數會回傳列編號。當省略引數時, 會回傳輸入函數公式儲存格的列編號。

=ROW (儲存格)

函數引數

ROW

Reference = 參照位址

= {3}

傳回 reference 中之列號

Reference 為所要求算列號的單一儲存格或儲存格範圍。如果省略不填, 則傳回包含 ROW 函數的儲存格。

計算結果 = 3

函數說明(H) 確定 取消

❸ 不用在 Reference 做任何設定, 直接按下**確定**鈕

MEMO: 輸入函數說明

範例中, 會回傳儲存格 A3的列編號。

A3 =ROW()-2

	A	B	C
1	員工名單		
2	員工編號	姓名	電話
3	1	江美惠	0931-234-567
4	2	許昭晴	0910-111-111
5	3	張銘峰	0935-258-121
6	4	林杰正	0912-777-048
7	5	陳志偉	0938-333-1
8	6	王家明	0939-444-3

顯示連續編號

❹ 輸入 ROW 函數後, 會顯示目前的列編號「3」, 因此在函數後面輸入「-2」

❺ 按下 Enter 鍵後, 就會顯示「1」

❻ 將公式往下複製後, 就能顯示連續編號了

SECTION 122 函數

利用 VLOOKUP 函數輸入商品編號對應的品名

VLOOKUP 函數可以輸入產品一覽表及相關聯的資料。例如輸入產品編號後，能在相鄰的儲存格中自動輸入產品名稱的話，就能大大縮減輸入資料的時間。

輸入 VLOOKUP 函數

先開啟有參照資料的活頁簿

	A	B	C	D	E	F	G
1		購買清單			編號	商品名稱	售價
2	007				001	米奇汽車腳踏墊	399
3	008				002	圓弧玻璃靜電貼	299
4	010				003	馬卡龍免執照無線電對講機	2,000
5	011				004	V35 多功能汽車暢銷防盜鎖	2,990
6	012				005	USB五孔擴充座（白）	650
7					006	行車記錄測速GPS衛星導航機	5,000
8					007	寶貝全歲段安全汽座（藍）	9,000
9					008	全頻段GPS雷達跑車 測速器	1,500
10	小計		0		009	汽車座椅防落邊條（雙入）	500
11	稅額		0		010	高效能雨刷超值組（24+24吋）	320
12	合計		0		011	可摺疊三角警示架	199
13					012	USB負離子車充清淨器	400

❶ 選取要輸入函數的儲存格

MEMO: VLOOKUP 函數

VLOOKUP 函數會從**範圍**的最左邊欄開始尋找**搜尋值**，尋找到相同值時，會回傳同列中**欄編號**位置的資料。

=VLOOKUP (搜尋值, 範圍, 欄編號, 搜尋方法)

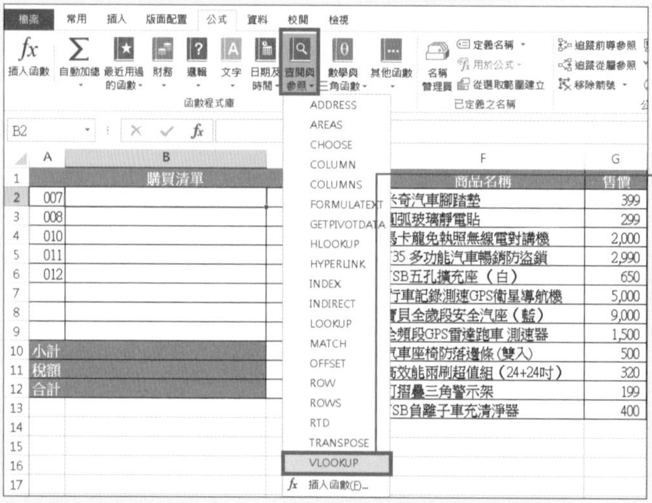

檔案 常用 插入 版面配置 公式 資料 校閱 檢視

插入函數 自動加總 最近用過的函數 財務 邏輯 文字 日期及時間 查閱與參照 數學與三角函數 其他函數 名稱管理員 定義名稱 用於公式 從選取範圍建立 已定義之名稱 追蹤前導參照 追蹤從屬參照 移除箭號 函數程式庫

ADDRESS
AREAS
CHOOSE
COLUMN
COLUMNS
FORMULATEXT
GETPIVOTDATA
HLOOKUP
HYPERLINK
INDEX
INDIRECT
LOOKUP
MATCH
OFFSET
ROW
ROWS
RTD
TRANSPOSE
VLOOKUP
插入函數(F)...

❷ 按下**公式**頁次中的**查閱與參照**鈕，選擇 **VLOOKUP**

❸ 在 **Lookup _ value** 輸入「A2」；在 **Table _ array** 輸入「E2:G13」；在 **Col _ index _ num** 輸入「2」；在 **Range _ lookup** 輸入「FALSE」

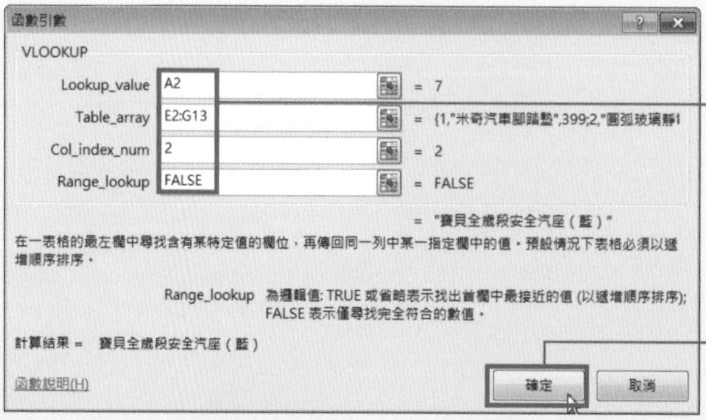

函數引數

VLOOKUP

Lookup_value	A2	= 7
Table_array	E2:G13	= {1,"米奇汽車腳踏墊",399;2,"圓弧玻璃靜
Col_index_num	2	= 2
Range_lookup	FALSE	= FALSE

= "寶貝全歲段安全汽座（藍）"

在一表格的最左欄中尋找含有某特定值的欄位，再傳回同一列中某一指定欄中的值。預設情況下表格必須以遞增順序排序。

Range_lookup 為邏輯值: TRUE 或省略表示找出首欄中最接近的值 (以遞增順序排序); FALSE 表示僅尋找完全符合的數值。

計算結果 = 寶貝全歲段安全汽座（藍）

函數說明(H) 確定 取消

MEMO: 輸入函數說明

範例中，從儲存格範圍 E2:G13 最左邊欄位中尋找與儲存格 A2 相同的值 (這裡為 E8) 後，回傳同列中第 2 欄的值 (這裡為 F8)。

❹ 按下**確定**鈕

B2 =VLOOKUP(A2,E2:G13,2,FALSE)

	A	B	C	D	E	F	G
1	購買清單				編號	商品名稱	售價
2	007	寶貝全歲段安全汽座（藍）			001	米奇汽車腳踏墊	399
3	008				002	圓弧玻璃靜電貼	299
4	010				003	馬卡龍免執照無線電對講機	2,000
5	011				004	V35 多功能汽車暢銷防盜鎖	2,990
6	012				005	USB五孔擴充座（白）	650
7					006	行車記錄測速GPS衛星導航機	5,000
8					007	寶貝全歲段安全汽座（藍）	9,000
9					008	全頻段GPS雷達跑車 測速器	1,500
10	小計		0		009	汽車座椅防落邊條（雙入）	500
11	稅額		0		010	高效能雨刷超值組（24+24吋）	320
12	合計		0		011	可摺疊三角警示架	199
13					012	USB負離子車充清淨器	400

函數的回傳值

❺ 輸入 VLOOKUP 函數後，會顯示參照的資料

MEMO: 指定搜尋方法

當**搜尋方法**設定成 FALSE 時，表示尋找的資料要與**搜尋值**完全相同。設定成 TRUE 會搜尋小於**搜尋值**中最接近的值。

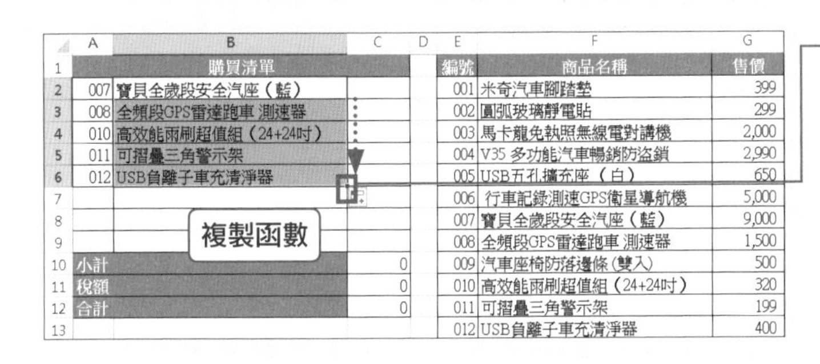

	A	B	C	D	E	F	G
1	購買清單				編號	商品名稱	售價
2	007	寶貝全歲段安全汽座（藍）			001	米奇汽車腳踏墊	399
3	008	全頻段GPS雷達跑車 測速器			002	圓弧玻璃靜電貼	299
4	010	高效能雨刷超值組（24+24吋）			003	馬卡龍免執照無線電對講機	2,000
5	011	可摺疊三角警示架			004	V35 多功能汽車暢銷防盜鎖	2,990
6	012	USB負離子車充清淨器			005	USB五孔擴充座（白）	650
7					006	行車記錄測速GPS衛星導航機	5,000
8					007	寶貝全歲段安全汽座（藍）	9,000
9					008	全頻段GPS雷達跑車 測速器	1,500
10	小計		0		009	汽車座椅防落邊條（雙入）	500
11	稅額		0		010	高效能雨刷超值組（24+24吋）	320
12	合計		0		011	可摺疊三角警示架	199
13					012	USB負離子車充清淨器	400

複製函數

❻ 將儲存格 B2 的自動填滿控點拉曳到儲存格 B6

❼ 複製 VLOOKUP 函數公式後，就會顯示所有參照來源的資料了

技巧補充

參照其他工作表的資料

VLOOKUP 函數也能參照輸入在其他工作表的資料。只要在範圍引數中先輸入「(工作表名稱)!」後再指定範圍即可。以右圖為例，表示參照來源為**工作表 2** 中儲存格範圍 A2:C14。

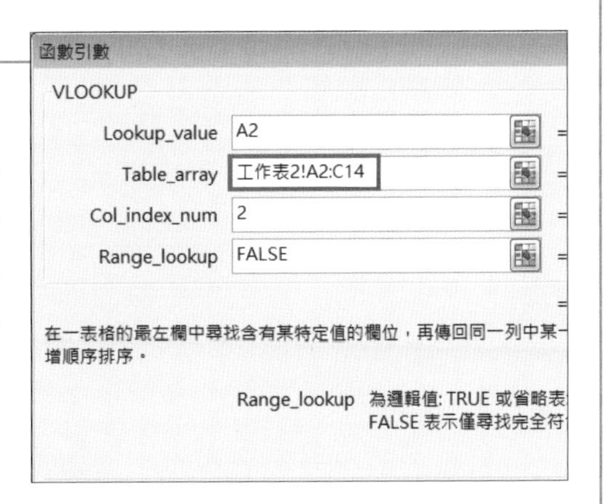

SECTION 123 函數

利用 SUMIF 函數加總符合條件的資料

SUMIF 函數不會計算出儲存格範圍內所有資料的合計，而只會計算出符合條件的資料。這裡將從日常用品與交通費混合記錄的資料中，只計算出交通費的加總為例來說明。

輸入 SUMIF 函數

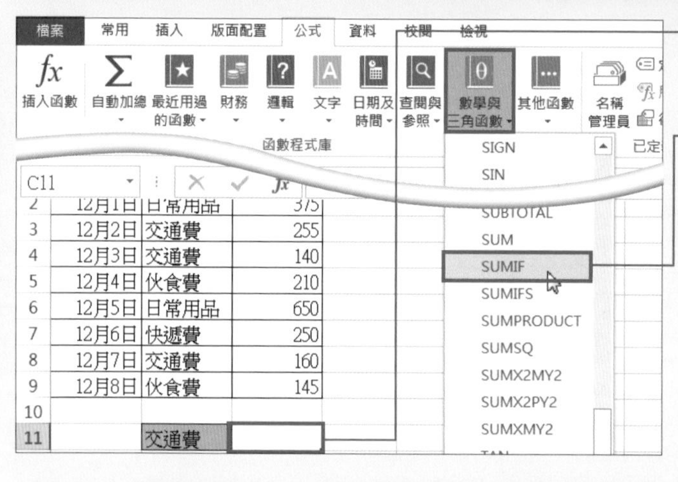

❶ 選取要輸入函數的儲存格（這裡為 C11）

❷ 按下**公式**頁次中的**數學與三角函數**鈕，選擇 **SUMIF**

MEMO: SUMIF 函數

SUMIF 函數會回傳儲存格範圍中符合條件的資料合計。

=SUMIF (範圍, 搜尋條件, 合計範圍)

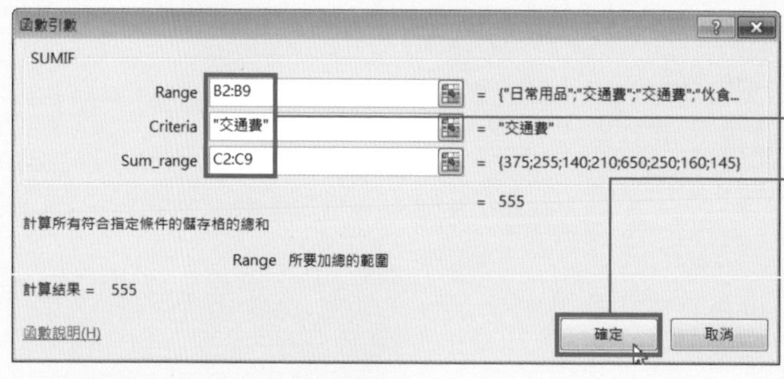

❸ 在 **Range** 輸入「B2:B9」；在 **Criteria** 輸入「"交通費"」；在 **Sum_range** 輸入「C2:C9」

❹ 按下**確定**鈕

MEMO: 輸入函數說明

範例中，從 B2 到 B9 的範圍中搜尋輸入「交通費」的儲存格，當尋找到符合的資料時，就將同列 C 欄的金額相加，以計算出交通費的合計結果。

	A	B	C	D	E	F	G
1	日期	明細	金額				
2	12月1日	日常用品	375				
3	12月2日	交通費	255				
4	12月3日	交通費	140				
5	12月4日	伙食費	210				
6	12月5日	日常用品	650				
7	12月6日	快遞費	250				
8	12月7日	交通費	160				
9	12月8日	伙食費	145				
10							
11		交通費	555				

交通費的加總結果

❺ 輸入 SUMIF 函數後，會顯示資料的計算結果

SECTION 124 函數

利用 ROUND 函數將數值四捨五入

ROUND 函數可以在指定的位數將數值四捨五入。指定位數為「0」時, 表示在數值的第 1 位小數位進行四捨五入;指定為正數時, 表示在小數位進行四捨五入;指定為負數時, 表示在整數位數進行四捨五入。

輸入 ROUND 函數

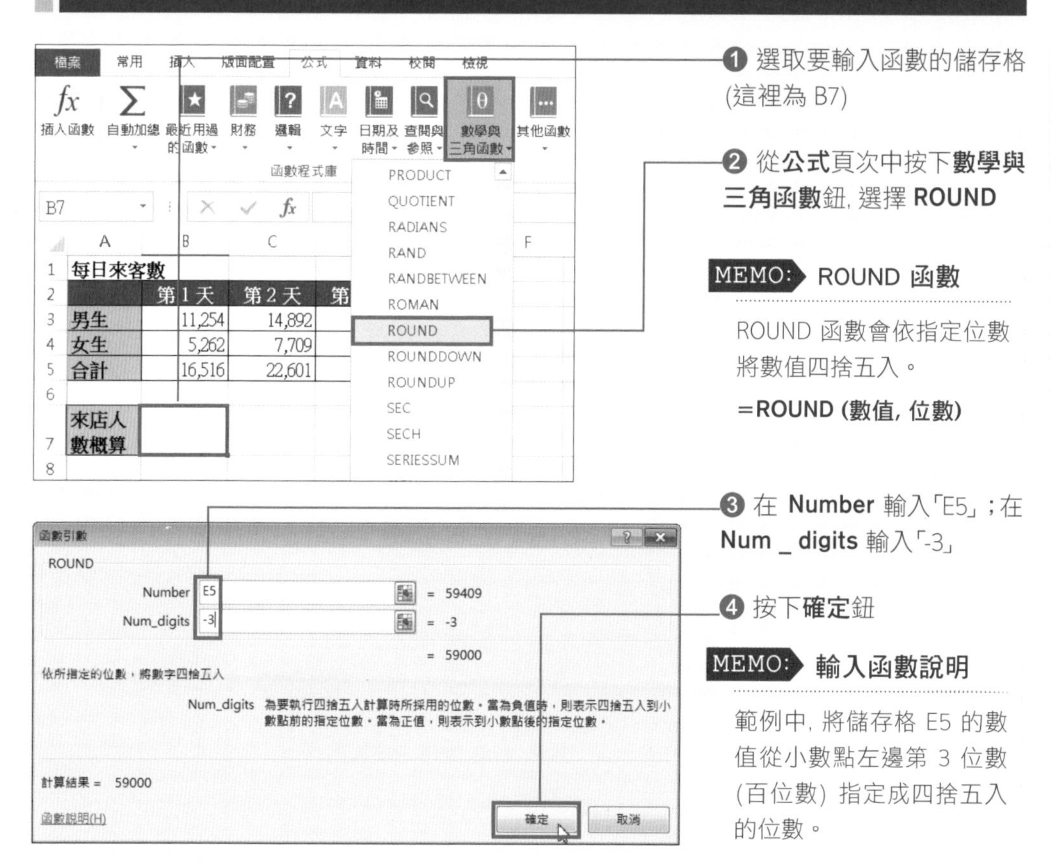

❶ 選取要輸入函數的儲存格 (這裡為 B7)

❷ 從**公式**頁次中按下**數學與三角函數**鈕, 選擇 **ROUND**

MEMO: ROUND 函數

ROUND 函數會依指定位數將數值四捨五入。

=ROUND (數值, 位數)

❸ 在 **Number** 輸入「E5」;在 **Num _ digits** 輸入「-3」

❹ 按下**確定**鈕

MEMO: 輸入函數說明

範例中, 將儲存格 E5 的數值從小數點左邊第 3 位數 (百位數) 指定成四捨五入的位數。

❺ 顯示資料的計算結果

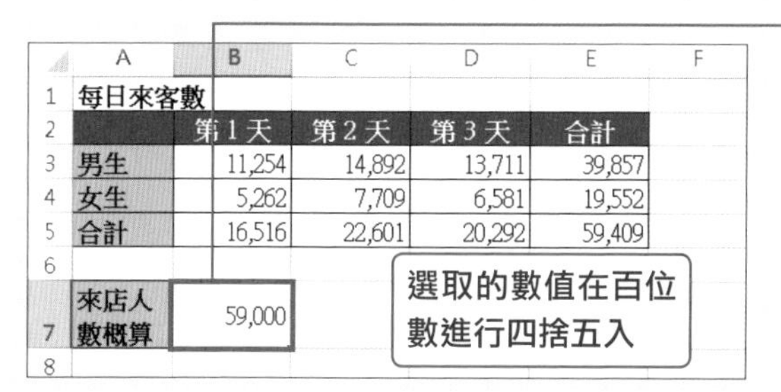

	A	B	C	D	E	F
1	每日來客數					
2		第 1 天	第 2 天	第 3 天	合計	
3	男生	11,254	14,892	13,711	39,857	
4	女生	5,262	7,709	6,581	19,552	
5	合計	16,516	22,601	20,292	59,409	
6						
7	來店人數概算	59,000				
8						

MEMO: ROUNDUP 函數與 ROUNDDOWN 函數

要將數值無條件進位時, 請用 **ROUNDUP** 函數;無條件捨去時, 則要使用 **ROUNDDOWN** 函數。

=ROUNDUP (數值,位數)

=ROUNDDOWN (數值, 位數)

利用 INT 函數捨去小數點以下位數

在計算含稅價錢時，利用 INT 函數可以將小於 1 元的小數位數捨去。雖然利用 ROUND 函數也能計算出相同結果，但 INT 不用特別指定位數，在操作上會覺得比較簡便。

輸入 INT 函數

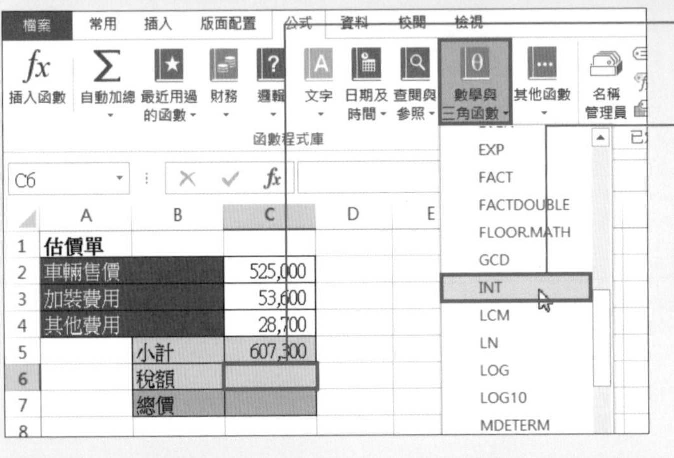

❶ 選取要輸入函數的儲存格 (這裡為 C6)

❷ 從**公式**頁次中按下**數學與三角函數**鈕，選擇 **INT**

MEMO: INT 函數

INT 函數會將指定數值的小數位數全部捨去。

=INT (數值)

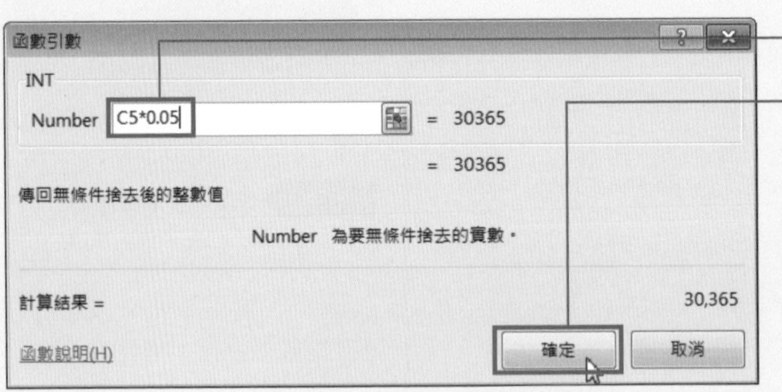

❸ 在 **Number** 輸入「C5*0.05」

❹ 按下**確定**鈕

MEMO: 輸入函數說明

範例中，將儲存格 C5 的數值乘以 0.05 後再捨去小數位數。

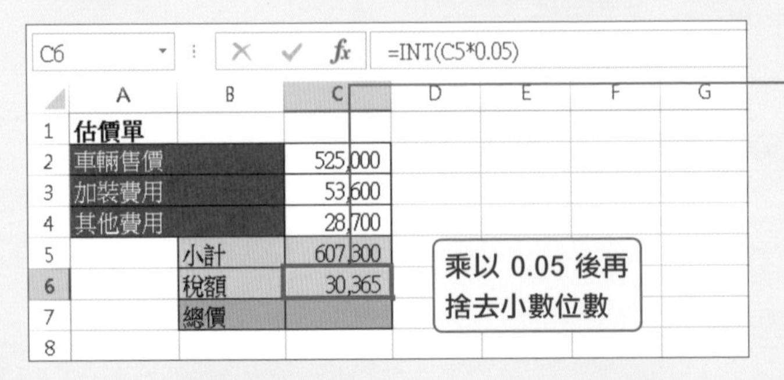

❺ 輸入 INT 函數後，會顯示資料的計算結果

利用 MOD 函數求得兩數相除的餘數

MOD 函數被歸類在**數學與三角函數**中, 用來取得兩數相除後的餘數。這裡將使用 MOD 函數取得「將下單的商品數量放到可收納 12 個商品的箱子後, 會剩下幾個無法裝成一箱」為例來說明。

利用 MOD 函數求得商品多出的個數

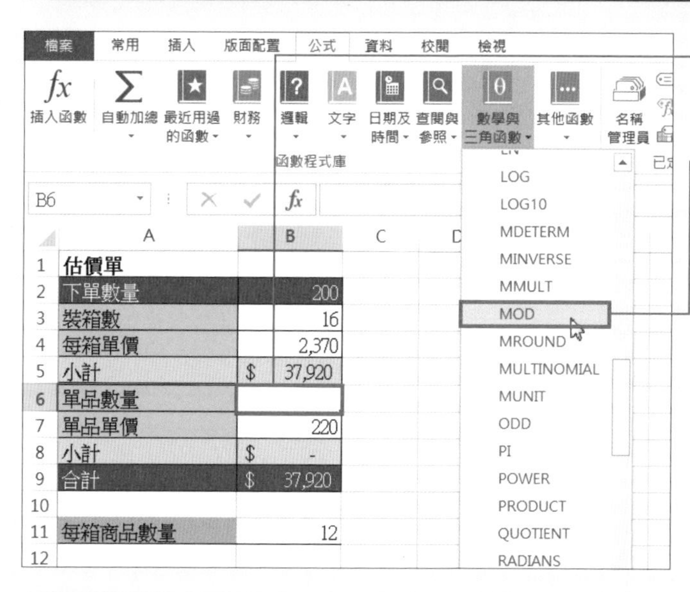

❶ 選取要輸入函數的儲存格 (這裡為 B6)

❷ 按下**公式**頁次中的**數學與三角函數**鈕, 選擇 **MOD**

MEMO: MOD 函數

MOD 函數會回傳數值除以除數後的餘數。

=MOD (數值, 除數)

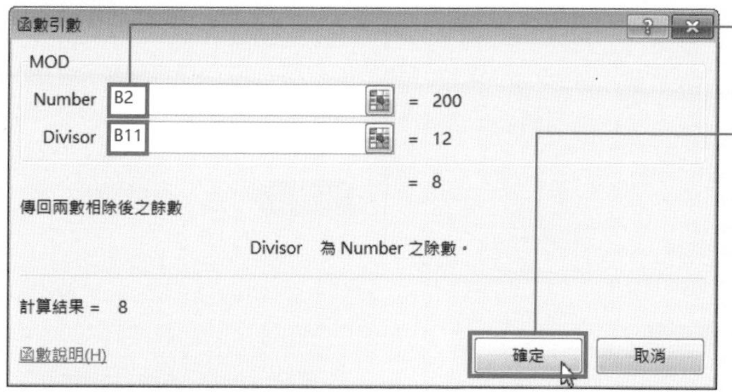

❸ 在 **Number** 輸入「B2」、在 **Divisor** 輸入「B11」

❹ 按下**確定**鈕

MEMO: 輸入函數說明

範例中, 將儲存格 B2 的值除以 B11 後, 會顯示餘數數值。

4	每箱單價		2,370
5	小計	$	37,920
6	單品數量		8
7	單品單價		220
8	小計	$	1,760
9	合計	$	39,680

剩下無法裝成一箱的商品個數

❺ 輸入 MOD 函數後, 會顯示資料的計算結果

SECTION 127 函數

利用 AVERAGEIF 函數求得指定商品的平均值

AVERAGEIF 函數可以求得範圍內的數值中，符合條件資料的平均值。這裡將從手錶、靴子等項目中，計算出運動服飾的銷售平均值為例來說明。

輸入 AVERAGEIF 函數

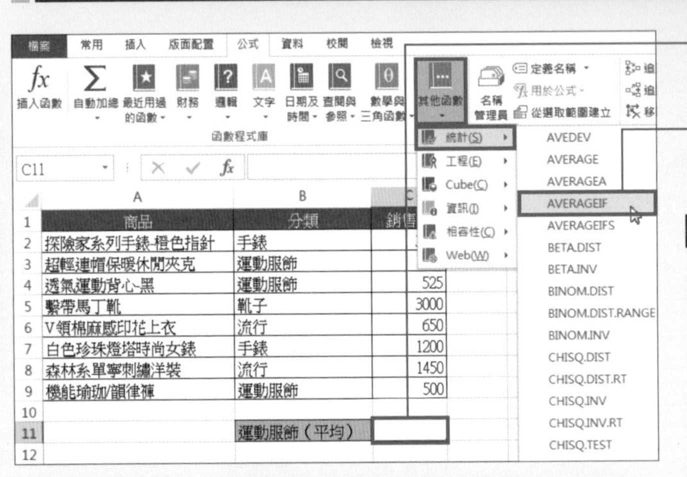

❶ 選取要輸入函數的儲存格 (這裡為 C11)

❷ 按下**公式**頁次中的**其他函數**鈕，選擇**統計/AVERAGEIF**

MEMO: AVERAGEIF 函數

AVERAGEIF 函數會回傳在儲存格範圍中符合條件資料的平均值。

=AVERAGEIF (範圍, 條件, 平均對象範圍)

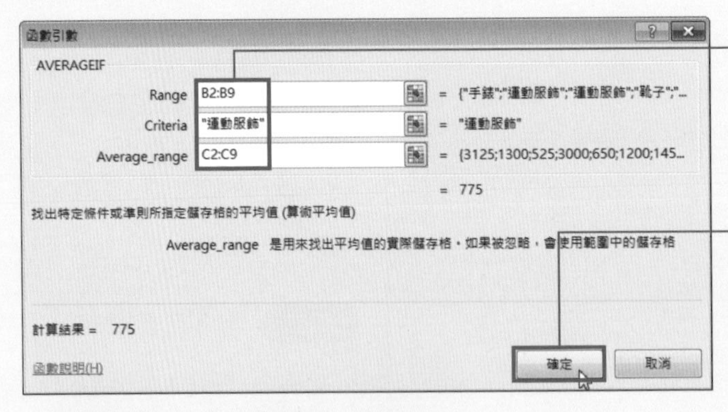

❸ 在 **Range** 輸入「B2:B9」；在 **Criteria** 輸入「運動服飾」；在 **Average _ range** 輸入「C2:C9」

❹ 按下**確定**鈕

MEMO: 輸入函數說明

範例中，從 B2 到 B9 的範圍中搜尋輸入「運動服飾」的儲存格，當尋找到符合的資料後，就從同列 C 欄的金額中求得運動服飾的平均銷售額。

	商品	分類	銷售額
2	探險家系列手錶-橙色指針	手錶	3125
3	超輕連帽保暖休閒夾克	運動服飾	1300
4	透氣運動背心-黑	運動服飾	525
5	繫帶馬丁靴	靴子	3000
6	V		650
7	白		1200
8	森林系單寧刺繡洋裝	流行	1450
9	機能瑜珈/韻律褲	運動服飾	500
10			
11		運動服飾（平均）	775
12			

運動服飾的平均銷售額

❺ 輸入 AVERAGEIF 函數後，會顯示資料的計算結果

SECTION 128 函數

利用 COUNTA 函數求得輸入文字的儲存格個數

COUNTA 函數可以求得範圍內輸入文字的儲存格個數。這裡將使用 COUNTA 函數計算已提出報告書的有多少人。

輸入 COUNTA 函數

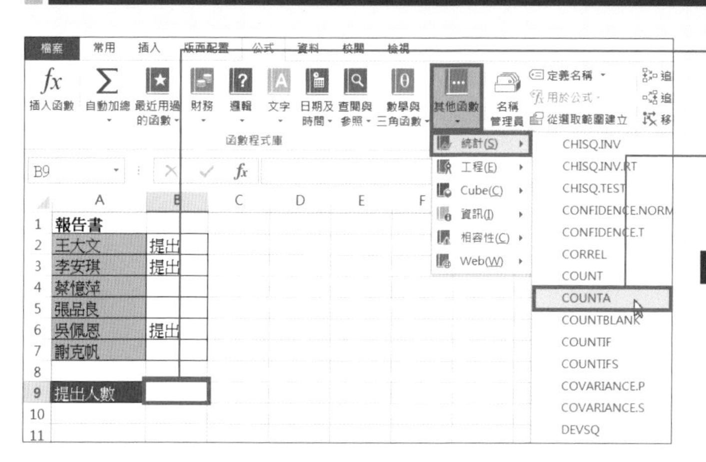

❶ 選取要輸入函數的儲存格(這裡為 B9)

❷ 按下**公式**頁次中的**其他函數**鈕, 選擇**統計/COUNTA**

MEMO: COUNTA 函數

COUNTA 函數會回傳指定範圍內非空白儲存格的個數。

=COUNTA (儲存格範圍)

函數引數
COUNTA
Value1 B2:B7 = {"提出";"提出";0;0;"提出";0}
Value2 = 數字
= 3
計算範圍中非空白儲存格的數目
Value1: value1,value2,... 為 1 到 255 個引數, 代表欲計算的值和儲存格。值可為任何類型的資訊。
計算結果 = 3
函數說明(H) 確定 取消

❸ 在 **Value1** 輸入「B2:B7」

❹ 按下**確定**鈕

MEMO: 輸入函數說明

範例中, 從 B2 到 B7 的範圍中搜尋已輸入資料的儲存格個數。

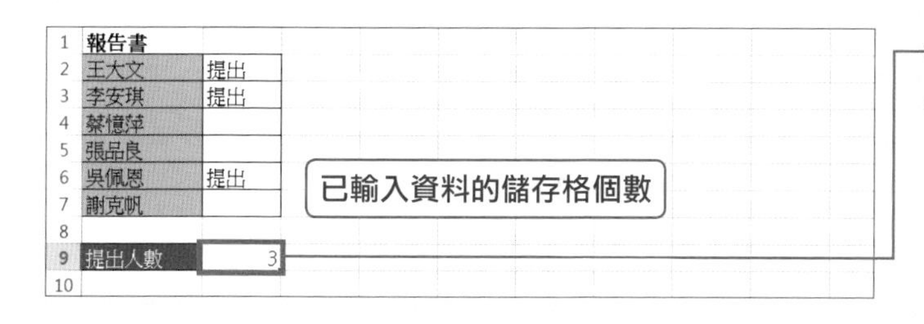

❺ 輸入 COUNTA 函數後, 會顯示資料的計算結果

利用 COUNTIF 函數求得符合條件的儲存格個數

利用 COUNTIF 函數可以求得符合「輸入相同資料」、「大於指定數值」等條件的儲存格個數。這裡將使用 COUNTIF 函數來求得資料重複的次數。

輸入 COUNTIF 函數

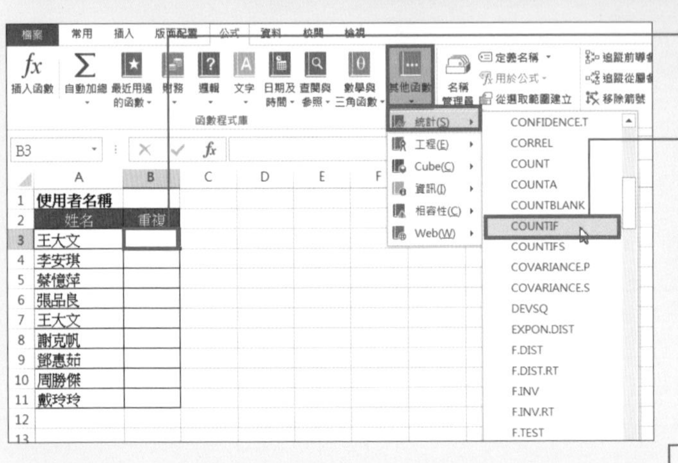

❶ 選取要輸入函數的儲存格 (這裡為 B3)

❷ 按下**公式**頁次中的**其他函數**鈕, 選擇**統計/COUNTIF**

MEMO: COUNTIF 函數

COUNTIF 函數會回傳指定範圍內符合條件的資料筆數。

=COUNTIF (範圍, 搜尋條件)

函數引數

COUNTIF

Range $A$3:$A$11 = {"王大文";"李安琪";"蔡憶萍";"張品良";"王

Criteria A3 = "王大文"

= 2

計算一範圍內符合指定條件儲存格的數目

Criteria 為比較的條件，條件可以是可以是數字，表示式或文字，用以指定哪些儲存格會被計算。

計算結果 = 2

函數說明(H)　確定　取消

❸ 在 **Range** 輸入「$A$3:$A$11」; 在 **Criteria** 輸入「A3」

MEMO: 將範圍指定成絕對參照

若 **Range** 沒有設定成絕對參照的話, 複製函數公式後, 其範圍也會跟著改變。

❹ 按下**確定**鈕

	A	B
1	使用者名稱	
2	姓名	重複
3	王大文	2
4	李安琪	
5	蔡憶萍	
6	張品良	
7	王大文	
8	謝克帆	
9	鄧惠茹	
10	周勝傑	
11	戴玲玲	
12		

有 2 筆資料重複

❺ 顯示符合條件的儲存格個數

MEMO: 輸入函數說明

範例中, 從 A3 到 A11 的範圍中搜尋輸入資料與儲存格 A3 相同的儲存格個數。

SECTION 130 函數

利用 COUNTIFS 函數求得符合多個條件的儲存格個數

想要求得同時滿足多個條件的資料個數時，可以使用 COUNTIFS 函數來完成。這裡將統計同時符合「部門為營業部」且「TOEIC 分數為 600 分以上」的人數有多少。

輸入 COUNTIFS 函數

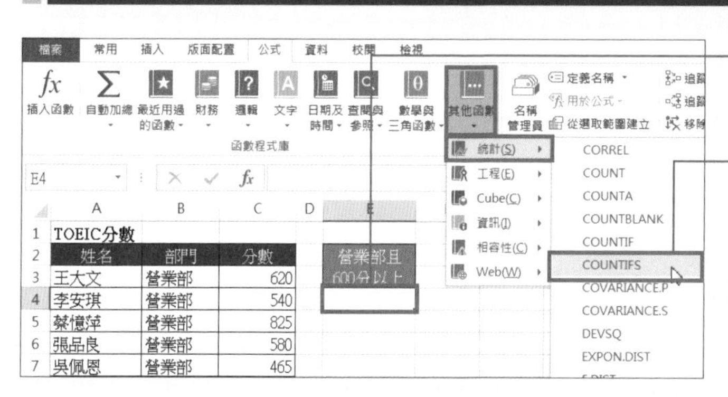

❶ 選取要輸入函數的儲存格 (這裡為 E4)

❷ 按下**公式**頁次中的**其他函數**鈕，選擇**統計/COUNTIFS**

MEMO: COUNTIFS 函數

COUNTIFS 函數會回傳指定範圍內符合條件的資料筆數。

=COUNTIFS (搜尋條件範圍, 搜尋條件, ...)

函數引數

COUNTIFS

Criteria_range1 B3:B11 = {"營業部";"營業部";"營業部";"營業...

Criteria1 "營業部" = "營業部"

Criteria_range2 C3:C11 = {620;540;825;580;465;"缺考";"缺考"

Criteria2 ">=600" = ">=600"

Criteria_range3 = 參照位址

= 2

計算由特定條件或準則集所指定的儲存格數目

Criteria2: 是以數字、運算式或文字為形式的條件，這會定義要計算哪些儲存格

計算結果 = 2

函數說明(H) 確定 取消

❸ 在 **Criteria _ range1** 輸入「B3:B11」；在 **Criteria1** 輸入「營業部」；在 **Criteria _ range2** 輸入「C3:C11」；在 **Criteria2** 輸入「">=600"」

❹ 按下**確定**鈕

MEMO: 輸入函數說明

範例中，從 B3 到 B11 的範圍中搜尋輸入資料為「營業部」且 C3 到 C11 的範圍中輸入資料「大於等於 600」的資料個數。

	A	B	C	D	E
1	TOEIC分數				
2	姓名	部門	分數		營業部且600分以上
3	王大文	營業部	620		
4	李安琪	營業部	540		2
5	蔡憶萍	營業部	825		
6	張品良	營業部	580		
7	吳佩恩	營業部	465		
8	謝克帆	開發部	缺考		
9	鄧惠茹	開發部	缺考		
10	周勝傑	開發部	660		
11	戴玲玲	開發部	550		
12					
13					

求得「營業部」部門，TOEIC 分數 600 分以上有多少人

❺ 顯示符合條件的儲存格個數

利用 CONVERT 函數轉換數值的單位

CONVERT 函數是用來轉換數值單位的函數。例如，以公里為單位的數值要轉換成英里。可轉換的單位有重量、距離、溫度、壓力等各種資料類型。

輸入 CONVERT 函數

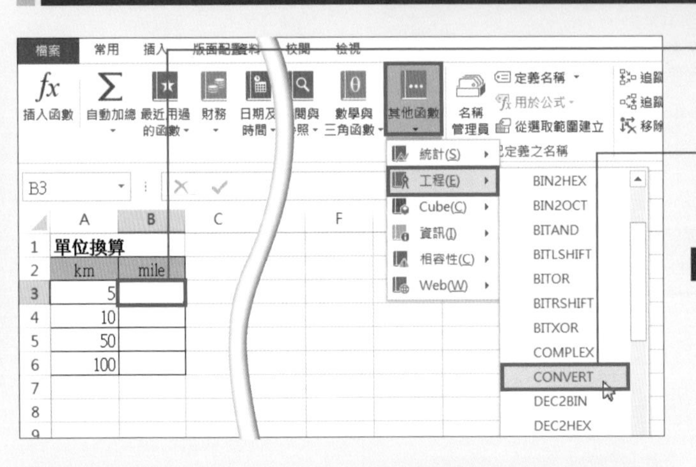

❶ 選取要輸入函數的儲存格 (這裡為 B3)

❷ 按下**公式**頁次中的**其他函數**鈕，選擇**工程/CONVERT**

MEMO: CONVERT 函數

CONVERT 函數會轉換數值的單位。

=CONVERT (數值, 原始單位, 結果單位)

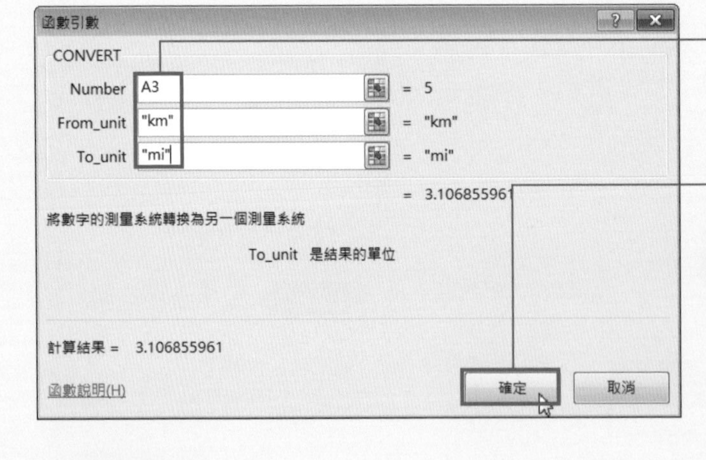

❸ 在 **Number** 輸入「A3」；在 **From _ unit** 輸入「"km"」；在 **To _ unit** 輸入「"mi"」

❹ 按下**確定**鈕

MEMO: 輸入函數說明

範例中，將儲存格 A3 輸入的距離單位從公里換算成英里。

	A	B
1	單位換算	
2	km	mile
3	5	3.106856
4	10	
5	50	
6	100	
7		

從公里轉換成英里

❺ 輸入 CONVERT 函數後，會顯示資料的計算結果

只將計算結果的「值」貼上

將輸入函數、公式的儲存格複製/貼上到其他工作表時，會因貼上的工作表沒有可以參照的資料而顯示錯誤值。若以「值」貼上的話，就可以只將計算結果貼上。

將計算結果以值的方式貼上

	A	B	C	D	E
1	各分店銷售表				
2					
3		4月	5月	6月	合計
4	台北分店	1,695,000	1,634,500	1,723,700	5,053,200
5	台中分店	930,000	895,000	763,000	2,588,000
6	新竹分店	1,156,000	1,243,000	968,000	3,367,000
7	苗栗分店	1,140,000	948,000	852,000	2,940,000
8	高雄分店	937,000	852,000	820,000	2,609,000
9	彰化分店	720,000	658,000	789,000	2,167,000
10	嘉義分店	1,172,000	963,000	108,000	2,243,000
11					

工作表1　工作表2

❶ 選取要複製的儲存格，然後按 Ctrl + C 鍵複製資料

❷ 將資料貼到**工作表 2** 的儲存格 C2 中

	A	B	C	D	E
1		第 1 季	第 2 季	第 3 季	第 4 季
2	台北分店	4,985,000	#REF!		
3	台中分店	3,245,000	#REF!		
4	新竹分店	2,868,000	#REF!		
5	苗栗分店	2,540,000	#REF!		
6	高雄分店	2,235,000	#REF!		
7	彰化分店	1,860,000	#REF!		
8	嘉義分店	1,975,000	#REF!		

(Ctrl)
貼上
貼上值
其他貼上選項

工作表1　工作表2

❸ 以錯誤值顯示

❹ 按下**貼上選項**鈕

❺ 選擇**值**

	A	B	C	D	E
1		第 1 季	第 2 季	第 3 季	第 4 季
2	台北分店	4,985,000	5053200		
3	台中分店	3,245,000	2588000		
4	新竹分店	2,868,000	3367000		
5	苗栗分店	2,540,000	2940000		
6	高雄分店	2,235,000	2609000		
7	彰化分店	1,860,000	2167000		
8	嘉義分店	1,975,000	2243000		
9					

僅貼上計算結果

(Ctrl)

❻ 會以數值的方式貼上結果

MEMO: 值

「值」是指不帶任何設定格式的數值或文字。儲存格中輸入的公式會變成數值資料。

MEMO: 與貼上連結的不同

貼上連結（參照**單元 101**）的情況下，當資料來源變更後，貼上的資料也會自動更新。若單以「值」貼上的話，就算來源資料有變更，貼上的資料也不會更新。

建立參照儲存格範圍名稱以提升計算效率

在 Excel 中可以將儲存格範圍建立名稱。建立的名稱也可以在公式中使用，比起用儲存格編號來管理，透過建立名稱的方式更能快速掌握參照來源。不要使用時，也可以將名稱刪除。

新增儲存格範圍名稱

	A	B	C	D	E	F
1	各分店銷售表					
2						
3	分店名稱	4月	5月	6月		
4	台北分店	1,695,000	1,634,500	1,723,700		
5	台中分店	930,000	895,000	763,000		
6	新竹分店	1,156,000	1,243,000	968,000		
7	苗栗分店	1,140,000	948,000	852,000		
8	高雄分店	937,000	852,000	820,000		
9	彰化分店	720,000	658,000	789,000		
10	嘉義分店	1,172,000	963,000	108,000		
11						
12	月平均					

❶ 選取要設定名稱的儲存格範圍

MEMO: 名稱的字首不可為數字

名稱的字首不可以是數字，例如不可用「2015 年」或「1 月」等來命名。可以用中文「二零一五年」或「一月」等方式來命名。

四月銷售 | fx 1695000

	A	B	C	D	E	F
1	各分店銷售表					
2						
3	分店名稱	4月	5月	6月		
4	台北分店	1,695,000	1,634,500	1,723,700		
5	台中分店	930,000	895,000	763,000		
6	新竹分店	1,156,000	1,243,000	968,000		
7	苗栗分店	1,140,000	948,000	852,000		
8	高雄分店	937,000	852,0			
9	彰化分店	720,000	658,0			
10	嘉義分店	1,172,000	963,000	108,000		

定義儲存格範圍的名稱

❷ 在**名稱方塊**輸入名稱

❸ 按下 Enter 鍵，建立名稱

六月銷售 | fx 1723700

五月銷售
六月銷售
四月銷售

	A	B	C	D	E	F
1	售表					
2						
3	分店名稱	4月	5月	6月		
4	台北分店	1,695,000	1,634,500	1,723,700		
5	台中分店	930,000	895,000	763,000		
6	新竹分店	1,156,000	1,243,000	968,000		
7	苗栗分店	1,140,000	948,000	852,000		
8	高雄分店	937,000	852,0			
9	彰化分店	720,000	658,0			
10	嘉義分店	1,172,000	963,000	108,000		

定義儲存格範圍的名稱

❹ 重複步驟 ❶ ~ ❸，建立其他儲存格範圍的名稱。

❺ 按下**名稱方塊**的 ▾，從名稱清單中選擇名稱後，該名稱的儲存格範圍就會被選取

在公式中使用建立的名稱

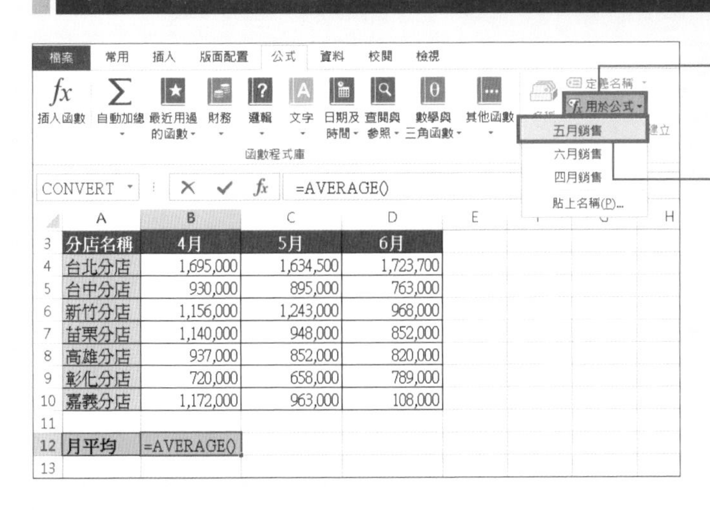

❶ 在輸入公式的過程中, 按下**公式**頁次中的**用於公式**鈕

❷ 顯示名稱清單後, 選擇公式中想要使用的名稱 (這裡為**五月銷售量**)

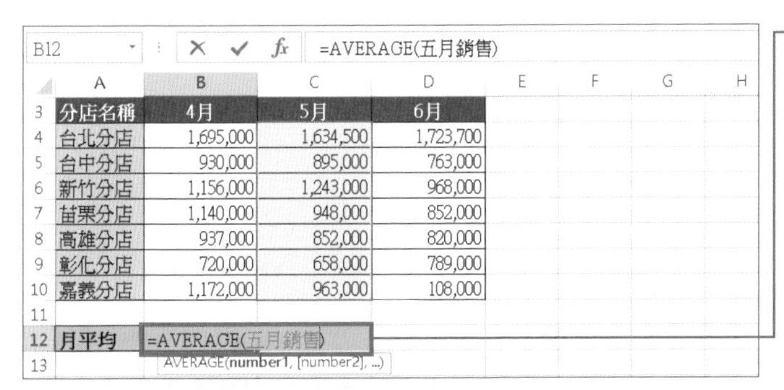

❸ 儲存格範圍的名稱會被輸入到公式中

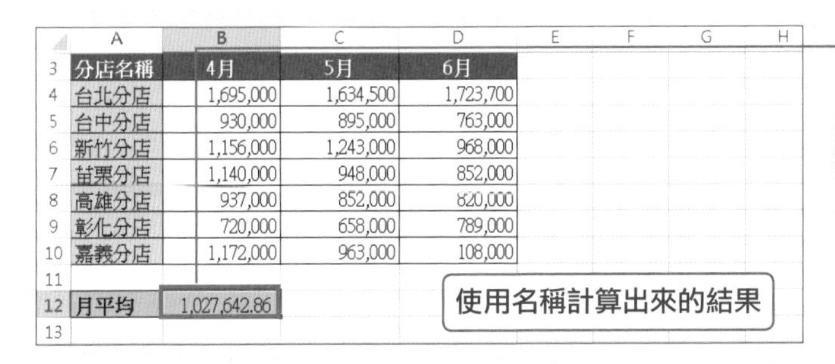

❹ 計算後的結果

MEMO: 刪除儲存格範圍名稱

要刪除設定的名稱時, 按下**公式**頁次中的**名稱管理員**鈕, 開啟**名稱管理員**交談窗後, 選擇想要刪除的名稱, 接著按下**刪除**鈕, 出現確認是否刪除的交談窗後, 再按下**確定**鈕。

SECTION 134 公式的應用

用「合併彙算」功能整合不同工作表的資料

想要整合在每個工作表中不同編排方式的資料時，可以用**合併彙算**將表格資料彙整。另外，將表格匯整後，匯整後的表格資料不會包含公式，只會顯示計算結果。

彙整表格

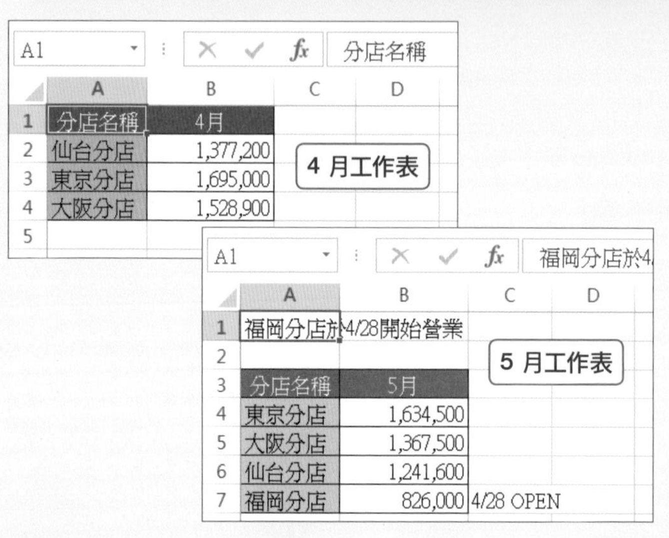

開啟在各個工作表中輸入不同表格的活頁簿

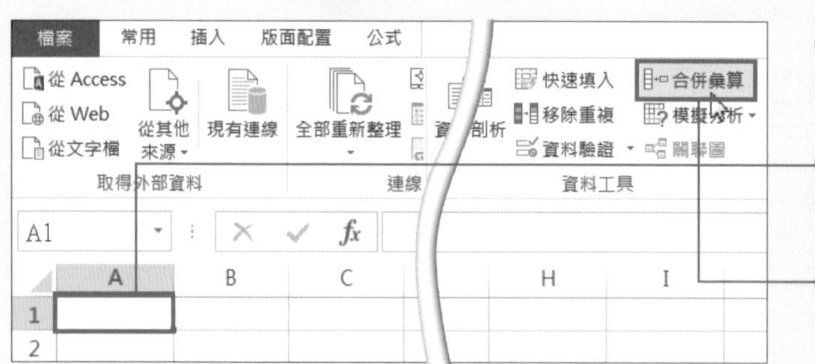

❶ 開啟要顯示彙整結果的工作表 (這裡為**合計**工作表)

❷ 選取**合計**工作表中的 A1 儲存格

❸ 按下**資料**頁次中的**合併彙算**鈕

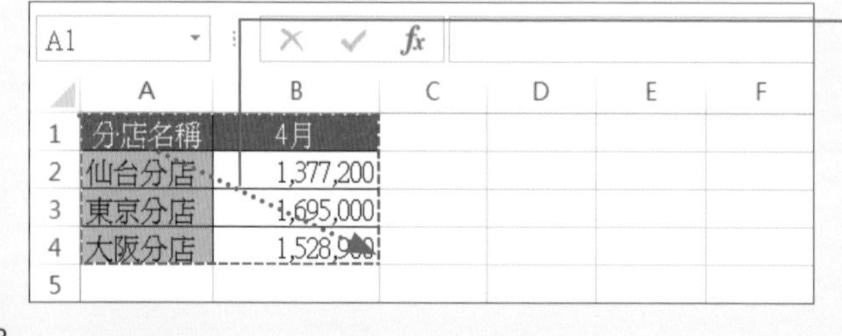

❹ 切換到 **4 月**工作表後，以拉曳的方式選取要整合的儲存格範圍

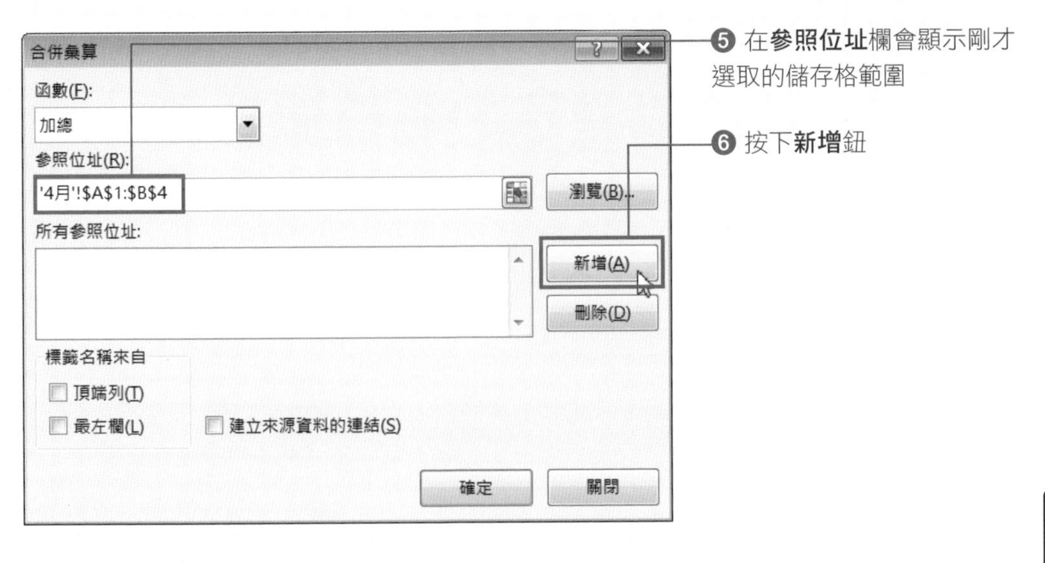

❺ 在**參照位址**欄會顯示剛才選取的儲存格範圍

❻ 按下**新增**鈕

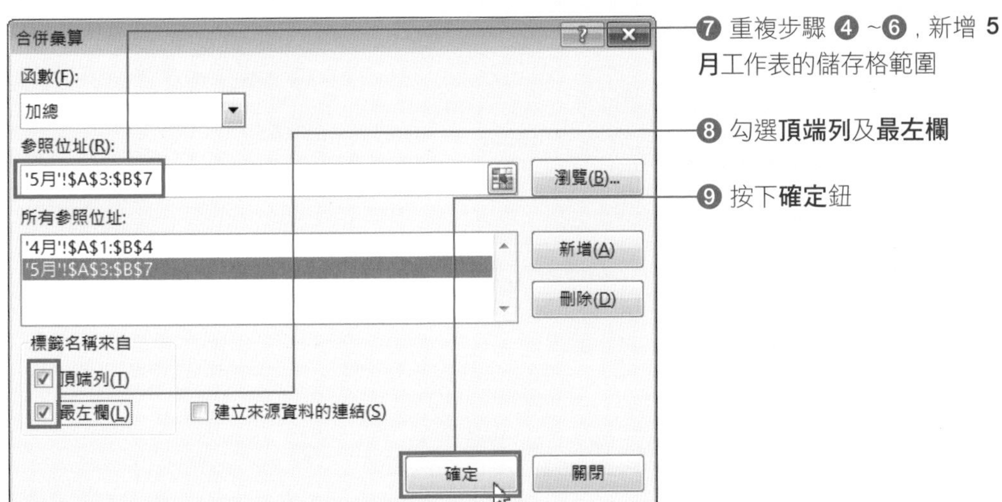

❼ 重複步驟 ❹~❻, 新增 5 月工作表的儲存格範圍

❽ 勾選**頂端列**及**最左欄**

❾ 按下**確定**鈕

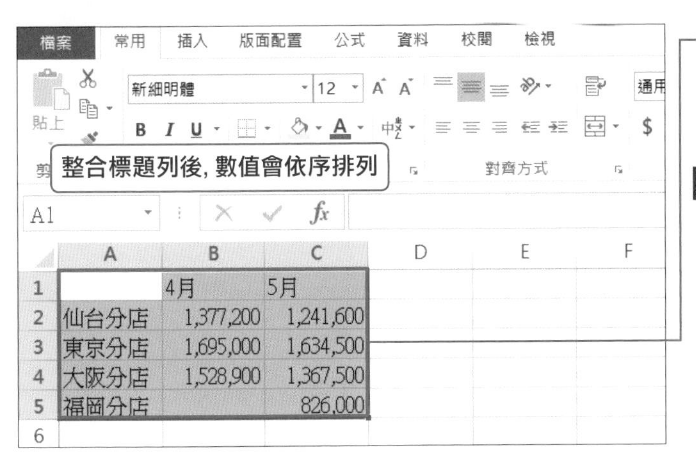

	A	B	C
1		4月	5月
2	仙台分店	1,377,200	1,241,600
3	東京分店	1,695,000	1,634,500
4	大阪分店	1,528,900	1,367,500
5	福岡分店		826,000
6			

❿ 在**合計**工作表中將資料匯整完成

MEMO: 匯整不同活頁簿的表格

要匯整其他活頁簿中的表格時, 只要事先開啟想要匯整的活頁簿, 然後切換到其他活頁簿以新增彙整的參照位址即可。

SECTION 135 公式的應用

直接以顯示的數值做計算

利用**單元 071** 的方法變更儲存格內小數位數的顯示格式後，資料在計算時，還是會以實際數值計算，因此有時會遇到顯示資料與計算結果不符的情況。想要直接利用顯示的值來計算時，可以在 **Excel 選項**中設定。

以顯示數值計算

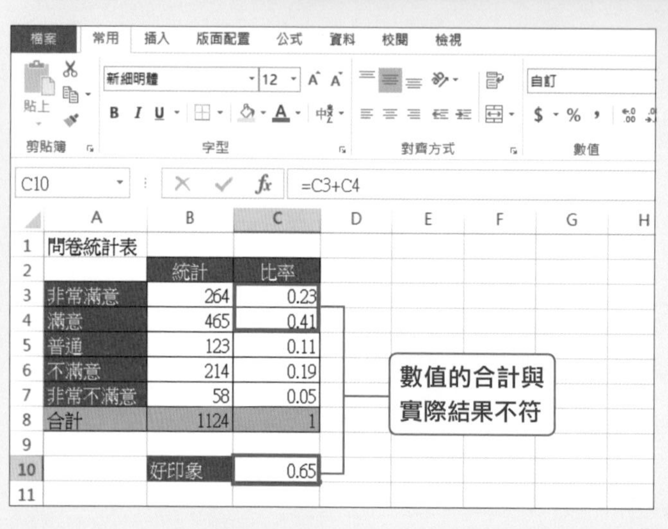

❶「非常滿意」與「滿意」的比率合計結果應該為「0.64」，但「好印象」卻顯示「0.65」

❷ 請按下**檔案**頁次中的**選項**

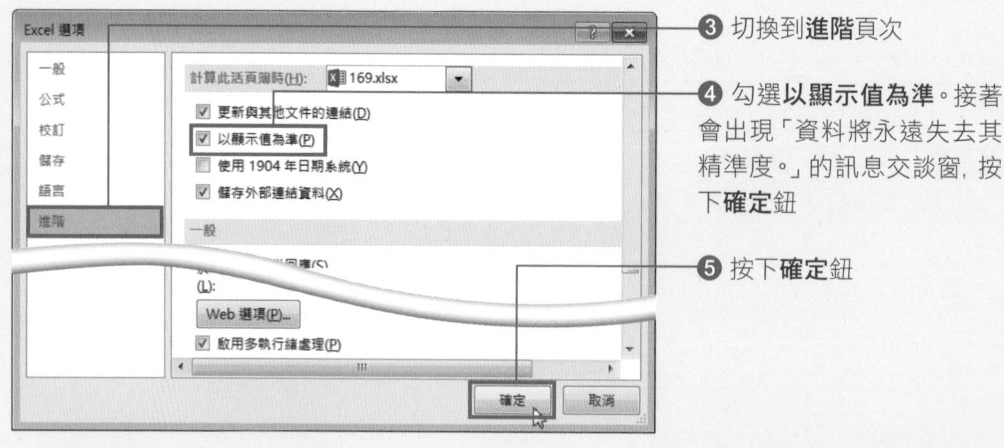

❸ 切換到**進階**頁次

❹ 勾選**以顯示值為準**。接著會出現「資料將永遠失去其精準度。」的訊息交談窗，按下**確定**鈕

❺ 按下**確定**鈕

	A	B	C
7	非常不滿意	58	0.05
8	合計	1124	0.99
9			
10		好印象	0.64
11			

以顯示的數值計算

❻ 公式會依照儲存格中顯示的數值做計算

了解錯誤值代表的意義

公式中出現錯誤時，會顯示以「#」為開頭的錯誤值。當出現錯誤值時，請參考以下的表格，確認錯誤值的類型後，排除錯誤的原因。通常，重新確認公式或參照儲存格後，都能排除錯誤。

主要的錯誤值

錯誤值	說明
#DIV/O	除法中，除數為「0」或為空白儲存格
#N/A	使用 VLOOKUP 等函數時，沒有輸入必要的搜尋值
#NAME?	找不到公式中所使用的儲存格範圍名稱，或輸入錯誤的函數名稱
#NULL!	儲存格範圍的指定方法有誤
#NUM!	將公式中一定要設定的引數指定成文字等，造成數值出現錯誤
#REF!	找不到參照儲存格
#VALUE!	輸入的公式有誤
#####	欄寬太窄，無法顯示完整資料

技巧補充

隱藏錯誤標示

若被 Excel 判斷為錯誤值時，在該儲存格的左上角會出現綠色三角形 (錯誤標示) 。想要將錯誤指標隱藏起來，先選擇**檔案**頁次中的**選項**，然後取消勾選**公式**頁次中的**啟用背景錯誤檢查**。

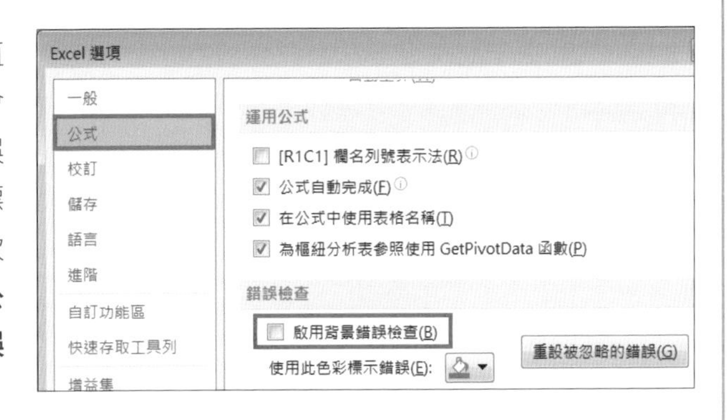

COLUMN

了解「序列值」讓時間與日期的計算更上手

「序列值」是用來表示時間或日期的數值。

日期序列值的「1」代表 1900 年 1 月 1 日，每經過 1 天就增加 1，所以 1900 年 1 月 2 日的序列值就為「2」。時間序列值的「1」則代表 0 點 0 分 0 秒，所以每增加 1 秒就等於增加 1/86400 秒 (1 天的秒數)。

在計算時間或日期時，在看不見的計算過程中，都是使用序列值來計算。舉例來說，2015 年 11 月 1 日和 10 月 1 日的序列值分別為「42309」和「42278」，查詢 2 個日期相差的天數時，會將 2 個日期的序列值相減，因此會變成「42309-42278=31」。

在計算出勤時間時，要特別注意計算結果是否會超過 24 小時。例如，15:00+15:00=30:00，但實際顯示的計算結果卻為 06:00。會出現這種情況是因為每當遇到 24 小時時，就會將值重新回歸到 0。若想要讓超過 24 小時的時間依照相加的結果顯示時，可以選取想要顯示時間的儲存格，然後在**儲存格格式**交談窗中設定自訂的顯示格式。

正確顯示超過 24 小時的顯示方法，在**儲存格格式**交談窗**數值**頁次中**類型**欄位輸入的 **h** 以「 [] 」框住變成 **[h] :mm**。

第 5 章

用超完美的格式傳達！

靈活調整的列印技巧

SECTION 137 列印

快速顯示列印畫面

按下 Ctrl + P 鍵，可以快速切換到預覽列印窗格。在預覽列印窗格中，可以確認列印的結果外，也能變更各種設定。

利用快速鍵切換到預覽列印窗格

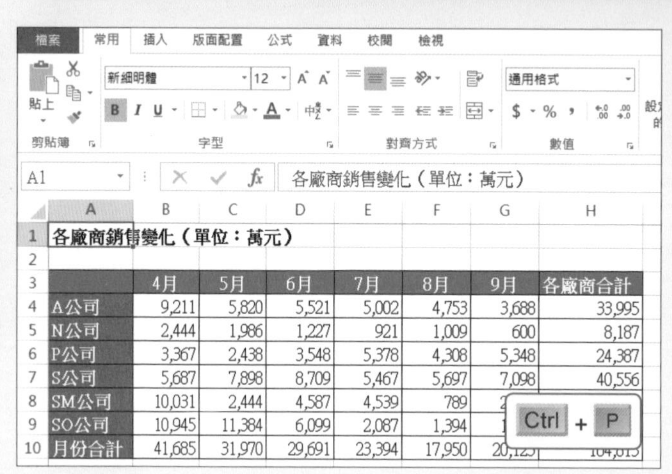

❶ 開啟想要列印的工作表後，按下 Ctrl + P 鍵

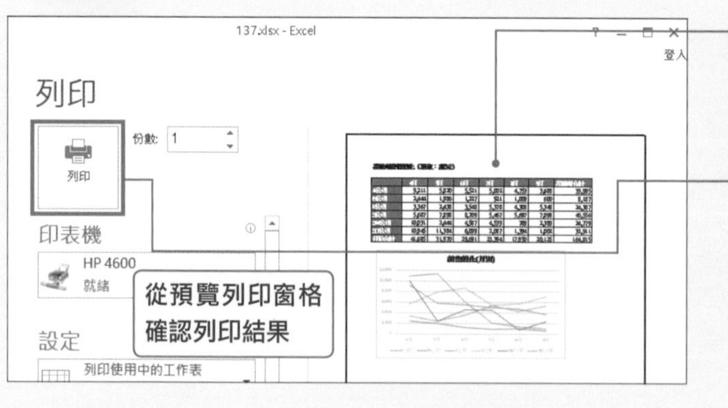

❷ 切換到預覽列印窗格後，可以預覽工作表列印出來的樣子

❸ 按下**列印**鈕，進行列印

技巧補充

變更預覽樣式

按下預覽列印窗格右下角的**縮放至頁面**鈕，可以在「全頁預覽」或「放大顯示」之間做切換。按下**顯示邊界**鈕，會顯示用來調整邊界範圍的界線。

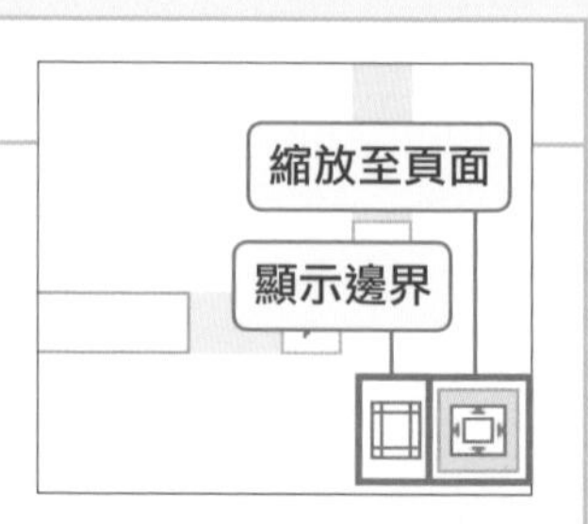

SECTION
138 不用開啟工作表就能直接列印

列印

當你急著要列印工作表時，可以透過**檔案總管**的圖示直接列印。這樣可以省去開啟 Excel 檔案的操作，直接就能列印工作表了。

快速列印

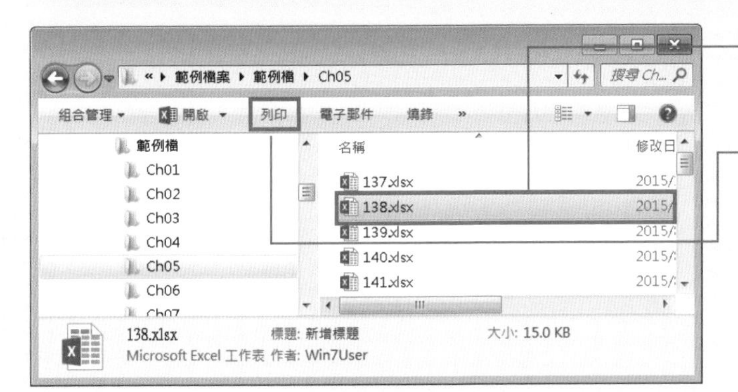

❶ 選擇想要列印的工作表檔案圖示

❷ 按下**列印**鈕

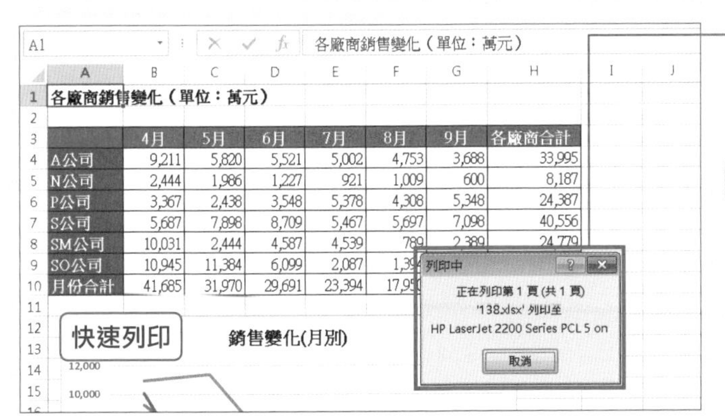

❸ 開始執行列印。完成列印後，Excel 會自動關閉活頁簿

MEMO: 以最後的設定內容列印

用這個方法執行列印，列印出來的結果與上次關閉活頁簿時的列印設定相同，例如紙張大小等。

技巧補充

按右鍵列印

除了上面的方法外，在**桌面**或**檔案總管**中的檔案圖示上按下滑鼠右鍵，然後從選單中選擇**列印**，也能進行列印。

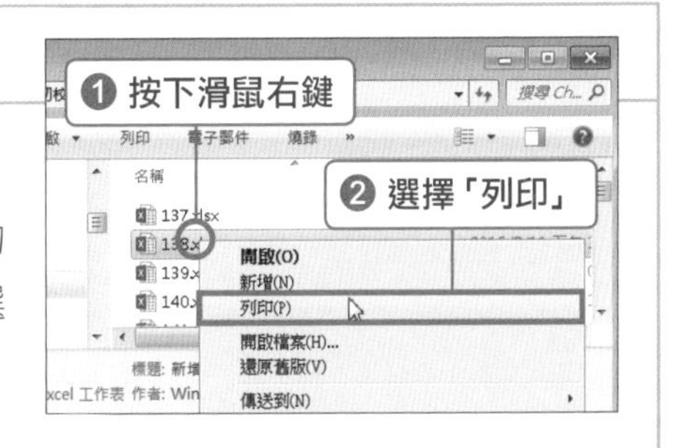

將紙張設成橫向列印

工作表預設的列印方向為直向列印，但若表格為橫向表格或有相關圖表時，將紙張設成橫向才能讓資料完整列印。要變更紙張的列印方向，可在預覽列印窗格中設定。

變更列印方向

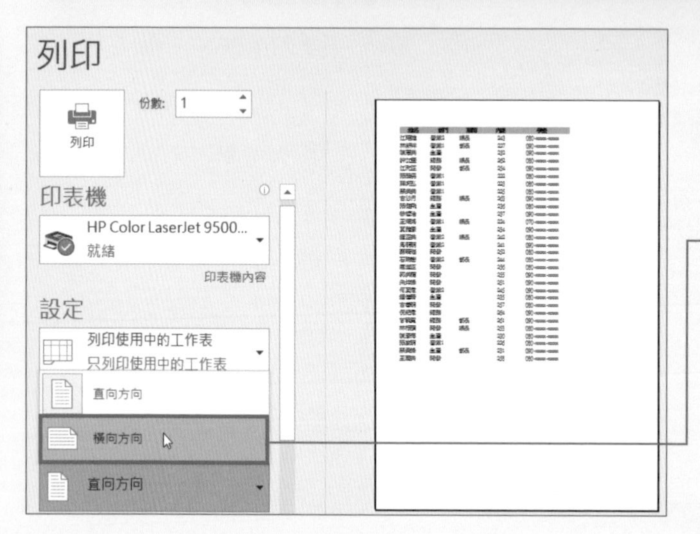

預設為直向列印

❶ 按 Ctrl + P 鍵，切換到預覽列印窗格

❷ 從列印方向列示窗中選擇**橫向方向**

姓名	部門	職稱	內線	手機	Mail
江昭雄	營業2	課長	243	080-xxxx-xxxx	endou-akio@xxxx.xxxx.com
林新祥	營業1	部長	227	090-xxxx-xxxx	kyougoku@xxxx.xxxx.com
陳惠美	生產		232	090-xxxx-xxxx	ctou@xxxx.xxxx.com
許加慶	總務	課長	262	080-xxxx-xxxx	oda@xxxx.xxxx.com
江和正	開發	部長	254	090-xxxx-xxxx	endou-kazumasa@xxxx.xxxx.com
張勝勇	營業1		222	080-xxxx-xxxx	andou@xxxx.xxxx.com
薛邦弘	營業1		223	080-xxxx-xxxx	anzai@xxxx.xxxx.com
蔡美美	營業1		225	080-xxxx-xxxx	ushioda@xxxx.xxxx.com
古沙月	總務	課長	263	090-xxxx-xxxx	katou-satsuki@xxxx.xxxx.com
張健飛	生產		236	080-xxxx-xxxx	kaga@xxxx.xxxx.com
徐哲治	生產		237	090-xxxx-xxxx	kimura@xxxx.xxxx.com
王耀鴻	營業1	課長	224	070-xxxx-xxxx	utada@xxxx.xxxx.com
夏雅彥	生產		234	090-xxxx-xxxx	oosako@xxxx.xxxx.com

❸ 預覽窗格改成以橫向方式顯示

MEMO: 設定列印範圍

改變紙張的列印方向後，列印範圍也會自動改變。改變列印方向後，資料會依照設定的方向列印，這時建議重新確認及設定列印範圍 (參照**單元 145**)。

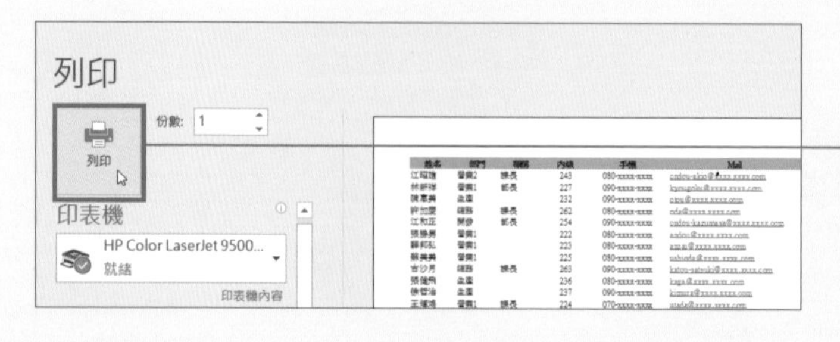

❹ 按下**列印**鈕，執行列印

SECTION
140 用滑鼠拉曳的方式調整邊界

列印

列印工作表時，在紙張的四周會出現空白邊界。空白邊界的高度及寬度可以在預覽列印窗格調整。要將大量資料列印在同一張紙時，可以縮小邊界。

在「整頁模式」中變更邊界範圍

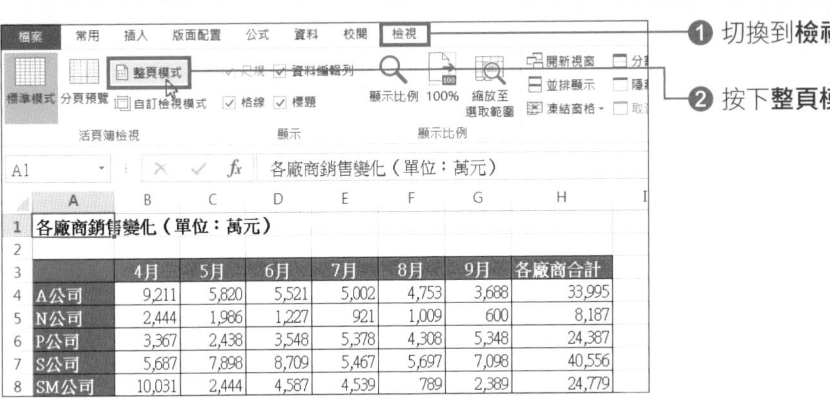

❶ 切換到**檢視**頁次

❷ 按下**整頁模式**鈕

	4月	5月	6月	7月	8月	9月	各廠商合計
A公司	9,211	5,820	5,521	5,002	4,753	3,688	33,995
N公司	2,444	1,986	1,227	921	1,009	600	8,187
P公司	3,367	2,438	3,548	5,378	4,308	5,348	24,387
S公司	5,687	7,898	8,709	5,467	5,697	7,098	40,556
SM公司	10,031	2,444	4,587	4,539	789	2,389	24,779
SO公司	10,945	11,384	6,099	2,087	1,394	1,002	32,911
月份合計	41,685	31,970	29,691	23,394	17,950	20,125	164,815

空白邊界

按一下以新增頁首

❸ 切換到**整頁模式**後，可以確認空白邊界的範圍

❹ 將滑鼠移動到顯示邊界範圍與列印範圍邊界的尺規上，當滑鼠指標變更成 ↕ 圖示後拉曳

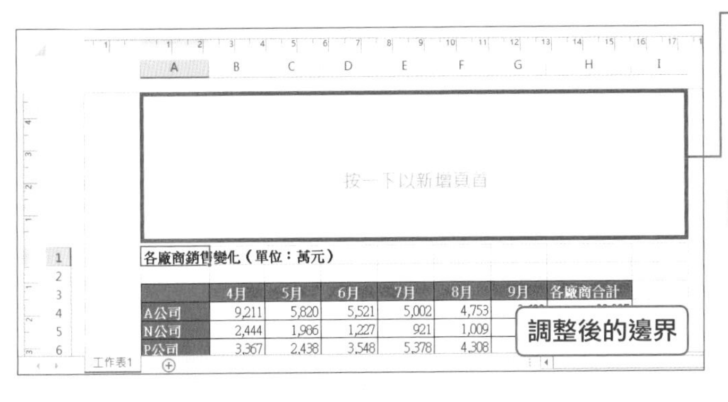

❺ 界線會依照拉曳方向移動，以變更邊界大小。按下**檢視**頁次中的**標準模式**鈕，可以回到原來的設定

MEMO: 從預覽列印變更

按下預覽列印窗格中的**顯示邊界**鈕，拉曳顯示的格線，也能變更邊界範圍。

第5章 ≫ 列印

將大型表格列印在同一頁面

沿用預設的紙張大小、邊界範圍、…等，有時會遇到工作表部份資料超出紙張範圍，而被列印到下一張紙的情況。只要縮小列印的比例，就可以將全部資料列印在同一紙張中。

變更擴大縮小列印的設定

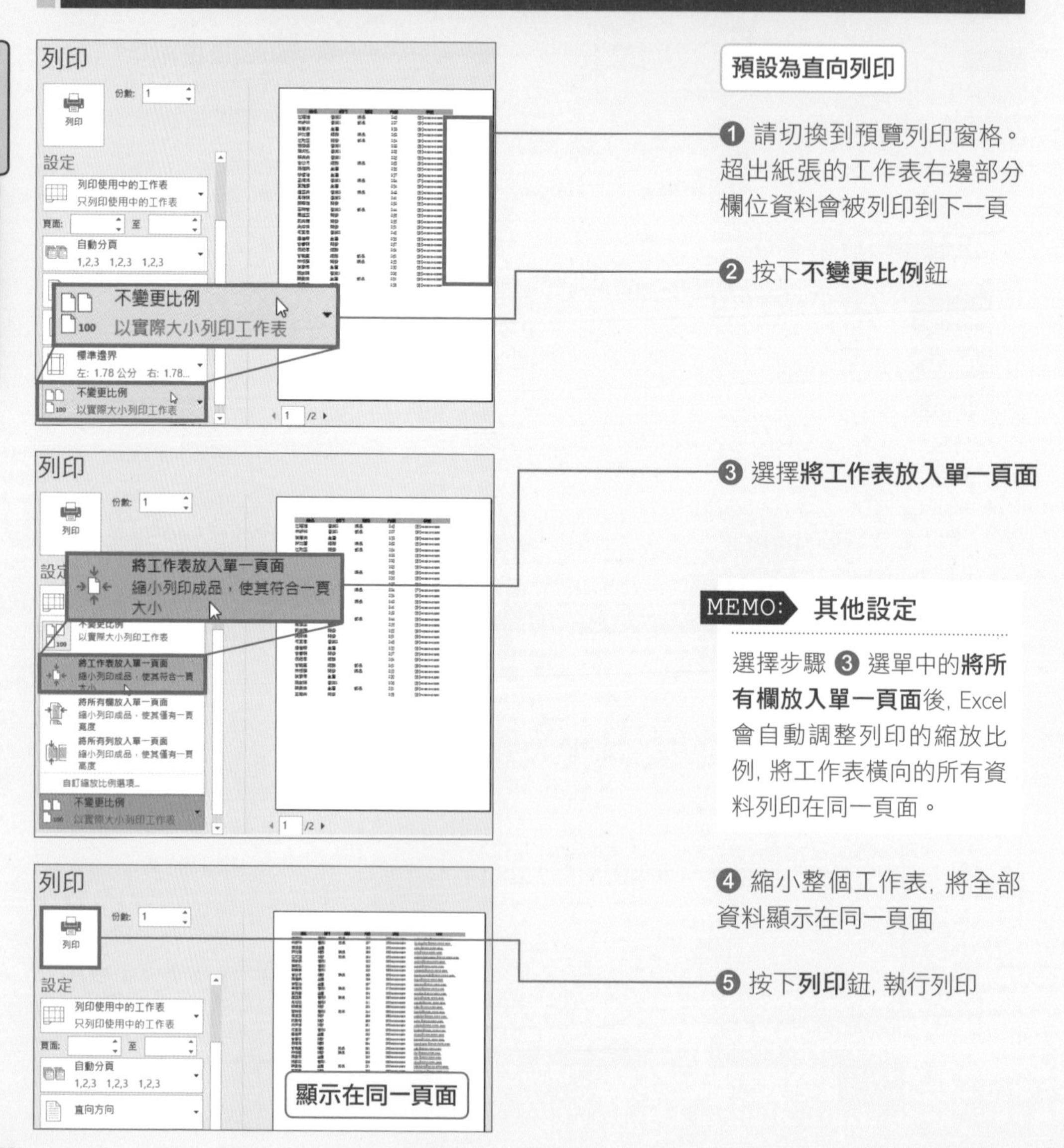

預設為直向列印

❶ 請切換到預覽列印窗格。超出紙張的工作表右邊部分欄位資料會被列印到下一頁

❷ 按下**不變更比例**鈕

❸ 選擇**將工作表放入單一頁面**

MEMO: 其他設定

選擇步驟 ❸ 選單中的**將所有欄放入單一頁面**後, Excel 會自動調整列印的縮放比例, 將工作表橫向的所有資料列印在同一頁面。

❹ 縮小整個工作表, 將全部資料顯示在同一頁面

❺ 按下**列印**鈕, 執行列印

SECTION 142 放大/縮小

將表格放大 / 縮小列印

要將全體工作表放大（或縮小）列印時，可以以原來資料大小為基準指定縮放的比例。工作表的字型大小、圖形、圖表等的大小也會依照指定的比例縮放。

指定縮放比例

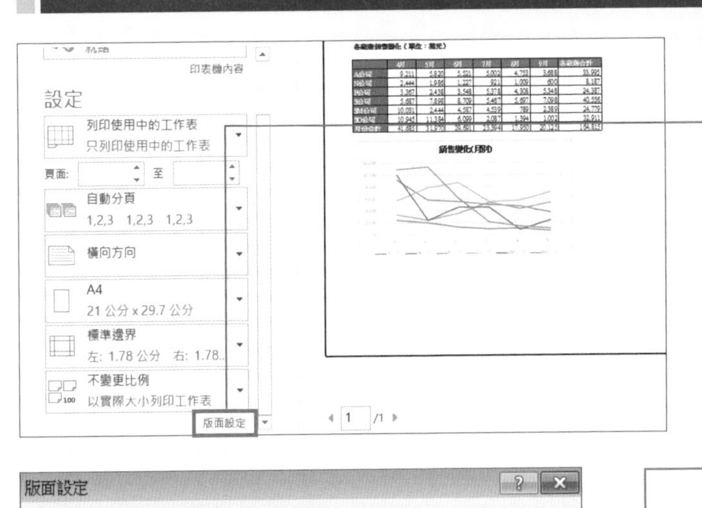

❶ 請切換到預覽列印窗格

❷ 選擇**版面設定**

❸ 切換到**頁面**頁次

❹ 將**縮放比例**欄設成「140%」，接著按下**確定**鈕

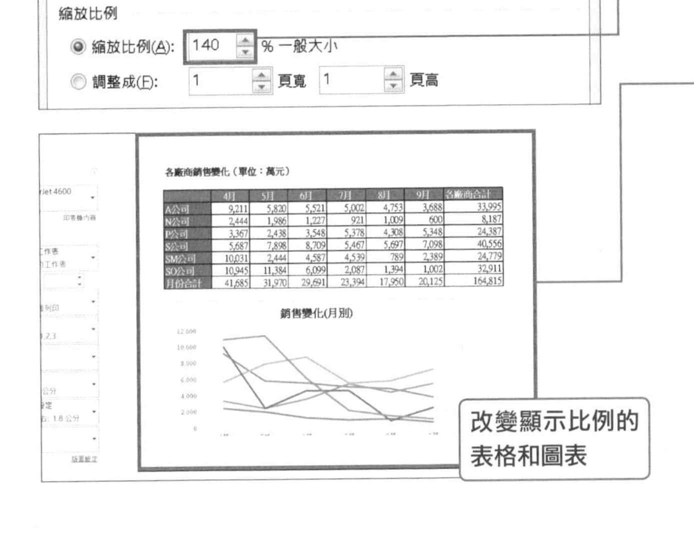

各廠商銷售變化（單位：萬元）

	4月	5月	6月	7月	8月	9月	各廠商合計
A公司	9,211	5,820	5,521	5,002	4,753	3,688	33,995
N公司	2,444	1,986	1,227	921	1,009	600	8,187
P公司	3,367	2,438	3,548	5,378	4,308	5,348	24,387
S公司	5,687	7,898	8,709	5,467	5,697	7,098	40,556
SM公司	10,031	2,444	4,587	4,539	789	2,389	24,779
SO公司	10,945	11,384	6,099	2,087	1,394	1,002	32,911
月份合計	41,685	31,970	29,691	23,394	17,950	20,125	164,815

改變顯示比例的表格和圖表

❺ 表格和圖表以指定的大小顯示

❻ 按下**列印**鈕，執行列印

MEMO: 指定列印大小

在**縮放比例**中，列印比原來大小還大的情況下，要指定大於100%的值；要縮小列印時，則要指定小於100%的值。

SECTION 143 換頁

確認列印時的分頁

資料橫跨多張紙張列印時，顯示在哪邊區分頁面的顯示方式被稱「分頁」。分頁位置可以從**分頁預覽**中確認外，在**標準模式**中也會以虛線顯示。

以「分頁預覽」顯示

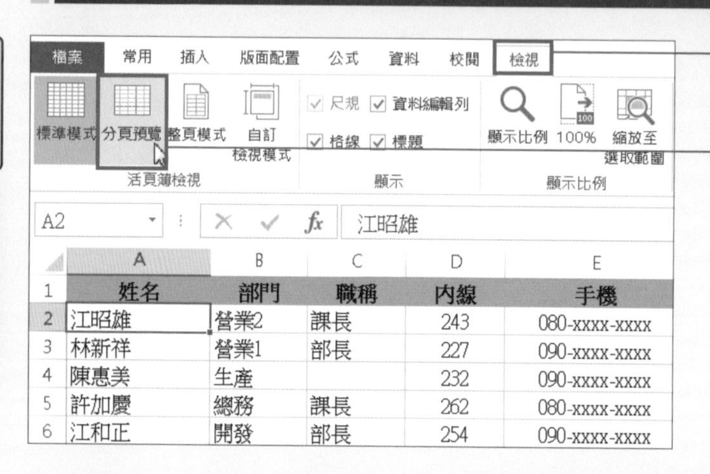

❶ 開啟想要確認分頁的工作表，然後切換到**檢視**頁次

❷ 按下**分頁預覽**鈕

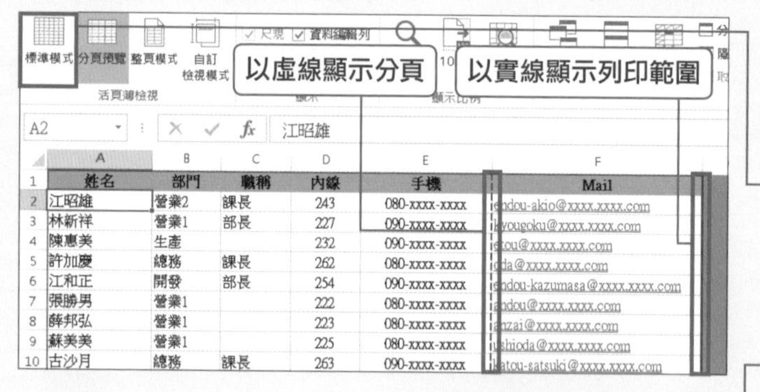

❸ 切換到**分頁預覽**模式。列印範圍以藍色的實線顯示；分頁位置則以藍色虛線顯示

❹ 按下**標準模式**鈕

完成分頁位置的確認

❺ 回到**標準模式**後，分頁位置會以虛線顯示

MEMO: 分頁的虛線

從**分頁預覽**模式回到**標準模式**後，分頁位置會以虛線表示。在**標準模式**下的虛線會在下次開啟工作表時不見。

SECTION

144 變更列印時的分頁

換頁

當遇到分頁位置與想要的位置不符，或者想要整合在一起列印的資料卻被擠到別的頁面列印，這時可以在**分頁預覽**模式下變更分頁位置。

在「分頁預覽」模式中變更分頁位置

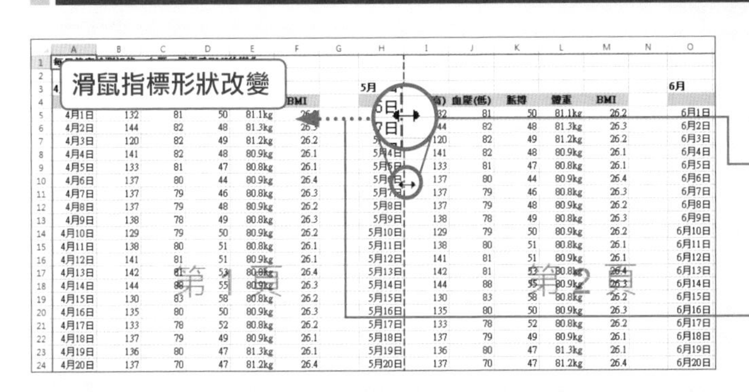

利用上個單元所教的方法，切換到分頁預覽模式

❶ 將滑鼠移動到用來顯示分頁的虛線上，滑鼠指標會變成 ↔ 形狀

❷ 拉曳到想要分頁的位置

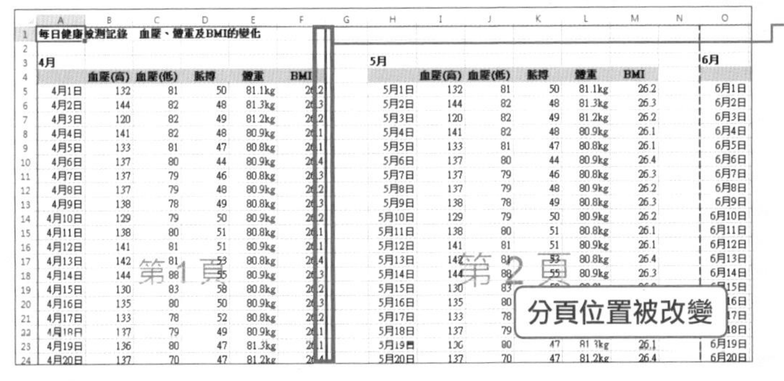

❸ 分頁位置改變了。移動後的分頁虛線會變成實線

技巧補充

設定紙張大小及列印方向

分頁的位置會依工作表大小、列印紙張大小及紙張列印方向等因素做變化。因此，要調整分頁位置前，要先決定紙張大小及列印方向。這些設定的變更可以從**預覽列印**窗格中執行。另外，可以選擇的紙張大小會根據使用的印表機而有所不同。

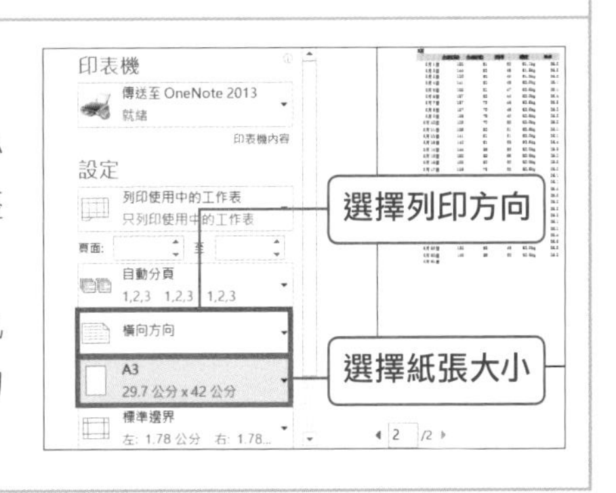

SECTION 145

列印範圍

列印工作表中的部分資料

只要列印工作表中的部分內容時，可先選取想要列印的範圍，然後設定成**列印範圍**即可。指定的列印範圍會被命名為「Print_Area」。

列印指定範圍

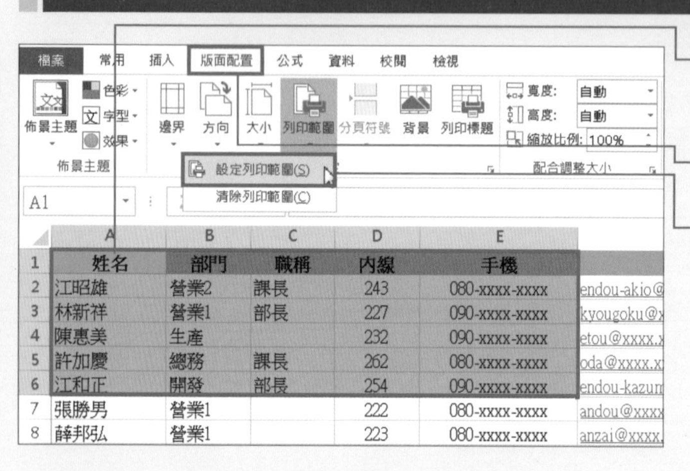

	A	B	C	D	E
1	姓名	部門	職稱	內線	手機
2	江昭雄	營業2	課長	243	080-xxxx-xxxx
3	林新祥	營業1	部長	227	090-xxxx-xxxx
4	陳惠美	生產		232	090-xxxx-xxxx
5	許加慶	總務	課長	262	080-xxxx-xxxx
6	江和正	開發	部長	254	090-xxxx-xxxx
7	張勝男	營業1		222	080-xxxx-xxxx
8	薛邦弘	營業1		223	080-xxxx-xxxx

❶ 利用拉曳的方式選取想要列印的範圍

❷ 切換到**版面配置**頁次

❸ 依序按下**列印範圍**鈕，選擇**設定列印範圍**

Print_Area　姓名

	A	B	C	D	E
1	姓名	部門	職稱	內線	手機
2	江昭雄	營業2	課長	243	080-xxxx-xxxx
3	林新祥	營業1	部長	227	090-xxxx-xxxx
4	陳惠美	生產		232	090-xxxx-xxxx
5	許加慶	總務	課長	262	080-xxxx-xxxx
6	江和正	開發	部長	254	090-xxxx-xxxx
7	張勝男	營業1		222	080-xxxx-xxxx
8	薛邦弘	營業1		223	080-xxxx-xxxx

Ctrl + P

❹ 設定列印範圍後，該選取的範圍會被命名為「Print_Area」

❺ 按下 Ctrl + P 鍵

❻ 從預覽列印窗格所顯示的內容中可以確認只有選取的儲存格範圍才會被列印。按下**列印**鈕，執行列印

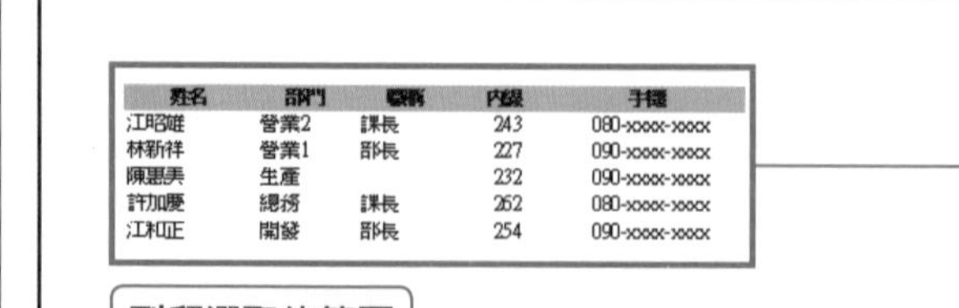

姓名	部門	職稱	內線	手機
江昭雄	營業2	課長	243	080-xxxx-xxxx
林新祥	營業1	部長	227	090-xxxx-xxxx
陳惠美	生產		232	090-xxxx-xxxx
許加慶	總務	課長	262	080-xxxx-xxxx
江和正	開發	部長	254	090-xxxx-xxxx

列印選取的範圍

MEMO: 解除列印範圍的設定

想要解除列印範圍，改列印整個工作表內容或想要列印其他儲存格範圍時，可以從步驟 ❸ 的選單中選擇**清除列印範圍**。

SECTION

146

列印範圍

將表格和圖表分別列印在不同紙張

要將顯示在同一個工作表中的表格和圖表分別列印在不同紙張上時，要在表格和圖表間插入「分頁」。分頁可以插入到工作表中的任何位置上。

插入分頁

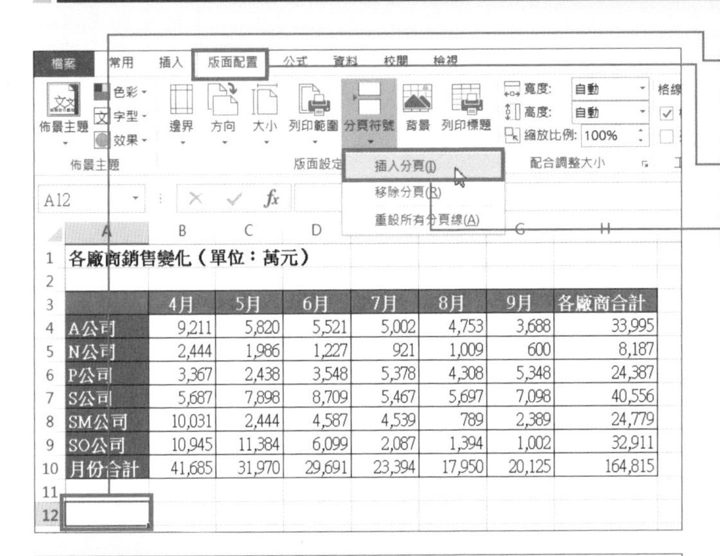

	4月	5月	6月	7月	8月	9月	各廠商合計
A公司	9,211	5,820	5,521	5,002	4,753	3,688	33,995
N公司	2,444	1,986	1,227	921	1,009	600	8,187
P公司	3,367	2,438	3,548	5,378	4,308	5,348	24,387
S公司	5,687	7,898	8,709	5,467	5,697	7,098	40,556
SM公司	10,031	2,444	4,587	4,539	789	2,389	24,779
SO公司	10,945	11,384	6,099	2,087	1,394	1,002	32,911
月份合計	41,685	31,970	29,691	23,394	17,950	20,125	164,815

各廠商銷售變化（單位：萬元）

❶ 選取表格和圖表間的任一個儲存格

❷ 切換到**版面配置**頁次

❸ 按下**分頁符號**鈕，選擇**插入分頁**

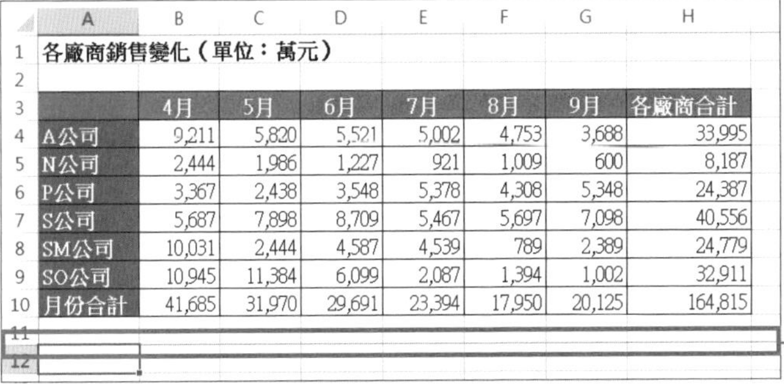

各廠商銷售變化（單位：萬元）

	4月	5月	6月	7月	8月	9月	各廠商合計
A公司	9,211	5,820	5,521	5,002	4,753	3,688	33,995
N公司	2,444	1,986	1,227	921	1,009	600	8,187
P公司	3,367	2,438	3,548	5,378	4,308	5,348	24,387
S公司	5,687	7,898	8,709	5,467	5,697	7,098	40,556
SM公司	10,031	2,444	4,587	4,539	789	2,389	24,779
SO公司	10,945	11,384	6,099	2,087	1,394	1,002	32,911
月份合計	41,685	31,970	29,691	23,394	17,950	20,125	164,815

❹ 分頁會在選取儲存格上方位置插入，並將格線以實線顯示

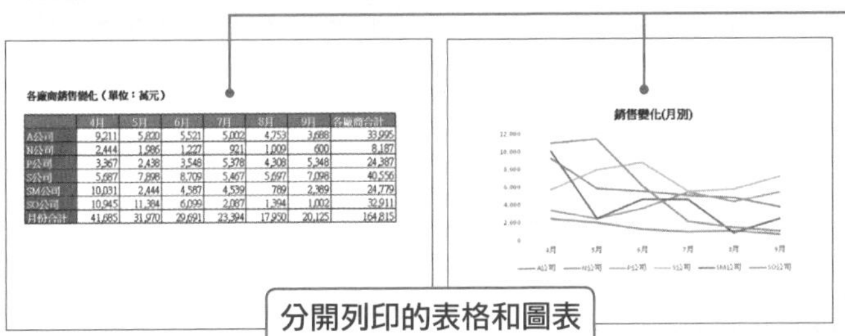

分開列印的表格和圖表

❺ 執行列印後，表格和圖表會分別列印在不同紙張

MEMO：清除分頁

想要清除插入的分頁時，可以從步驟 ❸ 中選擇**移除分頁**。

單獨列印工作表中的表格或圖表

在同一個工作表中同時有表格及圖表等多種元素的情況下，若只想單獨列印表格或圖表等特定項目時，只要在列印前事先設定，就能只列印單一項目。

列印選擇的表格

	A	B	C	D	E	F	G	H
1	各廠商銷售變化（單位：萬元）							
2								
3		4月	5月	6月	7月	8月	9月	各廠商合計
4	A公司	9,211	5,820	5,521	5,002	4,753	3,688	33,995
5	N公司	2,444	1,986	1,227	921	1,009	600	8,187
6	P公司	3,367	2,438	3,548	5,378	4,308	5,348	24,387
7	S公司	5,687	7,898	8,709	5,467	5,697	7,098	40,556
8	SM公司	10,031	2,444	4,587	4,539	789	2,389	24,779
9	SO公司	10,945	11,384	6,099	2,087	1,394	[illegible]	[illegible]11
10	月份合計	41,685	31,970	29,691	23,394	17,950	[illegible]	[illegible]15
11								

❶ 利用拉曳的方式選取要列印的儲存格

❷ 按下 Ctrl + P 鍵

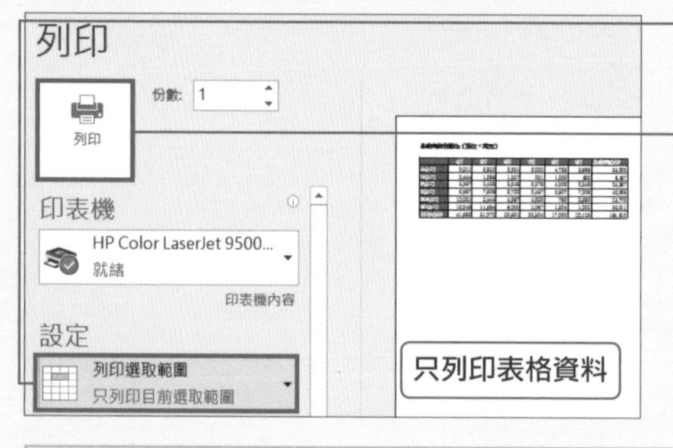

❸ 切換到預覽列印窗格後，按下**列印使用中的工作表**鈕，選擇**列印選取範圍**後，只有選取範圍會顯示在預覽窗格中

❹ 按下**列印**鈕，執行列印

技巧補充

只列印圖表

只想列印圖表時，先選取圖表，然後在預覽列印窗格中選擇**列印選取的圖表**。

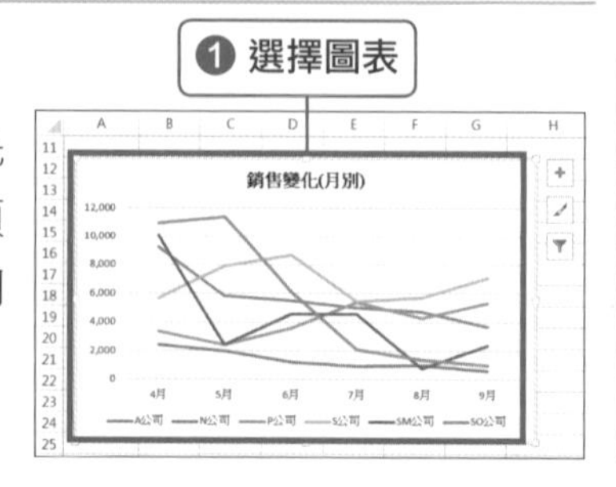

SECTION 148

列印範圍

同時列印多個工作表

要同時列印整合在同一個活頁簿中的多個工作表時，要先選取想要列印的工作表。按住 Shift 鍵的同時選取想要列印的工作表頁次標籤，就能同時選取多個工作表。

選取多個工作表後列印

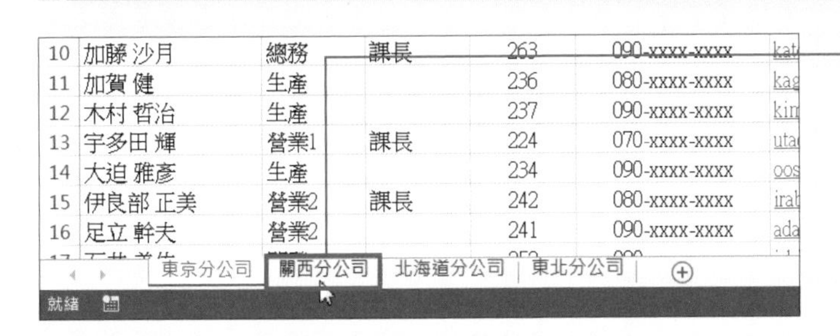

❶ 按住 Shift 鍵不放選取其他工作表頁次標籤

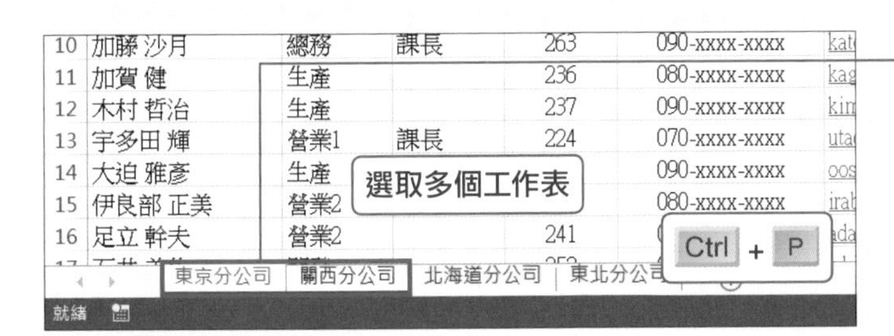

❷ 使用中的工作表及按住 Shift 鍵同時選取的頁次也會被選取

❸ 按下 Ctrl + P 鍵

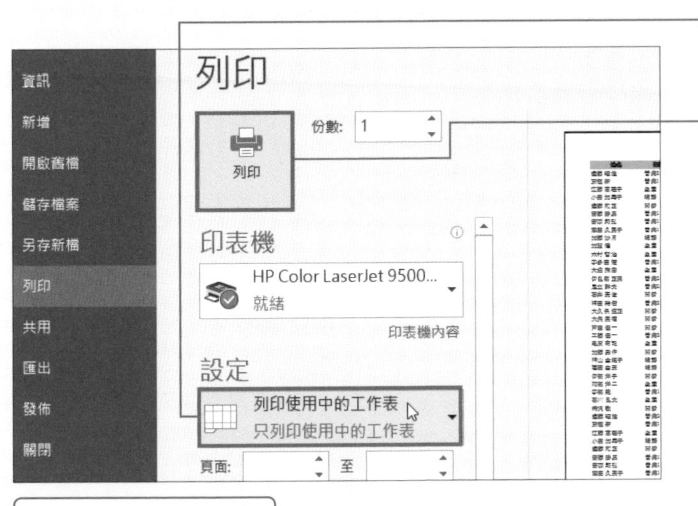

列印選取的所有工作表

❹ 確認是否選擇**列印使用中的工作表**

❺ 按下**列印**鈕後，會將選取的所有工作表列印出來

第 5 章 » 列印範圍

SECTION
149
列印範圍

列印所有工作表

要將同一個活頁簿中的所有工作表一起列印出來時，要在預覽列印窗格中選擇**列印整本活頁簿**。利用這個方法列印，會將各個工作表分別列印在不同的紙張中。

列印整本活頁簿

3	A公司	9,211	5,820	5,521	5,002	4,753	3,688	33,995
4	N公司	2,444	1,986	1,227	921	1,009	600	8,187
5	P公司	3,367	2,438	3,548	5,378	4,308		87
6	S公司	5,687	7,898	8,709	5,467	5,697		56
7	SM公司	10,031	2,444	4,587	4,539	789	2,389	24,779

2014年上半年｜2014年下半年｜2015年上半年｜2015年下半年

Ctrl + P

❶ 開啟含有多個工作表的活頁簿，按下 Ctrl + P 鍵

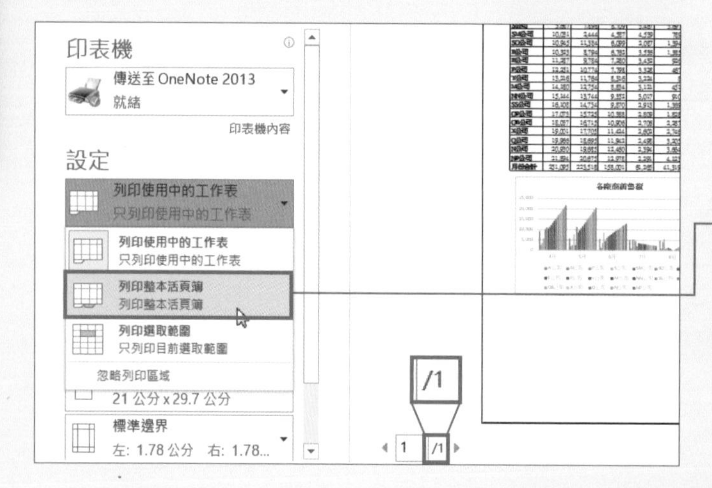

❷ 切換到預覽列印窗格

❸ 按下**列印使用中的工作表**鈕，從清單中選擇**列印整本活頁簿**

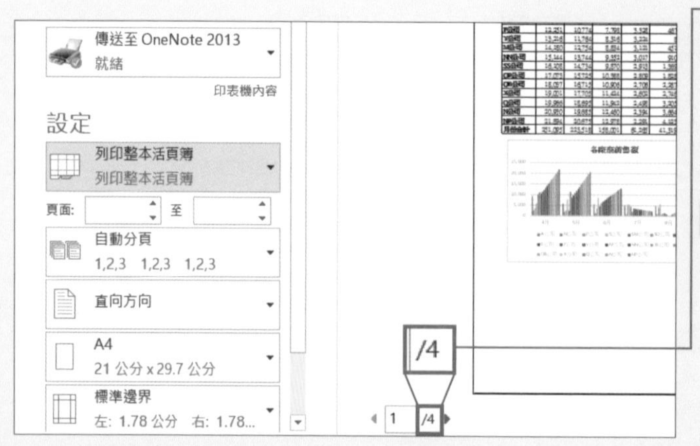

❹ 活頁簿中的所有工作表皆會被列印。列印頁數也會增加

❺ 按下**列印**鈕後，所有工作表皆會被列印

MEMO: 選取所有工作表後列印

在任意一個工作表頁次標籤上按下滑鼠右鍵，然後從選單中選擇**選取所有工作表**，也能選取所有工作表。

SECTION

150

版面設定

將資料列印在紙張正中央

工作表中的表格或圖表通常都會靠上、靠左列印，不過，有時會因表格或圖表的大小讓下方或右側的空白太過明顯。將表格或圖表設定列印在紙張正中央，可以讓頁面看起來較平衡。

將表格或資料列印在頁面中央

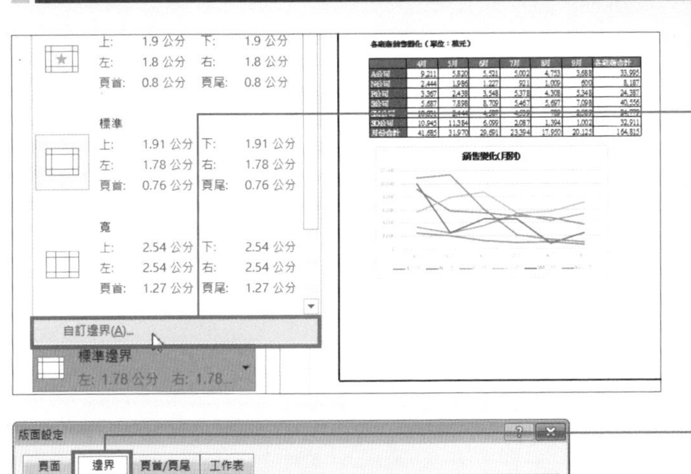

❶ 請切換到預覽列印窗格

❷ 按下**標準邊界**鈕，選擇**自訂邊界**

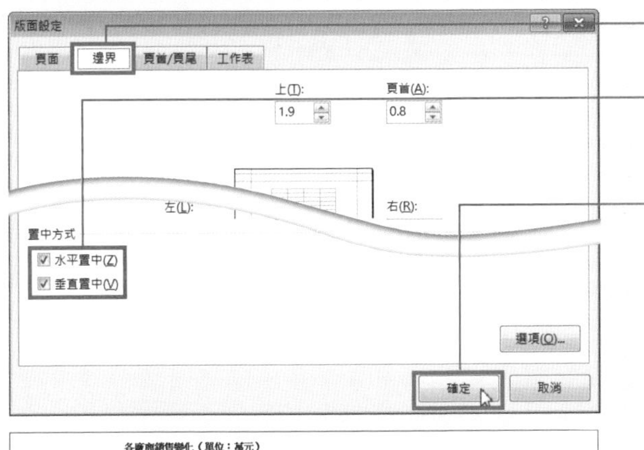

❸ 切換到**邊界**頁次

❹ 勾選**置中方式**區中的**水平置中**和**垂直置中**

❺ 按下**確定**鈕

各廠商銷售變化（單位：萬元）

	4月	5月	6月	7月	8月	9月	各廠商合計
A公司	9,211	5,820	5,521	5,002	4,753	3,688	33,995
N公司	2,444	1,986	1,227	921	1,009	600	8,187
P公司	3,367	2,438	3,548	5,378	4,308	5,348	24,387
S公司	5,687	7,898	8,709	5,467	5,697	7,098	40,556
SM公司	10,031	2,444	4,587	4,539	789	2,389	24,779
SO公司	10,945	11,384	6,099	2,087	1,394	1,002	32,911
月份合計	41,685	31,970	29,691	23,394	17,950	20,125	164,815

銷售變化(月別)

將表格和圖表設定在頁面中央

❻ 確認表格和圖表顯示在頁面中央後，按下**列印**鈕

MEMO: 水平與垂直

在步驟 ❹ 中勾選**水平置中**後，表格或圖表會對齊頁面橫向的中間，勾選**垂直置中**，則會對齊在直向的中間。

第 5 章 » 版面設定

SECTION 151 版面設定

列印儲存格格線

沒有設定格線的表格，列印出來的資料也不會有格線。沒有格線的表格，在資料的閱讀上會比較費力，不過，遇到這個情況時，可以將顯示在畫面上的儲存格格線列印出來。

在沒有格線的表格中加上格線後列印

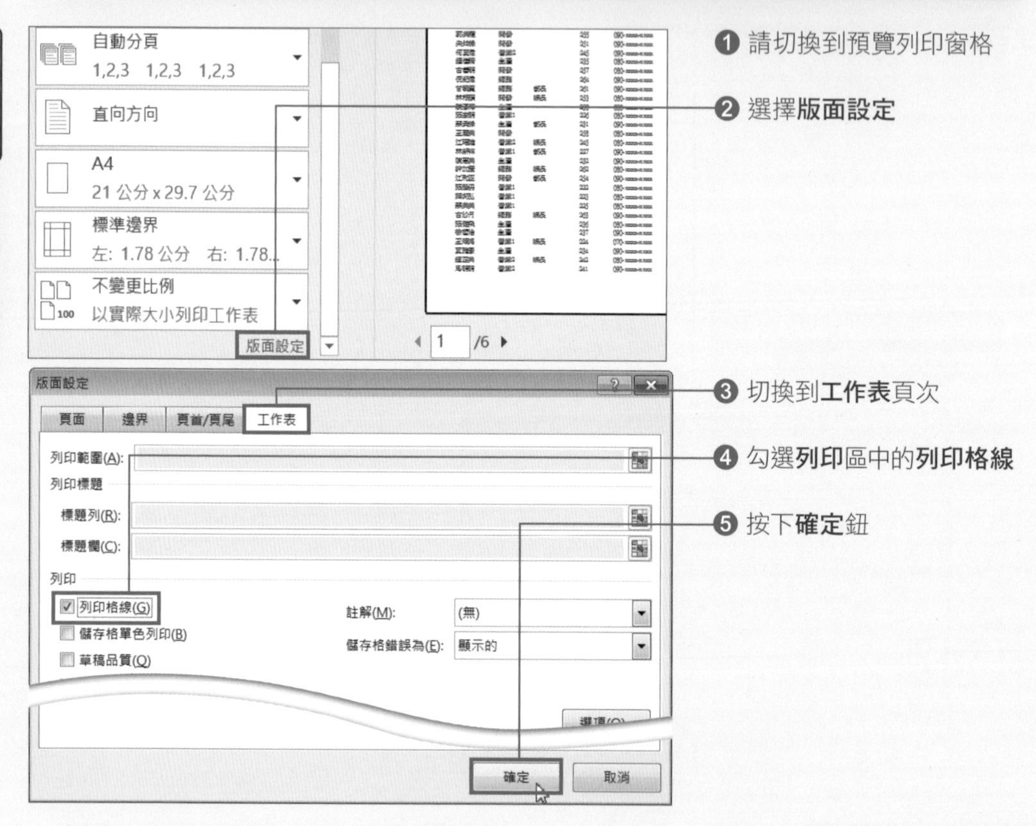

姓名	部門	職稱	內線	手機
江昭雄	營業2	課長	243	080-xxxx-xxxx
林新祥	營業1	部長	227	090-xxxx-xxxx
陳惠美	生產		232	090-xxxx-xxxx
許加慶	總務	課長	262	080-xxxx-xxxx
江和正	開發	部長	254	090-xxxx-xxxx
張勝男	營業1		222	080-xxxx-xxxx
薛邦弘	營業1		223	080-xxxx-xxxx
蘇美美	營業1		225	080-xxxx-xxxx
古沙月	總務	課長	263	090-xxxx-xxxx
張健飛	生產		236	080-xxxx-xxxx
徐哲治	生產		237	090-xxxx-xxxx
王耀鴻	營業1	課長	224	070-xxxx-xxxx
夏雅彥	生產		234	090-xxxx-xxxx

儲存格格線會被列印

❻ 儲存格的格線會以圓點虛線方式顯示

❼ 列印後，會列印出有格線的表格資料

不要列印出儲存格中的錯誤值

包含公式或函數的工作表中，當計算結果出現錯誤時，會出現「#DIV/0!」、「#NAME?」等錯誤值。在列印時錯誤值也會一起被列印出來，依需求也能將它設定成不要列印。

將錯誤值變成空白

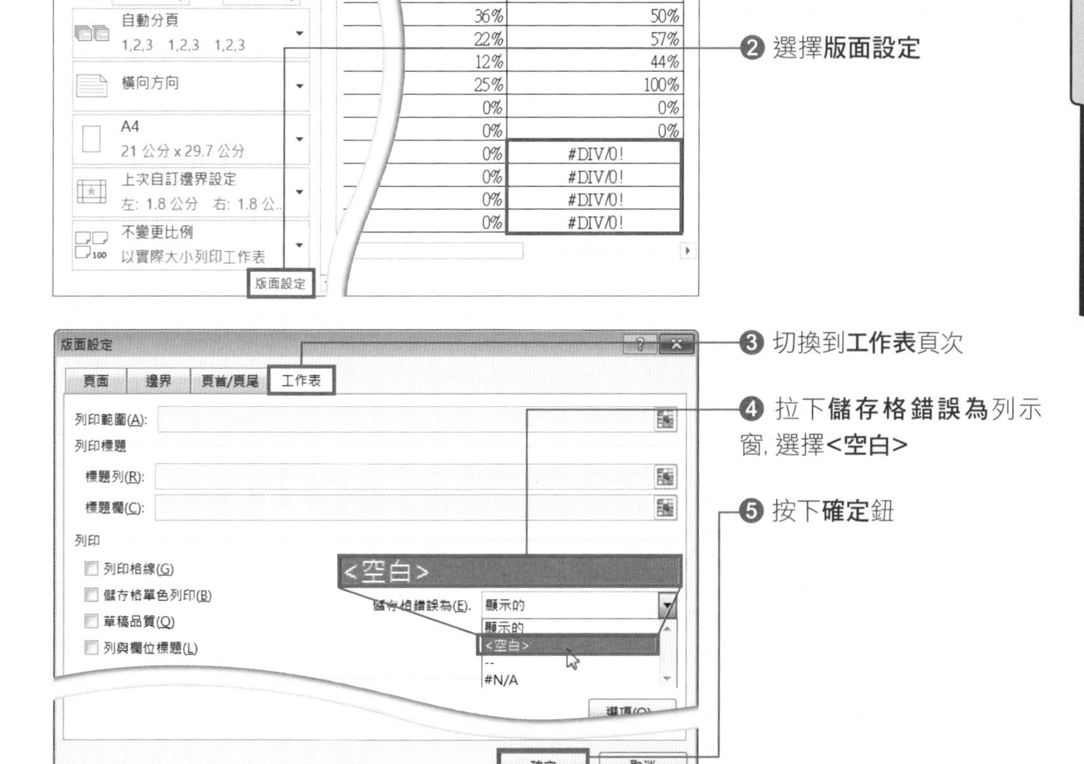

❶ 請切換到預覽列印窗格

❷ 選擇**版面設定**

❸ 切換到**工作表**頁次

❹ 拉下**儲存格錯誤為**列示窗，選擇**<空白>**

❺ 按下**確定**鈕

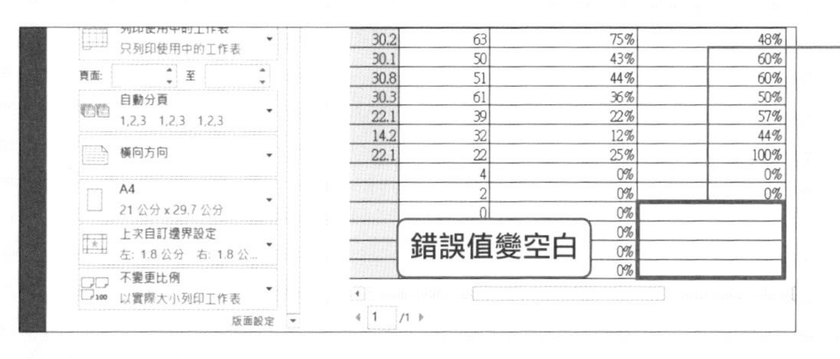

❻ 從預覽列印窗格中，確認錯誤值被隱藏起來了

將註解一起列印出來

在工作表中插入的註解（參照**單元052**），也可以像表格或圖表一樣列印出來。列印的方式可以選擇和工作表的顯示方式相同或是將註解顯示在工作表尾端的方式列印。

以一般的顯示方式列印註解

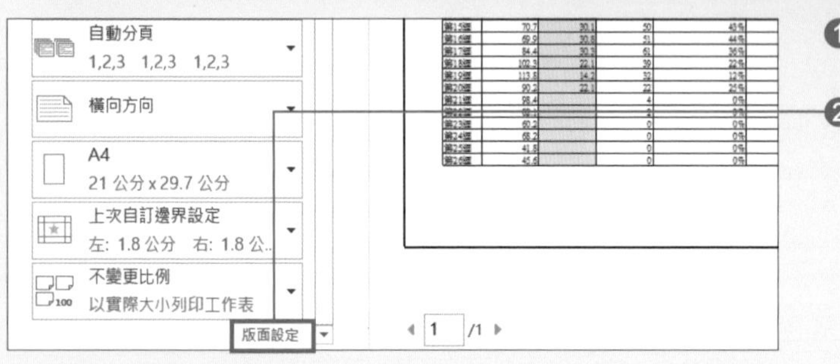

❶ 請切換到預覽列印窗格

❷ 選擇**版面設定**

❸ 切換到**工作表**頁次

❹ 從**註解**列示窗中選擇**和工作表上的顯示狀態相同**

❺ 按下**確定**鈕

DXR-MM200 銷售業績（2014年12月銷售、單位：萬台）

	DXR-MM100	DXR-MM200	KYNK-L01	DXR-MM100[illegible]	KYNK-L01[illegible]
第1週	0.3	14.1	39	4700%	36%
第2週	0	24.2	38		64%
第3週	0	41.6	37		112%
第4週	0	76.9	32		240%
第5週	1.8	54.3	44	3017%	123%
第6週	6.5	67.4	52	1037%	130%
第7週	5.6	67.2	51	1200%	132%
第8週	8.7	86.3	55	992%	157%
第9週	8.9	50.2	59	564%	85%
第10週	10.2	44.3	58	434%	76%
第11週	14.4	37.1	50	258%	74%
第12週	18.2	37.8	52	208%	73%
第13週	26.6	31.8	63	120%	50%
第14週	40.1	30.2	63	75%	48%
第15週	70.7	30.1	50	43%	60%
第16週	69.9	30.8	51	44%	60%
第17週	84.4	30.3	61	36%	50%
第18週	102.3	22.1	39	22%	57%
第19週	[illegible]	[illegible]	[illegible]	12%	44%
第20週	[illegible]	[illegible]	[illegible]	25%	100%
第21週	[illegible]	[illegible]	[illegible]	0%	0%
第22週	[illegible]	[illegible]	[illegible]	0%	0%
第23週	60.2		0	0%	

Michelle:

Michelle:

在預覽列印窗格中顯示註解

❻ 插入儲存格的註解會顯示在預覽列印窗格中。按下**列印**鈕後，註解就會依照預覽方式被列印出來

MEMO: 在工作表底端列印

在步驟 ❹ 中選擇**顯示在工作表底端**後，註解就會在工作表底端列印出註解的儲存格編號及其內容。

將標題列印到所有頁面

當資料需要分成多頁列印時，表格資料的標題列只會列印在第 1 頁，從第 2 頁開始的頁面會只有資料沒有標題列。若要讓第 2 頁以後的頁面也能列印出標題列時，可以從**列印標題**中設定。

設定標題列

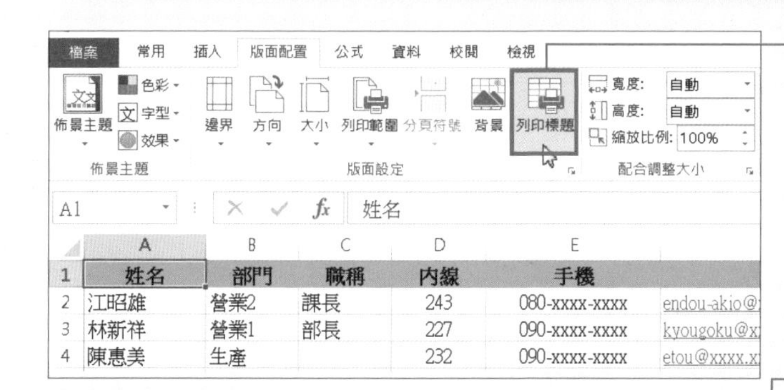

❶ 按下**版面配置**頁次中的**列印標題**鈕

❷ 按下**標題列**的這裡

MEMO: 在第 2 頁以後插入標題列

若表格為橫向表格時，有時表格的標題設定在最左邊的欄位。在這種情況下，要按下**標題欄**的 ，然後依照步驟 ❸ 的操作方式選取標題欄位。

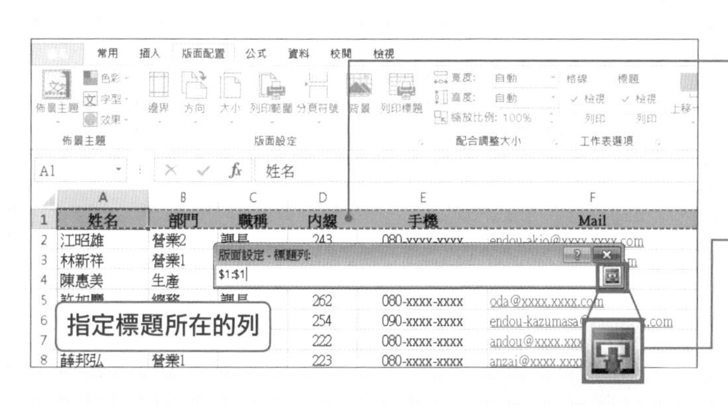

❸ 當交談窗折疊起來後表示可以在工作表中操作，因此在想要設定成標題列的列上按下滑鼠左鍵

❹ 按下這裡，回到**版面設定**交談窗

❺ 按下**確定**鈕，關閉交談窗

SECTION 155 頁首/頁尾

在頁首/頁尾輸入重要資訊

在紙張上下的空白邊界（頁首及頁尾）中，可以輸入表格標題等任何文字。輸入後，文字的字型、字體大小、粗體等格式皆可重新設定。

編輯頁首及頁尾

❶ 切換到**檢視**頁次

❷ 按下**整頁模式**鈕

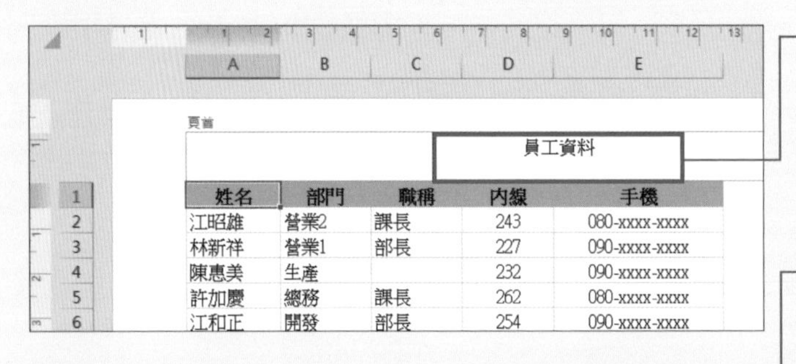

❸ 在頁首的範圍內按下滑鼠左鍵後，輸入文字

❹ 選取輸入的文字後，可以從自動出現的**格式**工具列中變更字型、大小等設定

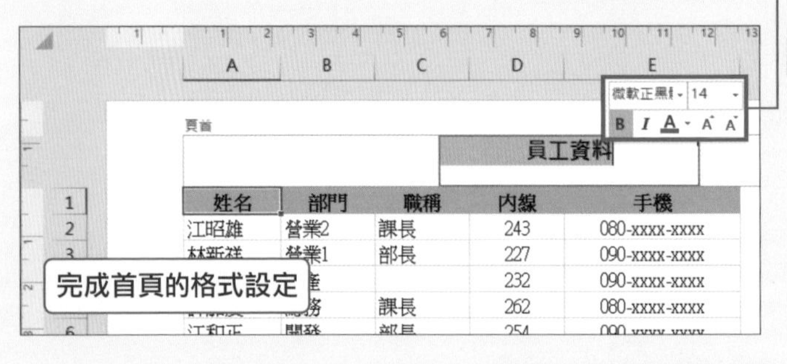

完成首頁的格式設定

MEMO: 格式工具列的功能

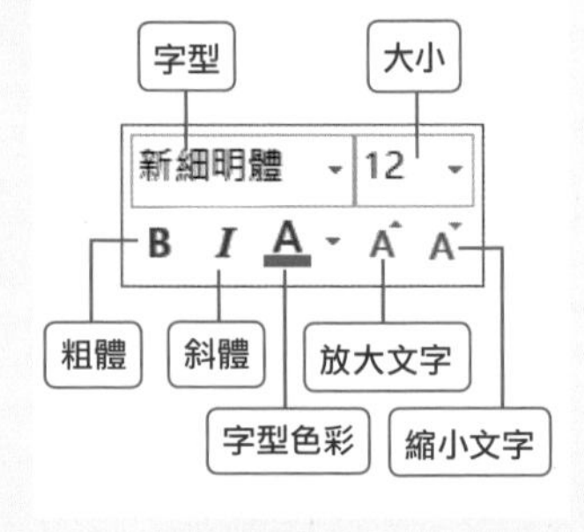

在頁首/頁尾插入檔案名稱

檔案名稱、列印日期、頁碼等資料通常都會被顯示在頁首或頁尾。這種常會顯示的資料，在**頁首及頁尾工具**頁次中按下按鈕就能輕鬆輸入。

在頁首插入檔案名稱

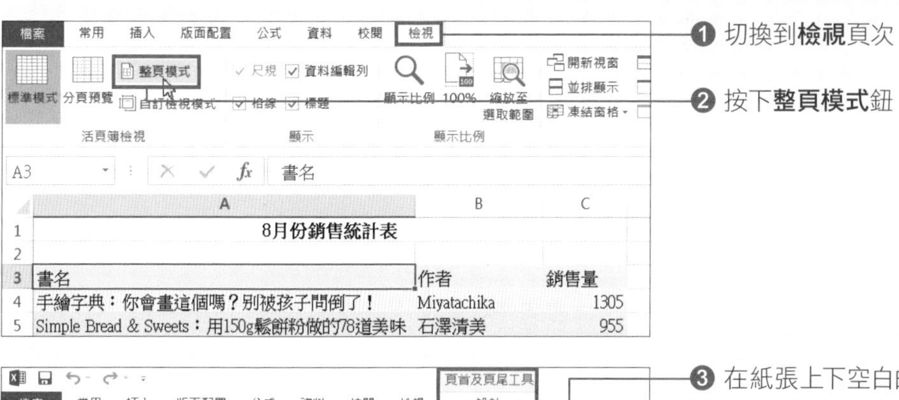

❶ 切換到**檢視**頁次

❷ 按下**整頁模式**鈕

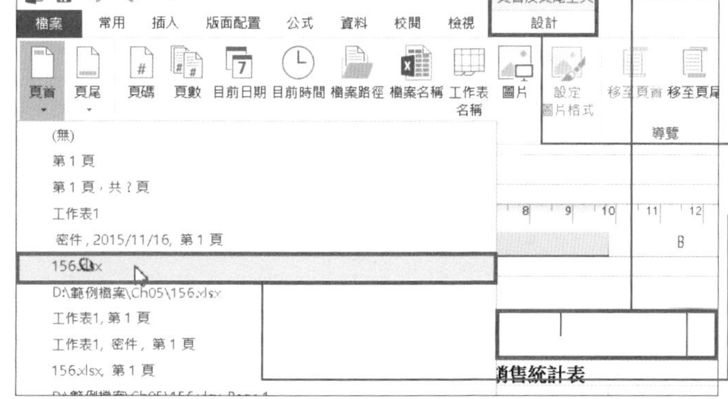

❸ 在紙張上下空白的頁首或頁尾 (這裡為頁首) 範圍內按下滑鼠左鍵

❹ 切換到**頁首及頁尾工具**

❺ 按下**頁首**鈕，從選單中選擇**檔案名稱**

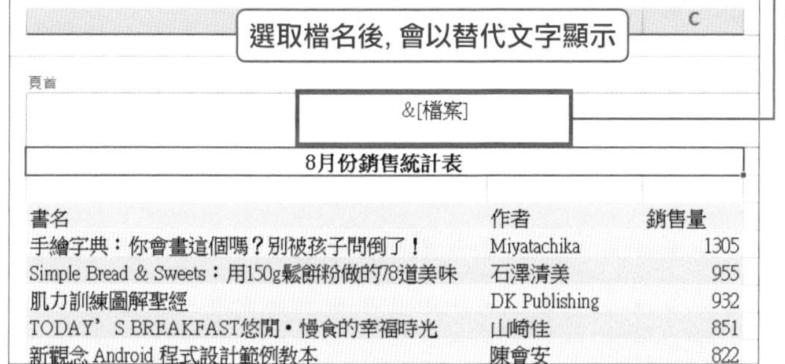

❻ 檔案名稱在頁首中插入

MEMO: 替代文字

日期、時間等依實際情況變動的資料在編輯其內容時，會如同步驟 ❻ 的「&[檔案]」一樣，以替代文字顯示。按下頁首/頁尾以外的範圍結束編輯狀態以及實際列印時都會以檔案名稱顯示。

SECTION 157 頁首/頁尾

在頁尾插入頁碼

大型工作表通常需要分成多頁列印, 在頁面上插入頁碼才能快速掌握資料的前後順序。不論是在頁首或頁尾, 只要透過按鈕就能插入頁碼。

插入頁碼

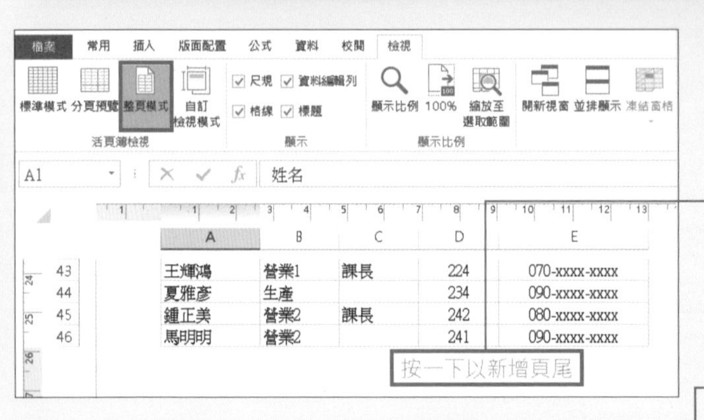

先將工作表檢視模式切換到「整頁模式」

❶ 在要輸入頁碼的頁尾上按下滑鼠左鍵

❷ 按下**頁首及頁尾工具**頁次中的**頁碼**鈕

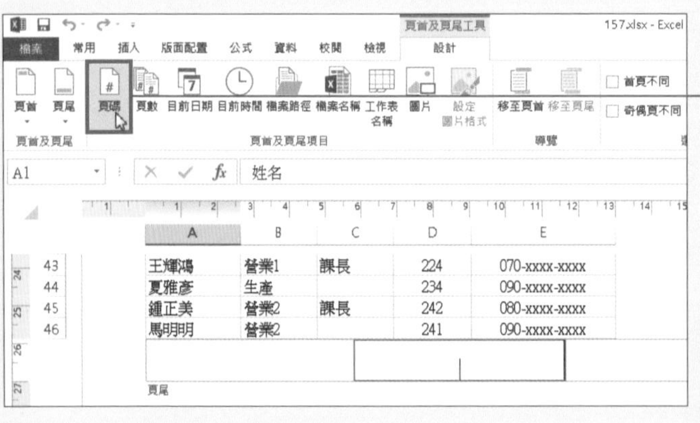

❸ 頁碼會以替代文字輸入。按下頁首/頁尾以外的範圍結束編輯後, 就會顯示頁碼

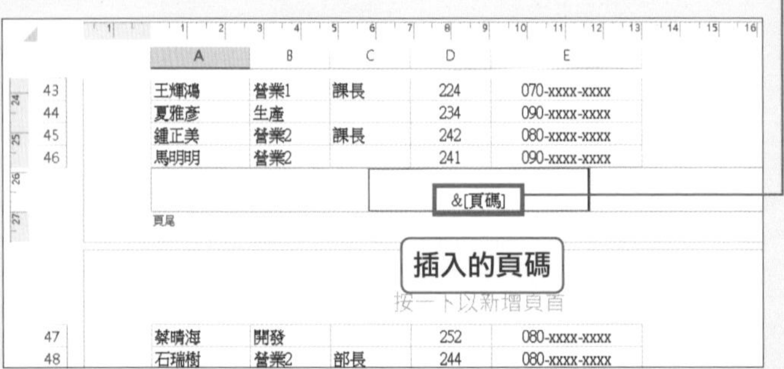

MEMO: 輸入總頁數

按下**頁首及頁尾工具**頁次**頁首及頁尾項目**區中的**頁數**鈕, 可以輸入工作表的總頁數。與左邊步驟中所插入的頁碼組合後可以顯示成「目前頁碼/總頁數」。

SECTION 158 頁首/頁尾

設定頁碼的起始值

顯示在紙張上下空白邊界（頁首及頁尾）中的頁碼會被列印出來。通常頁碼都會從「1」開始，但也可以設定從「2」等任意數值開始。

指定頁尾的頁碼

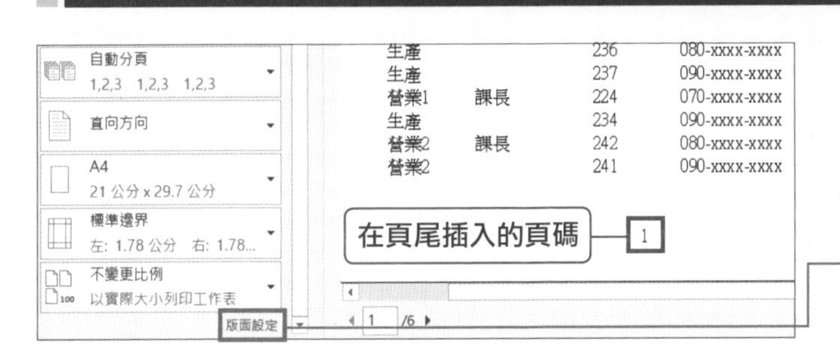

利用上一頁的方法，先在頁尾輸入頁碼

❶ 請切換到預覽列印窗格

❷ 選擇**版面設定**

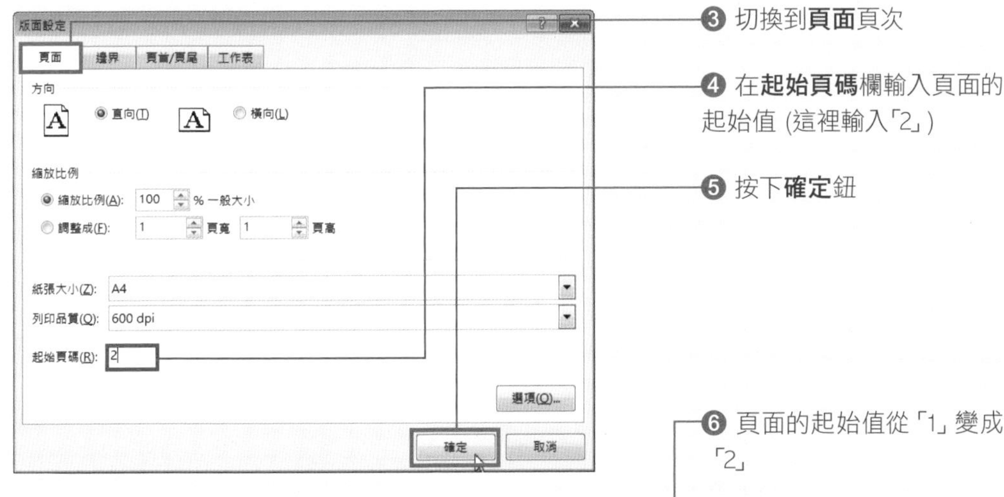

❸ 切換到**頁面**頁次

❹ 在**起始頁碼**欄輸入頁面的起始值（這裡輸入「2」）

❺ 按下**確定**鈕

❻ 頁面的起始值從「1」變成「2」

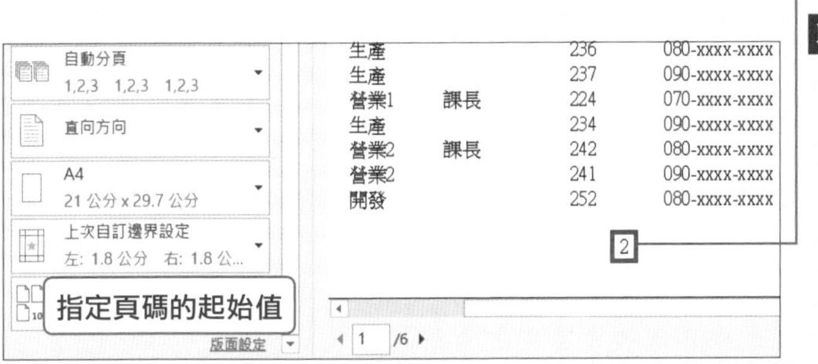

MEMO: 頁碼的設定

要列印的頁碼可以在頁面的頁首（上方空白邊界）或頁尾（下方空白邊界）中插入。當插入的起始值為「1」，則之後的頁碼會以連續編號方式顯示。

SECTION

159 在頁首插入列印的日期與時間

頁首/頁尾

在頁首/頁尾中可以插入列印工作表的日期與時間。若有插入列印的日期與時間的話，不論工作表做了幾次的變動與列印，都能立即確認新 (舊) 版本。

輸入日期與時間

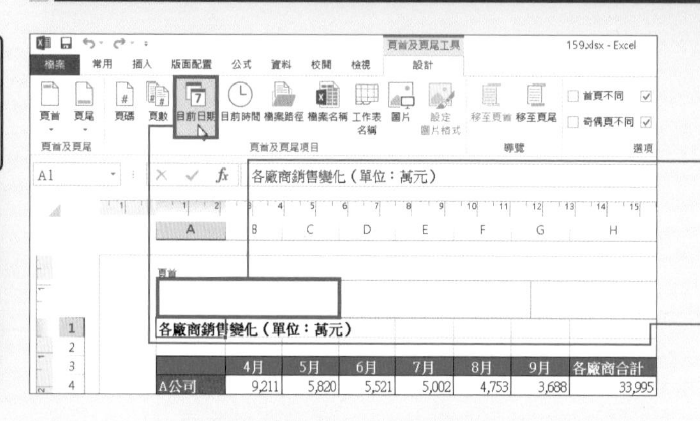

先將工作表檢視模式切換到「整頁模式」

❶ 在要輸入日期與時間的頁首/頁尾上按下滑鼠左鍵 (這裡為頁首)

❷ 按下**頁首及頁尾工具**頁次中的**目前日期**鈕

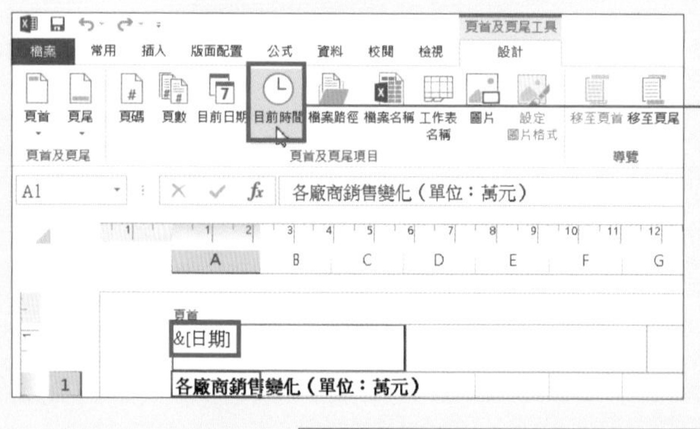

❸ 再按下**目前時間**鈕

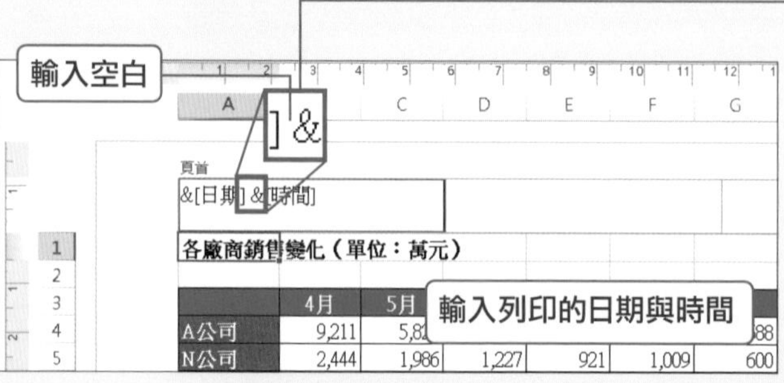

❹ 目前日期與時間會以替代文字輸入。在日期與時間中間按一下空白鍵，在日期與時間留一點空間才能清楚顯示

MEMO: 刪除插入的項目

要刪除輸入在頁首/頁尾的項目時，與刪除文字一樣，按下 Backspace 鍵即可。

SECTION
160
頁首/頁尾

在頁首插入公司 LOGO

在頁首或頁尾中也可以插入圖片。不論是要交給公司內部或外部的資料，在工作表的頁首/頁尾插入公司 LOGO 圖片，會讓資料有較正式的感覺。

在頁首插入圖片

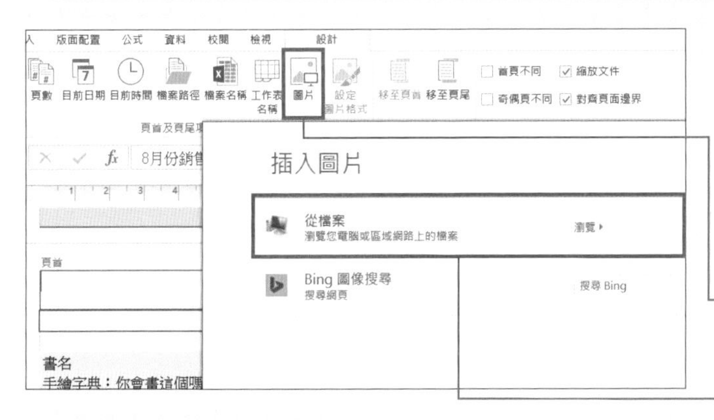

先將工作表檢視模式切換到整頁模式

❶ 在要輸入日期與時間的頁首/頁尾上按下滑鼠左鍵 (這裡為頁首)

❷ 按下**頁首及頁尾工具**頁次中的**圖片**鈕

❸ 選擇**從檔案** (在Excel 2010的操作步驟中沒有此步驟，直接執行步驟 ❹)

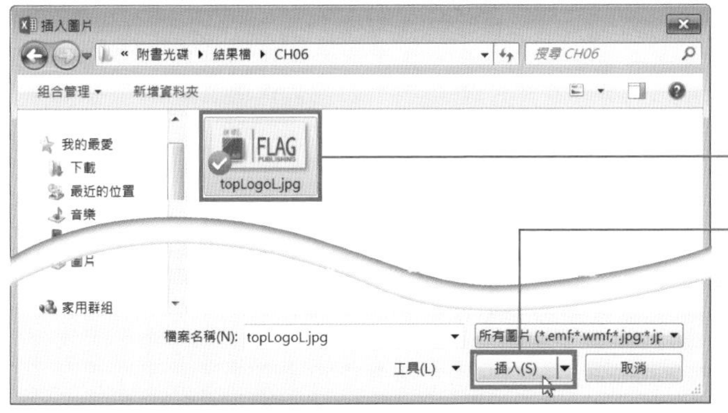

❹ 選擇要插入的圖片檔案

❺ 按下**插入**鈕

❻ 插入圖片了。雖然剛插入的圖片會以替代文字顯示，但按下頁首/頁尾以外的範圍結束編輯後，就會以圖片顯示

MEMO: 插入圖片的檔案格式

可以插入頁首/頁尾的圖片格式類型有 Windows 的陣列圖 (BMP)、JPEG、PNG、GIF、PICT、TIFF 等。

COLUMN

以「自動分頁」列印讓書面資料發送更簡便

要列印多份且橫跨多頁數的會議資料，以便在會議上分發給大家時，建議以**自動分頁**方式列印。

以「未自動分頁」列印的情況下，會先列印完第 1 頁的份數後，再列印第2頁的份數。以印完一頁的份數後，接著再列印下一頁的份數的方式重複列印。利用此方法列印的資料在發送前，還要手動將資料依頁面順序一份一份的重新整合，作業上會相當麻煩。

但若利用**自動分頁**列印的話，會以第 1 頁、第 2 頁、第 3 頁的方式印完一整份資料後，再依頁面順序列印下一份資料，不用手動將資料依順序重新整合，就能將資料發送出去。所以，在列印要發送的資料時，請記得在列印前要先設定以**自動分頁**列印。

未自動分頁列印

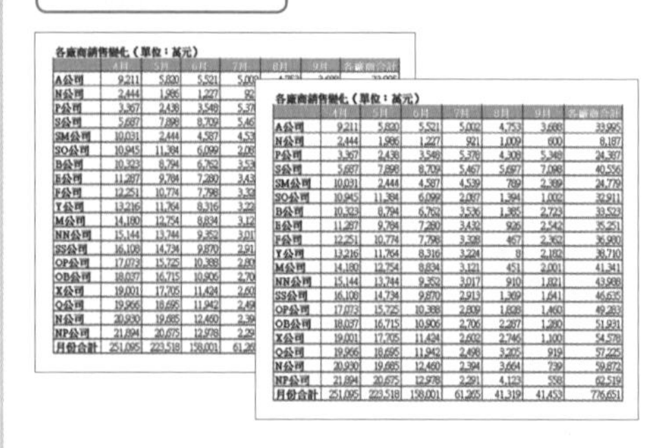

各廠商銷售變化（單位：萬元）

	4月	5月	6月	7月	8月	9月	各廠商合計
A公司	9,211	5,820	5,521	5,002	4,753	3,688	33,995
N公司	2,444	1,986	1,227	921	1,009	600	8,187
P公司	3,367	2,438	3,548	5,378	4,308	5,348	24,387
S公司	5,687	7,898	8,709	5,467	5,697	7,098	40,556
SM公司	10,031	2,444	4,587	4,539	789	2,389	24,779
SO公司	10,945	11,384	6,099	2,087	1,394	1,002	32,911
B公司	10,323	8,794	6,762	3,536	1,385	2,723	33,523
E公司	11,287	9,784	7,280	3,432	926	2,542	35,251
F公司	12,251	10,774	7,798	3,328	467	2,362	36,980
Y公司	13,216	11,764	8,316	3,224	8	2,182	38,710
M公司	14,180	12,754	8,834	3,121	451	2,001	41,341
NN公司	15,144	13,744	9,352	3,017	910	1,821	43,988
SS公司	16,108	14,734	9,870	2,913	1,369	1,641	46,635
OP公司	17,073	15,725	10,388	2,809	1,828	1,460	49,283
OB公司	18,037	16,715	10,906	2,706	2,287	1,280	51,931
X公司	19,001	17,705	11,424	2,602	2,746	1,100	54,578
Q公司	19,966	18,695	11,942	2,498	3,205	919	57,225
N公司	20,930	19,685	12,460	2,394	3,664	739	59,872
NP公司	21,894	20,675	12,978	2,291	4,123	558	62,519
月份合計	251,095	223,518	158,001	61,265	41,319	41,453	776,651

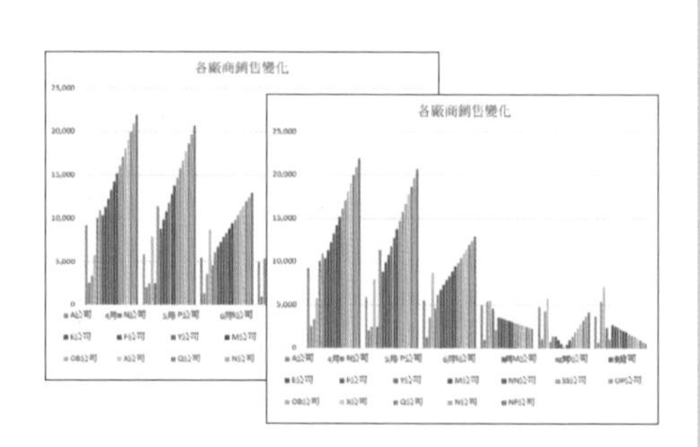

自動分頁列印

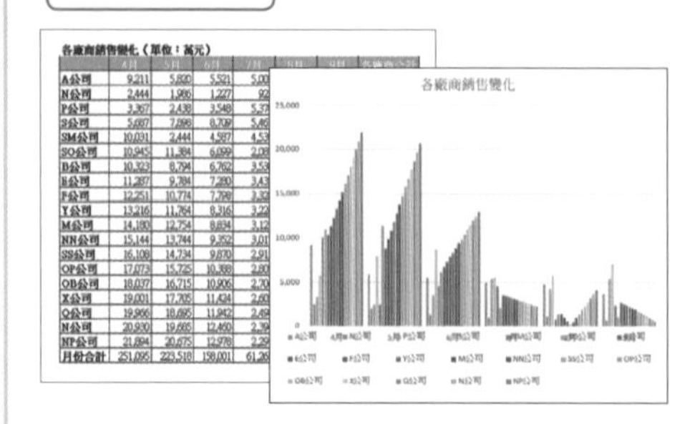

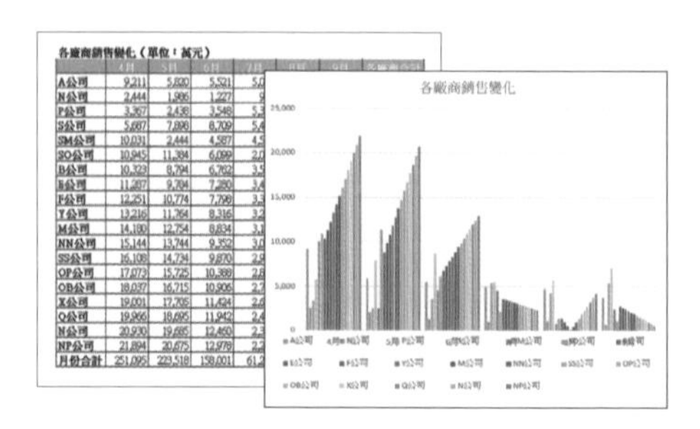

要以**自動分頁**列印工作表內容時，要在預覽列印窗格中選擇**自動分頁**。相對於以單頁整合列印的「未自動分頁」，**自動分頁**是以完整一份資料的方式列印。

第 6 章

引人注目的資料！

圖表的製作與呈現技巧

SECTION
161
製作圖表

快速製作圖表

圖表的繪製相當簡單，只要先選取儲存格範圍，然後從**插入**頁次中按下想要插入的圖表按鈕即可完成。在 Excel 2013 中，若不知道資料比較適合用哪種圖表呈現時，可以按下**建議圖表**鈕。

將表格資料製作成圖表

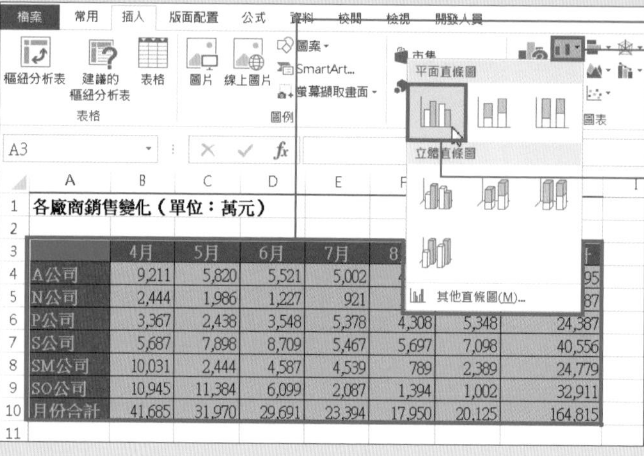

❶ 選取要將資料圖表化的儲存格

❷ 按下**插入**頁次中**圖表**區的**插入直條圖**鈕 (Excel 2010為**直條圖**鈕)

❸ 選擇**群組直條圖**

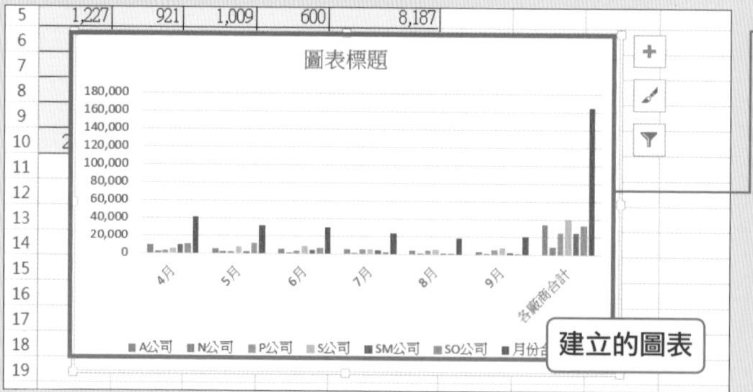

❹ 以表格資料為來源所繪製的圖表

技巧補充

利用「建議圖表」來繪製

在 Excel 2013 中，無法決定要使用哪一種圖表來呈現時，可以按下**插入**頁次中的**建議圖表**鈕，從建議的圖表中選擇圖表樣式。**建議圖表**會從選取的表格資料自動判斷適合的圖表樣式。

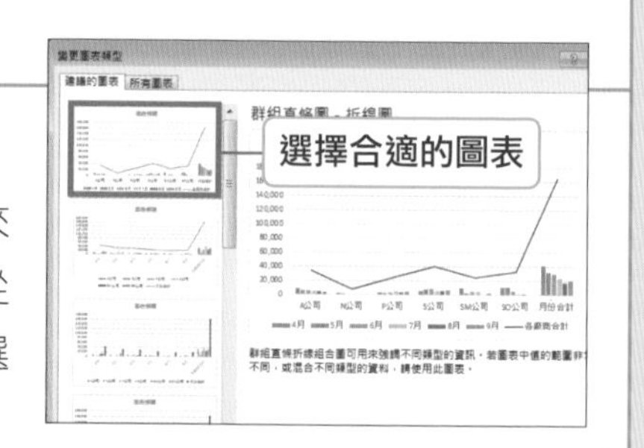

認識圖表項目名稱

利用表格資料製作成的圖表，之後有可能會再新增其他資料項目。了解構成圖表的各項目名稱，才能讓圖表依想要的方式繪製。

認識構成圖表的項目及名稱

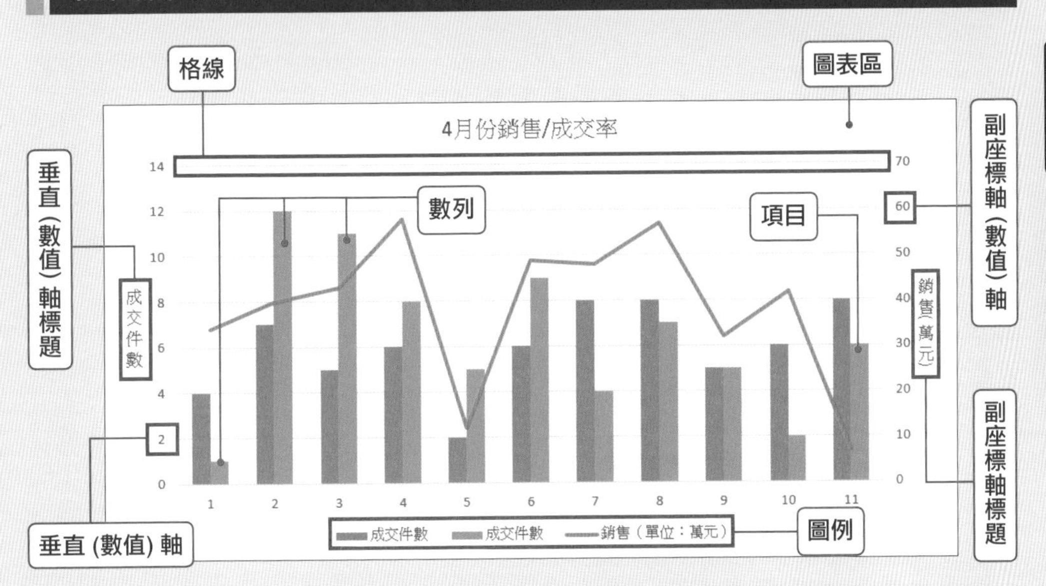

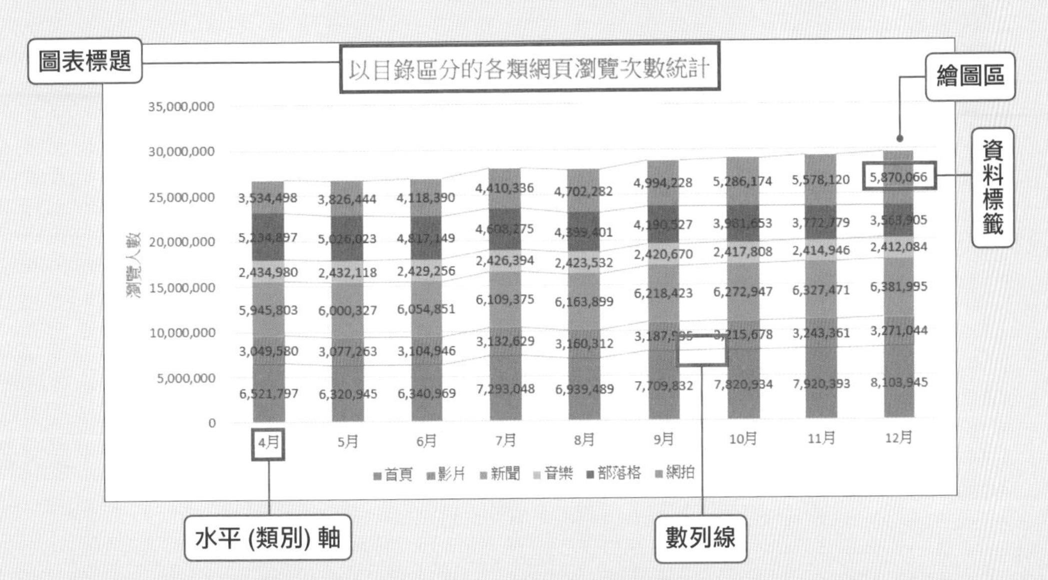

SECTION

163 即使資料不相鄰也能製作成圖表

製作圖表

選取不相鄰的多個儲存格，就能製作出資料不相鄰的圖表。當你只想將部分資料整合成圖表時，不需重新整理資料，就能用這個方法快速完成。

將不相鄰的資料繪製成圖表

各廠商銷售變化（單位：萬元）

	4月	5月	6月	7月	8月	9月	各廠商合計
A公司	9,211	5,820	5,521	5,002	4,753	3,688	33,995
N公司	2,444	1,986	1,227	921	1,009	600	8,187
P公司	3,367	2,438	3,548	5,378	4,308	5,348	24,387
S公司	5,687	7,898	8,709	5,467	5,697	7,098	40,556
SM公司	10,031	2,444	4,587	4,539	789	2,389	24,779
SO公司	10,945	11,384	6,099	2,087	1,394	1,002	32,911

❶ 用滑鼠拉曳的方式，選取儲存格 A3:A9

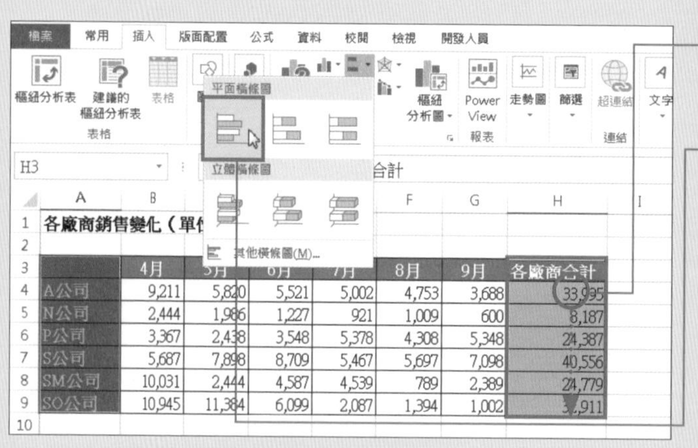

❷ 按住 Ctrl 鍵不放，以拉曳的方式選取儲存格 H3:H9

❸ 按下**插入**頁次的**插入橫條圖**鈕（Excel 2010 為**橫條圖**鈕），然後選擇**群組橫條圖**

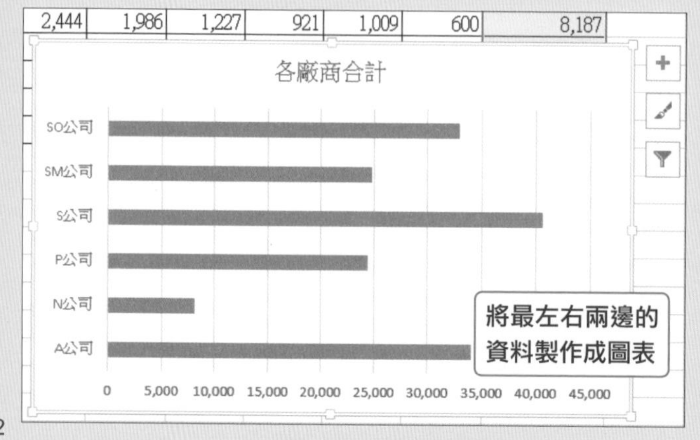

❹ 只將選取的儲存格資料製作成圖表

SECTION 164 編輯圖表

將座標軸與圖例相互交換

在製作圖表的過程中，圖表會自動決定座標軸與圖例的內容。製作好的圖表，也能將座標軸與圖例的內容相互交換，以便讓資料做多方面的分析。

將欄列資料互換

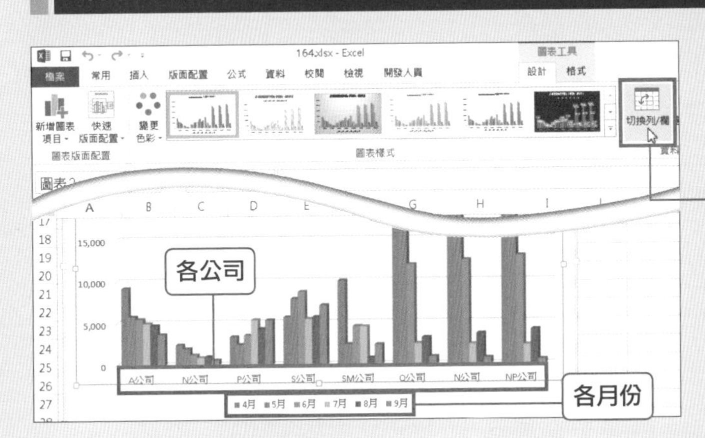

❶ 選取要將座標軸與圖例交換的圖表。這裡的座標軸為各公司，圖例為各月份銷售額

❷ 按下**設計**頁次中的**切換列/欄**鈕

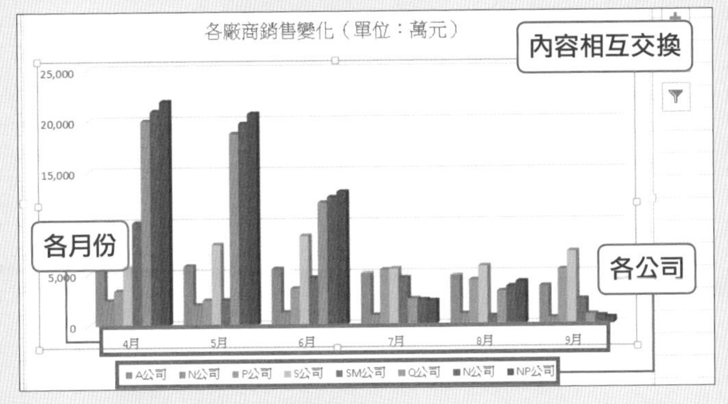

❸ 內容交換後，座標軸變成各月份，圖例變成各公司

技巧補充

確認圖表的資料範圍

選取圖表後，圖表參照的資料來源儲存格會被格線框住。圖例的資料範圍會以紅線框住，座標軸的資料範圍則會以藍線框住。

各廠商銷售變化（單位：萬元）

	4月	5月	6月	7月	8月	9月	各廠商合計
A公司	9,211	5,820	5,521	5,002	4,753	3,688	33,995
N公司	2,444	1,986	1,227	921	1,009	600	8,187
P公司	3,367	2,438	3,548	5,378	4,308	5,348	24,387
S公司	5,687	7,898	8,709	5,467	5,697	7,098	40,556
SM公司	10,031	2,444	4,587	4,539	789	2,389	24,779
Q公司	19,966	18,695	11,942	2,498	3,205	919	57,225
N公司	20,930	19,685	12,460	2,394	3,664	739	59,872
NP公司	21,894	20,675	12,978	2,291	4,123	558	62,519

座標軸

圖例

變更圖表的資料範圍

編輯圖表

圖表製作完成後，還是可以依需求從來源表格中新增資料或項目。要新增資料時，先選取圖表，當表格中的資料出現框線後，以拉曳的方式將要新增的資料包含在框線的範圍中即可。

變更資料範圍

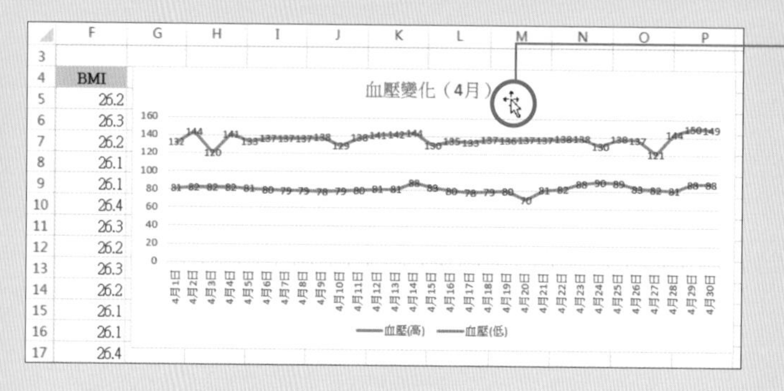

❶ 在圖表的圖表區上按下滑鼠左鍵

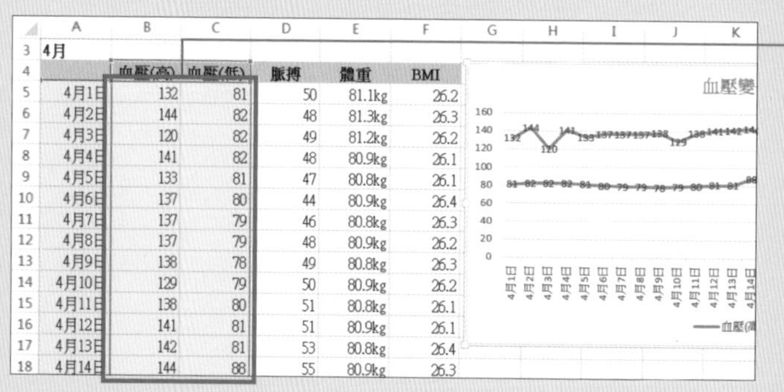

❷ 原本圖表所參照的表格資料範圍會被藍色框線框住

	A	B	C	D	E	F
1	每日健康檢測記錄 血壓、體重及BMI的變化					
2						
3	4月					
4		血壓(高)	血壓(低)	脈搏	體重	BMI
5	4月1日	132	81	50	81.1kg	26.2
6	4月2日	144	82	48	81.3kg	26.3
7	4月3日	120	82	49	81.2kg	26.2
8	4月4日	141	82	48	80.9kg	26.1
9	4月5日	133	81	47	80.8kg	26.1
10	4月6日	137	80	44	80.9kg	26.4
11	4月7日	137	79	46	80.8kg	26.3
12	4月8日	137	79	48	80.9kg	26.2
13	4月9日	138	78	49	80.8kg	26.3
14	4月10日	129	79	50	80.9kg	26.2
15	4月11日	138	80	51		
16	4月12日	141	81	51		
17	4月13日	142	81	53		
18	4月14日	144	88	55	80.9kg	26.3

新增的資料

❸ 拉曳藍色框線四個角落的控點，框住想要新增的資料(這裡為**脈搏**欄)

❹ 藍色框線框住的新資料群組會自動新增到圖表中

SECTION 166 編輯圖表

在圖表中新增資料

要在製作完成的圖表中新增其他表格資料時，可以將想要新增的資料複製後，直接貼到圖表中。將資料貼上後，不論是原來的表格或是複製其他表格的資料，都會以相同的圖表類型將資料新增到圖表中。

新增圖表資料

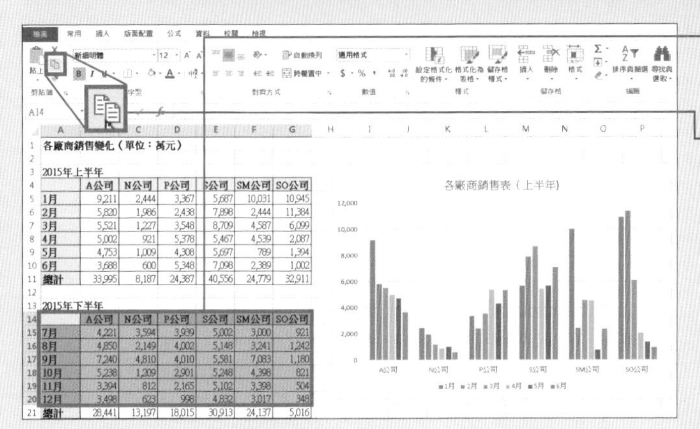

各廠商銷售變化（單位：萬元）

2015年上半年

	A公司	N公司	P公司	S公司	SM公司	SO公司
1月	9,211	2,444	3,367	5,687	10,031	10,945
2月	5,820	1,986	2,438	7,898	2,444	11,384
3月	5,521	1,227	3,548	8,709	4,587	6,099
4月	5,002	921	5,378	5,467	4,539	2,087
5月	4,753	1,009	4,308	5,697	789	1,394
6月	3,688	600	5,348	7,098	2,389	1,002
總計	33,995	8,187	24,387	40,556	24,779	32,911

2015年下半年

	A公司	N公司	P公司	S公司	SM公司	SO公司
7月	4,221	3,594	3,939	5,002	3,000	921
8月	4,850	2,149	4,002	5,148	3,241	1,242
9月	7,240	4,810	4,010	5,581	7,083	1,180
10月	5,238	1,209	2,901	5,248	4,398	821
11月	3,394	812	2,165	5,102	3,398	504
12月	3,498	623	998	4,832	3,017	348
總計	28,441	13,197	18,015	30,913	24,137	5,016

❶ 選取要在圖表中新增的資料範圍

❷ 按下**常用**頁次中的**複製**鈕

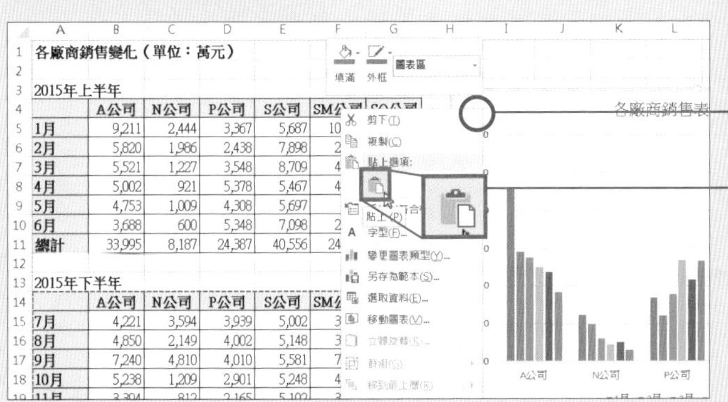

❸ 在圖表區上按下滑鼠右鍵

❹ 從選單中選擇**貼上**

SM公司	SO公司
10,031	10,945
2,444	11,384
4,587	6,099
4,539	2,087
789	1,394
2,389	1,002
24,779	32,911

SM公司	SO公司
3,000	921
3,241	1,242
7,083	1,180
4,398	821
3,398	504

各廠商銷售表（上半年/下半年）

A公司 N公司 P公司 S公司 SM公司 SO公司

1月 2月 3月 4月 5月 6月 7月 8月 9月 10月 11月 12月

❺ 複製的儲存格資料會被新增到圖表中

MEMO: 也能新增其他工作表中的表格資料

利用相同的操作方法，也能將其他工作表中的表格資料新增到既有的圖表裡。

SECTION 167 編輯圖表

變更圖表類型

製作完成的圖表，也能改變圖表的類型。發現製作好的圖表無法讓資料清楚呈現，想要用不同方式分析資料時，可以從**變更圖表類型**交談窗中選擇其他類型的圖表。

將直條圖變更成區域圖

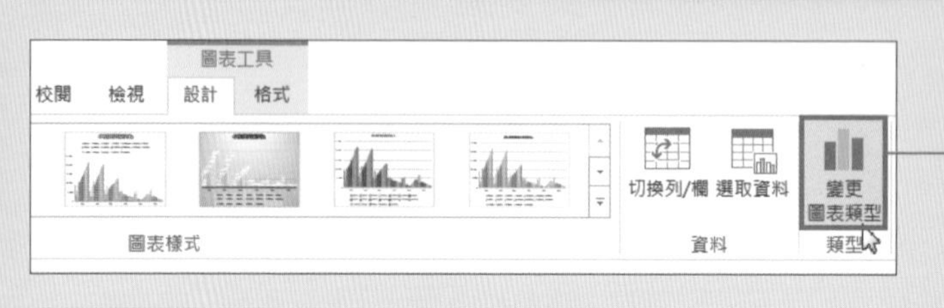

❶ 選取圖表

❷ 按下**設計**頁次中的**變更圖表類型**

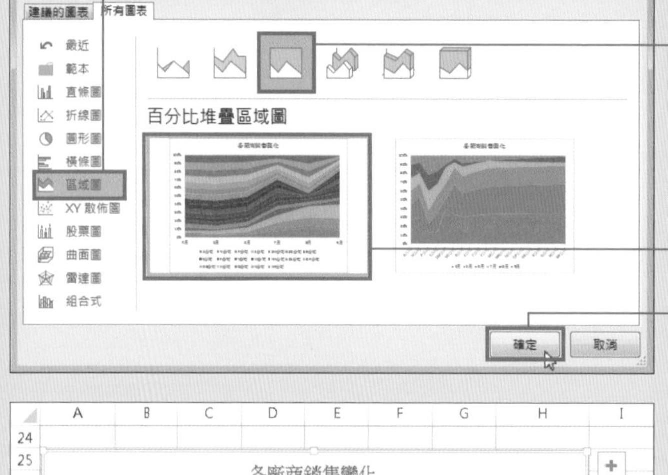

❸ 在**變更圖表類型**交談窗中選擇想要變更的圖表類型(這裡為**區域圖**)

❹ 選擇圖表的變化樣式(Excel 2010 沒有此步驟，請直接執行步驟 ❺)

❺ 選擇想要的圖表樣式

❻ 按下**確定**鈕

❼ 變更後的圖表

MEMO: 按滑鼠右鍵變更

除了這裡介紹的操作方法外，在圖表區上按下滑鼠右鍵，然後從選單中選擇**變更圖表類型**也能變更圖表類型。

變更圖表的設計樣式

整個圖表的設計或配色等, 皆可透過**樣式**做變更。**樣式**整合了圖表項目的配色、格式等設定, 利用選擇的方式, 就能將各種設定套用到圖表中。

套用圖表樣式

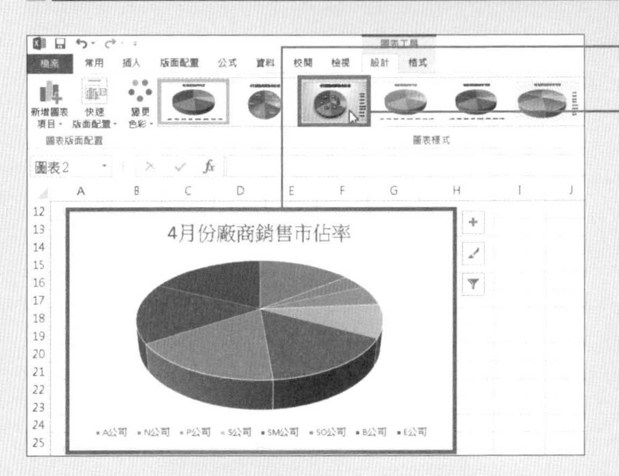

❶ 選取圖表

❷ 在**設計**頁次中**圖表樣式**區裡選擇想要套用的樣式

MEMO: Excel 2010 的操作環境

在 Excel 2010 中, 要從**圖表版面配置**頁次變更步驟 ❸ 的內容。

❸ 圖表套用選擇的樣式後, 圖表的大小、圖例位置、資料標籤、圖表標題的字型等都會一起變更

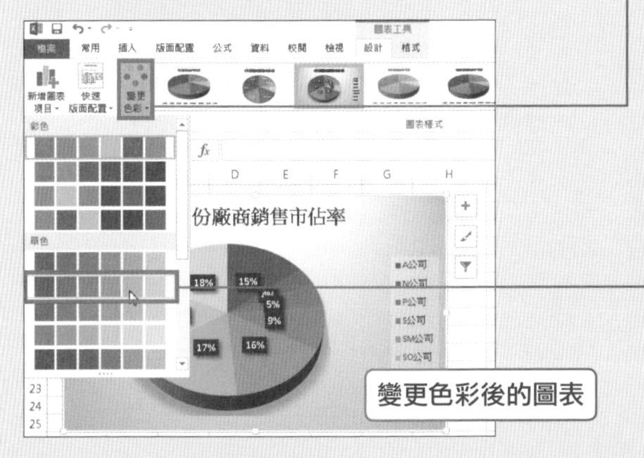

❹ 按下**變更色彩**鈕後, 會顯示資料群組可以套用的色彩組合清單

❺ 選擇想要套用的色彩組合, 就可以統一變更圖表中的資料群組色彩

MEMO: Excel 2010 的操作環境

在 Excel 2010 中, 步驟 ❷ 的**圖表樣式**清單中會顯示不同色彩的樣式, 從該清單中可以統一變更圖表色彩。

SECTION **169** 編輯圖表

變更圖表的大小

拉曳圖表四邊的控點，可以調整圖表的大小。調整圖表大小的同時，圖表中的各個項目大小會一起跟著縮放。

變更圖表的大小

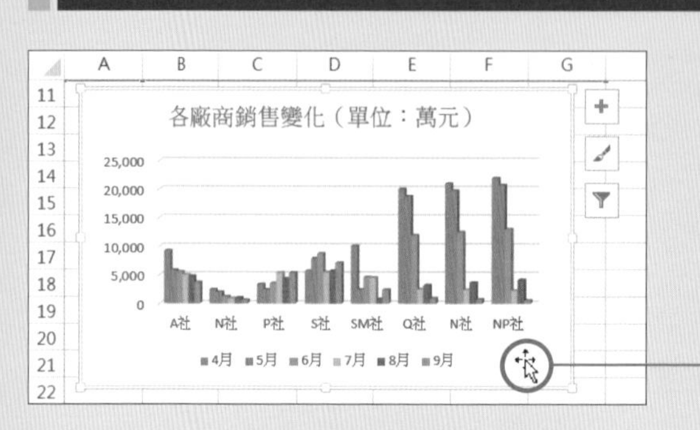

❶ 選取圖表

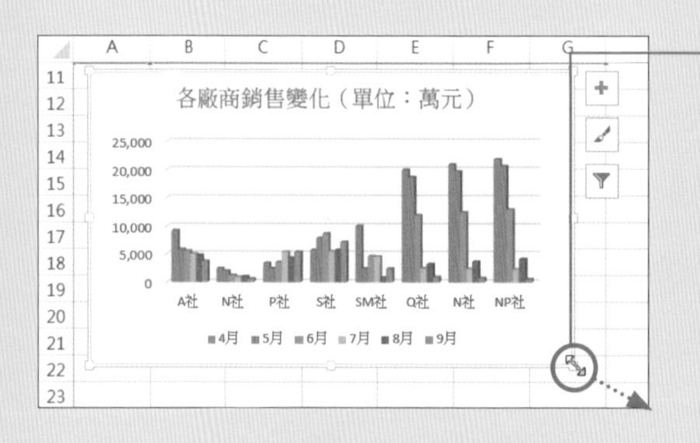

❷ 圖表的四邊會出現 8 個控點。將滑鼠移動到任一個控點上，當滑鼠指標變成 ⤡ 後拉曳

變更大小後的圖表

❸ 整個圖表的大小會依照拉曳的方向和距離做變動。要保持原來圖表的長寬比例時，可按住 Shift 鍵不放再拉曳

MEMO: 刪除及移動圖表

要刪除圖表時，在圖表被選取的狀態下按下 Backspace 鍵。要移動圖表時，只要在圖表區中按住滑鼠左鈕拉曳即可。

僅變更直條圖中特定數列的色彩

圖表的資料數列色彩，可以在**資料數列格式**窗格中變更成想要的顏色。在多個資料數列的情況下，如直條圖等，可以只變更特定的資料數列色彩。

變更資料數列的顏色

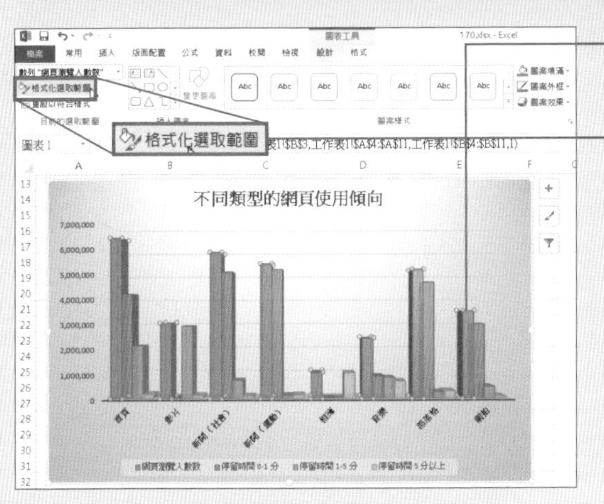

❶ 在想要變更顏色的數列上按下滑鼠左鍵 (這裡為藍色)

❷ 按下**格式**頁次中的**格式化選取範圍**鈕

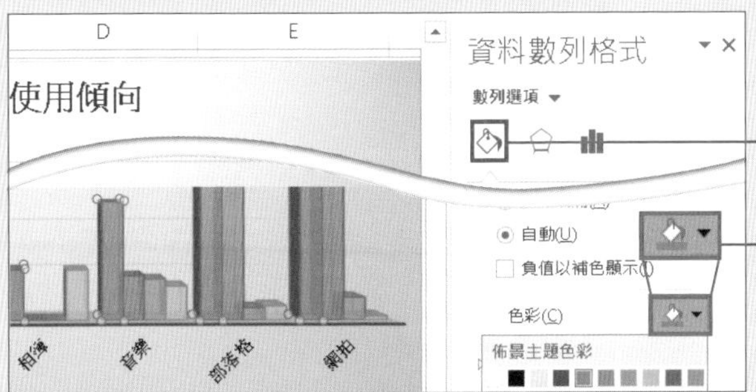

❸ 開啟**資料數列格式**工作窗格

❹ 依序按下**填滿與線條**選擇**填滿** (Excel 2010 為**填滿**)

❺ 按下**色彩**的這裡，然後選擇想要變更的顏色

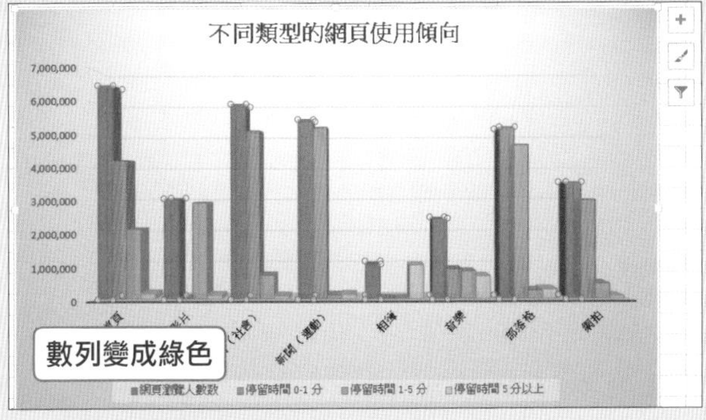

❻ 選取的數列變成綠色了

MEMO: 設定半透明

從**資料數列格式**窗格的**填滿**中變更色彩時，會出現**透明度**滑桿 (Excel 2010 為**透明**)。只要拉曳這裡的滑桿就能將色彩設定成半透明。

SECTION 171

編輯圖表

調整資料數列的類別間距

直條圖中資料數列的寬度，可以在資料數列格式窗格中做變更。在圖表中的任意一個資料數列上按下滑鼠右鍵，即可從選單中開啟資料數列格式窗格。

變更直條圖的數列寬度

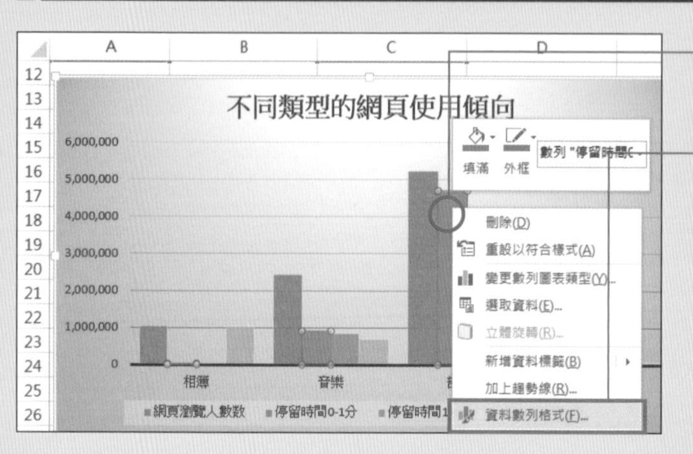

❶ 在任一資料數列上按下滑鼠右鍵

❷ 選擇**資料數列格式**

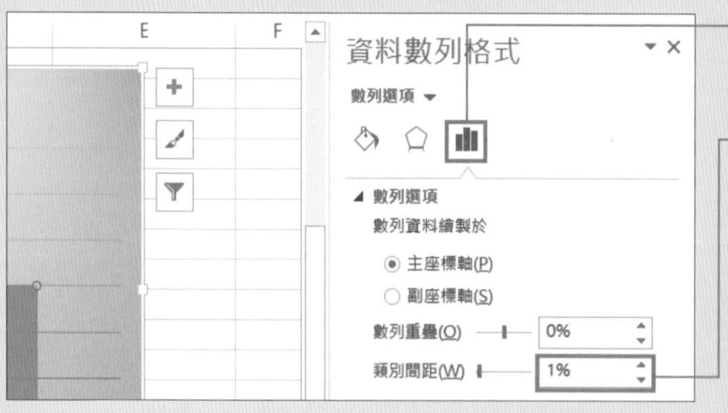

❸ 開啟**資料數列格式**工作窗格後，選擇**數列選項**

❹ 在此輸入「1%」，調整**類別間距**的值 (原值為 65%)

不同類型的網頁使用傾向

數列的間距變小，數列變寬了

❺ 直條圖數列的寬度變寬了

MEMO: 類別間距的值與資料數列寬度

類別間距的值越小，則資料數列寬度會愈寬。反之，值越大，數列寬度會愈窄。

SECTION 172

編輯圖表

在圖表中顯示資料數值

要在圖表中顯示來源資料表格的數值資料時，可以在圖表中新增**資料標籤**。**資料標籤**可以設定顯示在圖表的中央、內側、外側或以圖說方式顯示。

顯示資料標籤

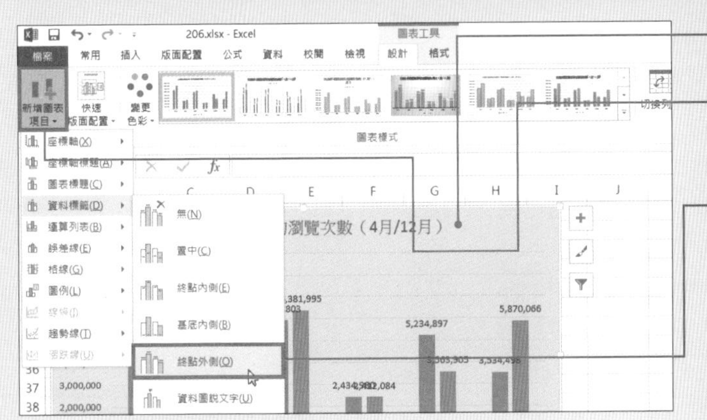

❶ 選取圖表

❷ 點選**設計**頁次中的**新增圖表項目**鈕

❸ 按下**資料標籤/終點外側**

❹ 資料標籤會顯示圖表中各項目的數值

顯示的數值

MEMO: Excel 2010 的操作環境

在 Excel 2010 中，要按下**版面配置**頁次中的**資料標籤**鈕，然後選擇顯示的方式。

技巧補充

變更圖表的版面配置

在 Excel 2013 中，按下**設計**頁次的**快速版面配置**鈕後，會顯示各種版面配置版本，例如：是否顯示資料標籤、圖例顯示的位置等。從這裡選擇想要的版面配置後，就能簡單又快速的變更版面的配置方式。

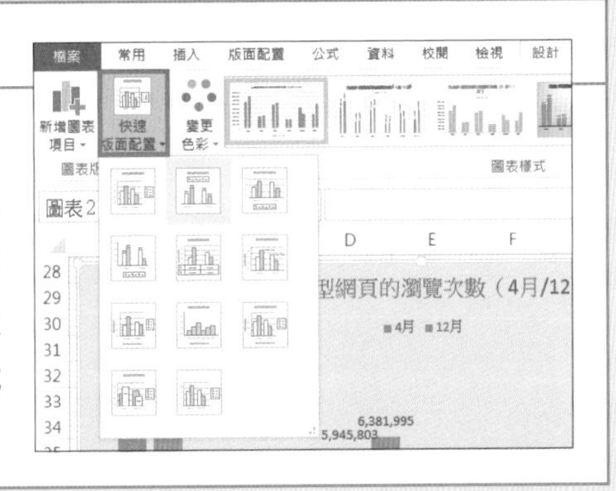

SECTION 173

編輯圖表

隱藏特定資料數列

透過**圖表篩選**功能可以將資料數列暫時隱藏起來。**圖表篩選**功能可以將數列或項目利用勾選的方式來設定顯示與否。

使用「圖表篩選」功能

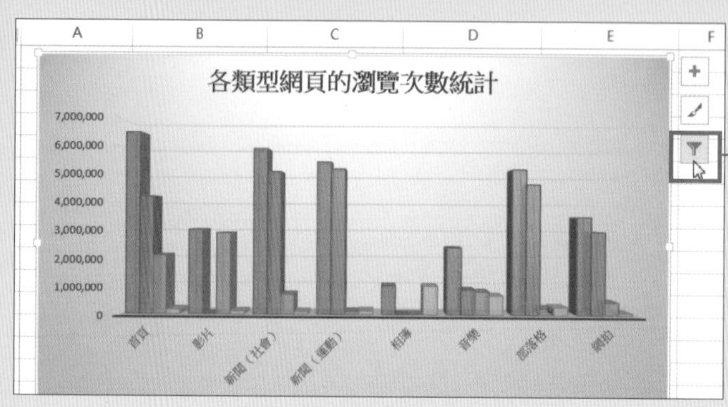

❶ 選取圖表，在圖表右側會出現按鈕

❷ 在出現的按鈕中按下**圖表篩選**鈕

> **MEMO: 圖表篩選**
>
> **圖表篩選**功能是 Excel 2013 的新功能，因此在 Excel 2010 的操作環境無法使用。

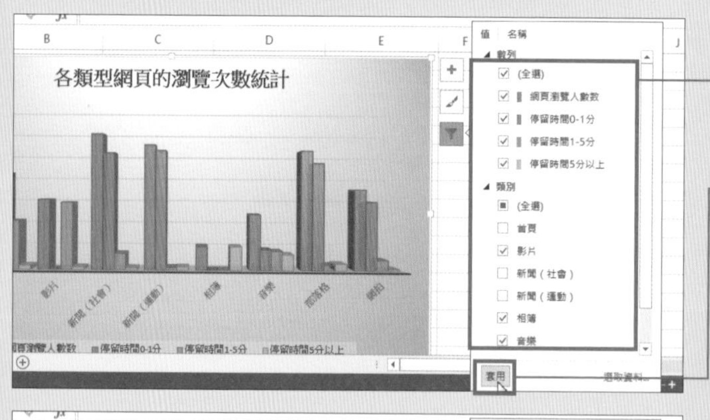

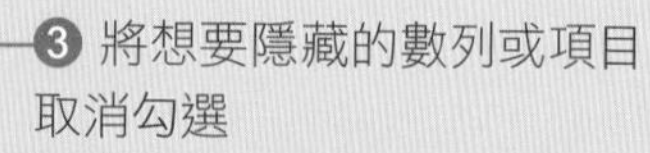

❸ 將想要隱藏的數列或項目取消勾選

❹ 按下**套用**鈕

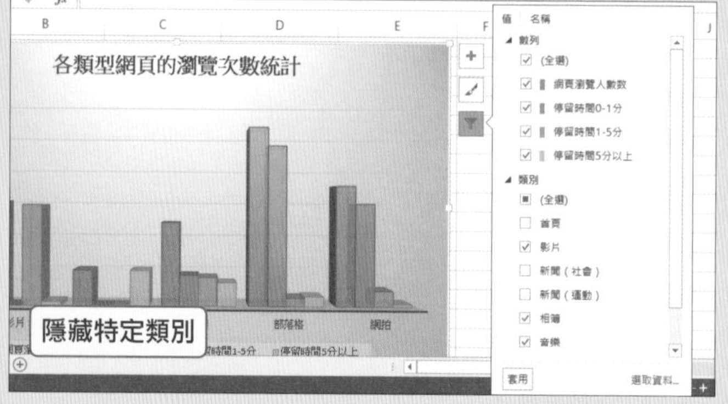

❺ 取消勾選的數列或項目會被隱藏起來

> **MEMO: 其他按鈕**
>
> 在步驟 ❶ 的畫面中按下**圖表項目**鈕 ＋，可以任意設定想要顯示/隱藏的項目。按下**圖表樣式**鈕 🖌，可以重新套用圖表的樣式及配色。

第 6 章 » 編輯圖表

SECTION
174
圓形圖

顯示圓形圖的項目名稱或%

我們可以在利用區塊以視覺化的方式表達每項資料佔有率的圓形圖上，顯示各資料的區塊及類別名稱。區塊及類別名稱是利用**資料標籤**來顯示，因此可以透過**版面配置**來設定。

顯示資料標籤

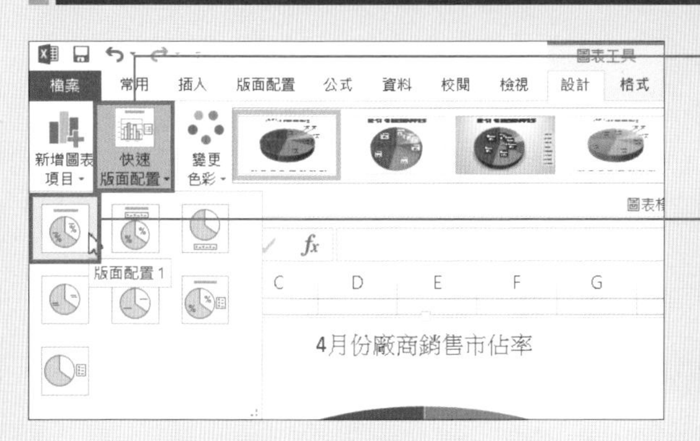

❶ 按下**設計**頁次中的**快速版面配置**鈕

❷ 從選單中選擇有**資料標籤**的版面配置

MEMO: **Excel 2010 的操作環境**

在 Excel 2010 中，要依序按下**版面配置**/**資料標籤**鈕，然後從選單中選擇顯示的位置。

4月份廠商銷售市佔率

顯示的資料標籤

❸ 分別插入各項資料數列的項目名稱及區塊 (%) 值，同時也會自動調整圓形圖大小及資料標籤位置

技巧補充

變更資料標籤的位置

要變更圓形圖資料標籤的位置時，可以按下**設計**頁次中的**新增圖表項目**鈕，從**資料標籤**選單中選擇標籤想要顯示的位置 (在 Excel 2010 中依序選擇**版面配置**/**資料標籤**)。若在選單中選擇**無**，可以刪除資料標籤。

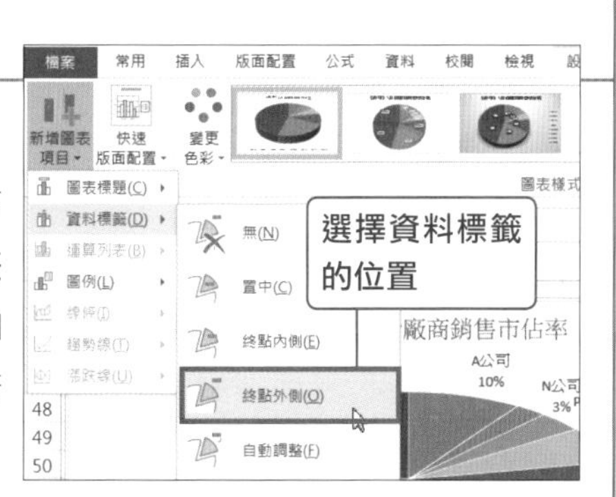

第6章 » 圓形圖

175 讓強調的資料區塊與圓形圖分離

圓形圖

圓形圖會將各個資料數列分別整合在同一個圓形中，但也可以依需求將部分資料區塊與圓形圖分離。資料區塊與圓形圖分離後，可以讓該資料區塊更醒目。

將部分資料數列分離

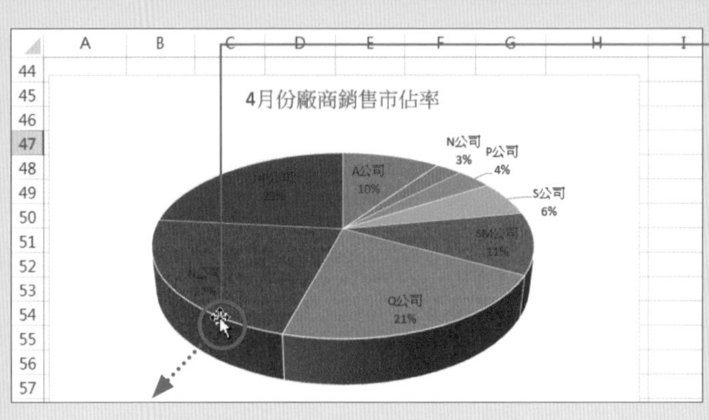

❶ 選取圓形圖上的任一個資料數列

❷ 將想要與圓形圖分離的資料數列往外拉曳

圖表被分離了

❸ 資料數列與圖表分離了。依照拉曳的距離，可以改變圓形圖與資料數列的距離

技巧補充

讓所有資料數列分離

想要將所有資料數列以分離的方式顯示時，先在圓形圖上按下滑鼠右鍵。從選單中選擇**資料數列格式**，開啟**資料數列格式**窗格後，拉曳**數列選項**頁次中的**圓形圖分裂**滑桿，愈往右拉曳每個資料數列間的距離會愈大。

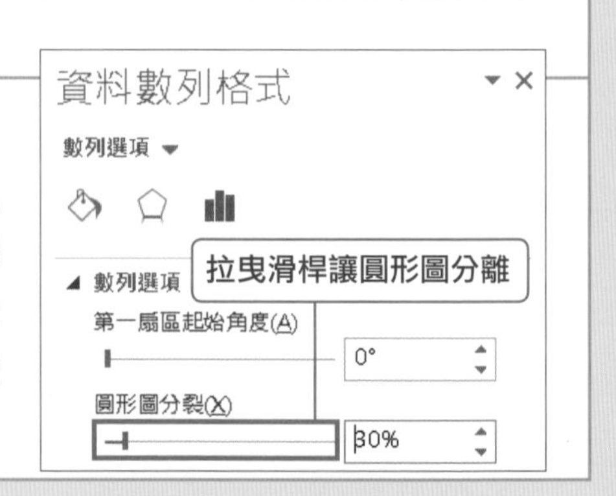

SECTION 176

座標軸

將座標軸以百分比顯示

圖表中的水平與垂直座標軸文字和儲存格文字相同, 可套用指定的顯示格式。利用不同的格式, 可以讓水平或垂直座標軸以貨幣或百分比的方式顯示。

設定座標軸的顯示格式

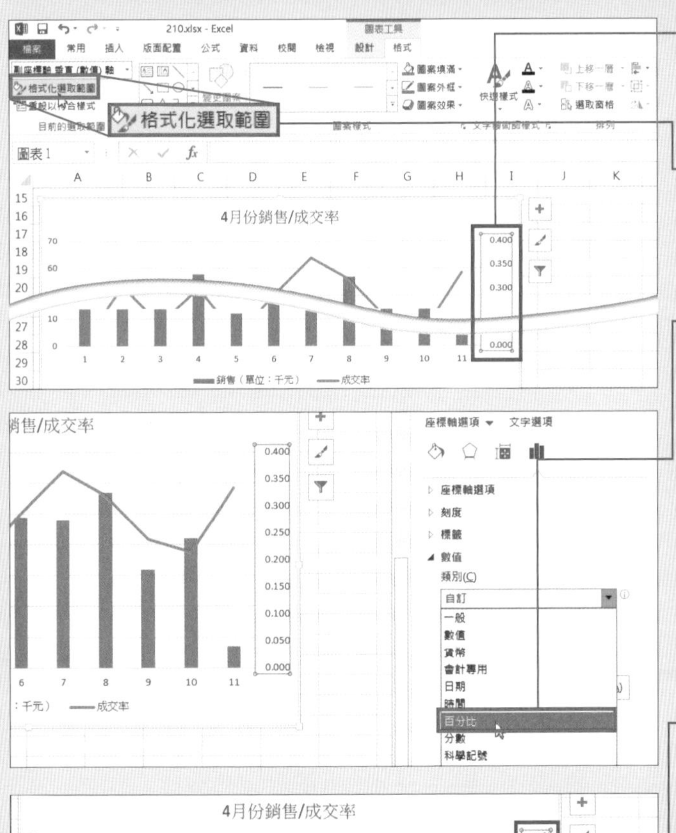

❶ 選取要設定顯示格式的圖表項目 (這裡為副垂直座標軸)

❷ 按下**格式**頁次中的**格式化選取範圍**鈕

❸ 開啟**座標軸格式**窗格後, 從**數值**的**類別**選單中選擇**百分比**

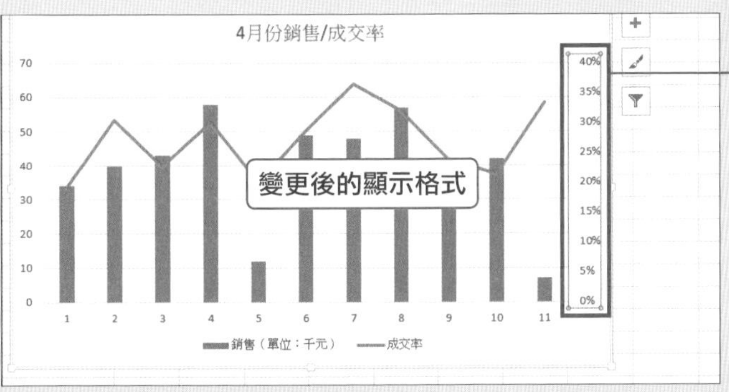

❹ 選取的圖表項目其顯示格式會以百分比顯示

MEMO: Excel 2010 的操作環境

在 Excel 2010 中, 在步驟 ❷ 開啟的**座標軸格式**交談窗中, 依序選擇**數值/百分比**。

MEMO: 整合儲存格顯示格式

想要將圖表項目直接套用設定在儲存格的顯示格式時, 可以勾選**座標軸選項**頁次下**數值**區中的**與來源連結** (在 Excel 2010 中, 則要勾選**數值/與來源連結**)。

變更垂直座標軸的最小值

圖表的水平/垂直軸下限（或上限）的值，是根據來源表格資料決定的，之後也能將座標軸數值依需求做變更。依照圖表資料的變動，調整上限或下限的值，讓圖表更清楚易懂。

變更圖表的下限

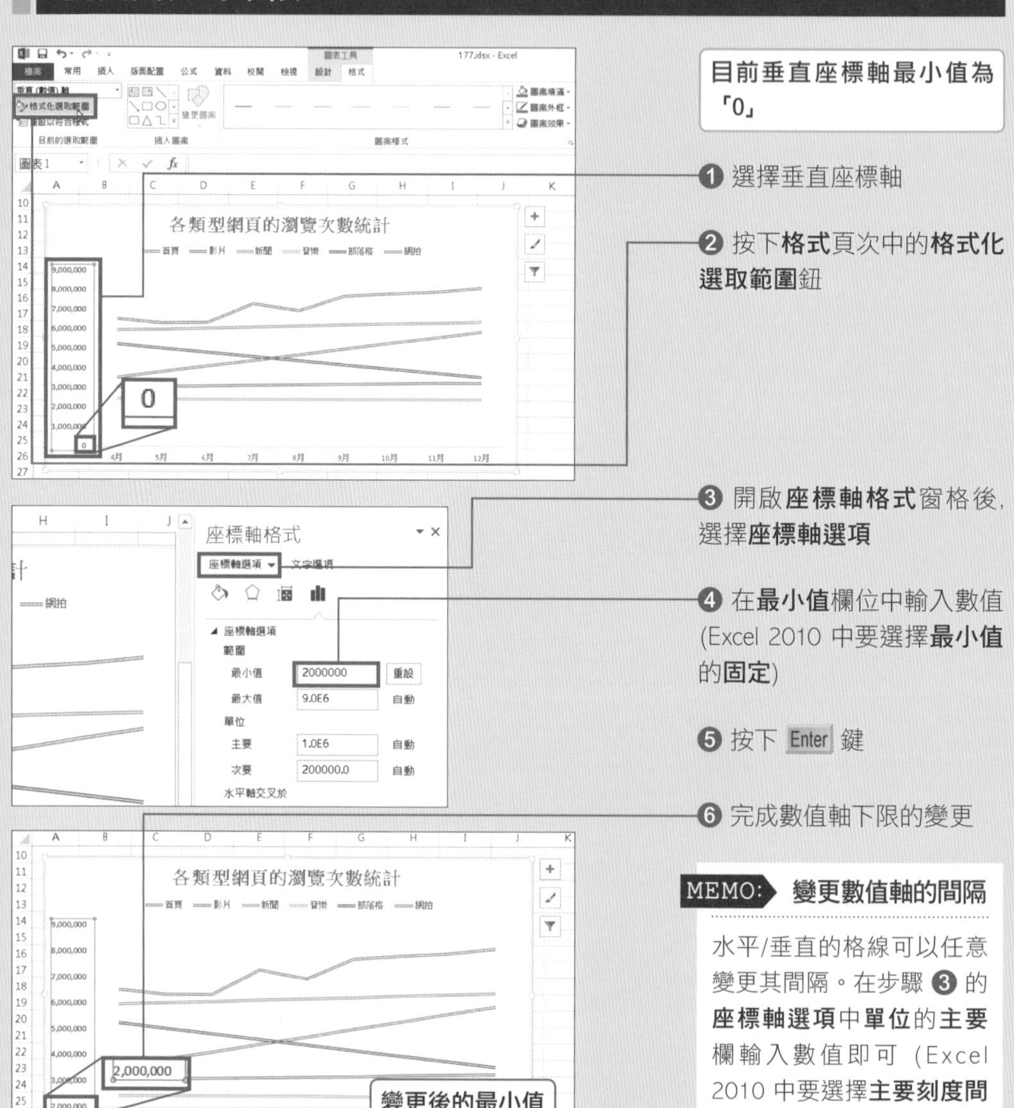

❶ 選擇垂直座標軸

❷ 按下**格式**頁次中的**格式化選取範圍**鈕

❸ 開啟**座標軸格式**窗格後，選擇**座標軸選項**

❹ 在**最小值**欄位中輸入數值 (Excel 2010 中要選擇**最小值**的**固定**)

❺ 按下 Enter 鍵

❻ 完成數值軸下限的變更

MEMO: 變更數值軸的間隔

水平/垂直的格線可以任意變更其間隔。在步驟 ❸ 的**座標軸選項**中**單位**的**主要**欄輸入數值即可（Excel 2010 中要選擇**主要刻度間距**的**固定**）。

SECTION 178

座標軸

在圖表中新增座標軸標題

在圖表的水平/垂直座標軸中，可插入用來說明各資料數列所代表的內容，以提高辨識度。要插入座標軸標題可按下新增圖表項目鈕。

插入座標軸標題並輸入資料內容

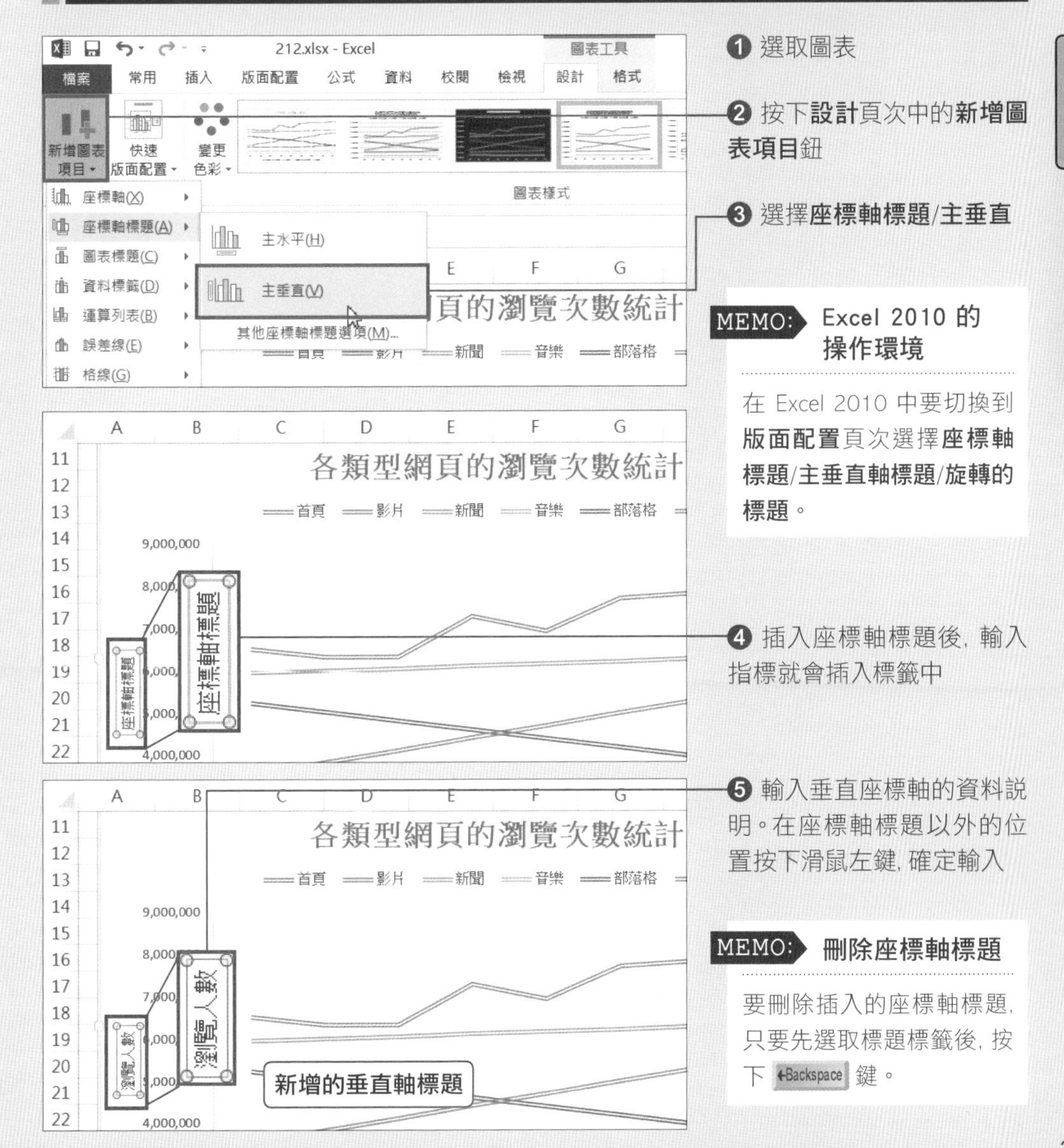

❶ 選取圖表

❷ 按下**設計**頁次中的**新增圖表項目**鈕

❸ 選擇**座標軸標題/主垂直**

❹ 插入座標軸標題後，輸入指標就會插入標籤中

❺ 輸入垂直座標軸的資料說明。在座標軸標題以外的位置按下滑鼠左鍵，確定輸入

MEMO: Excel 2010 的操作環境

在 Excel 2010 中要切換到**版面配置**頁次選擇**座標軸標題/主垂直軸標題/旋轉的標題**。

MEMO: 刪除座標軸標題

要刪除插入的座標軸標題，只要先選取標題標籤後，按下 Backspace 鍵。

變更座標軸標題的文字方向

在垂直座標軸的座標軸標題輸入文字後，文字會以橫向顯示，有時還會出現文字不易閱讀的情況。透過在**座標軸標題格式**中的設定，可以將橫向文字變成以縱向方式顯示。

將座標軸標題文字方向變更成縱向

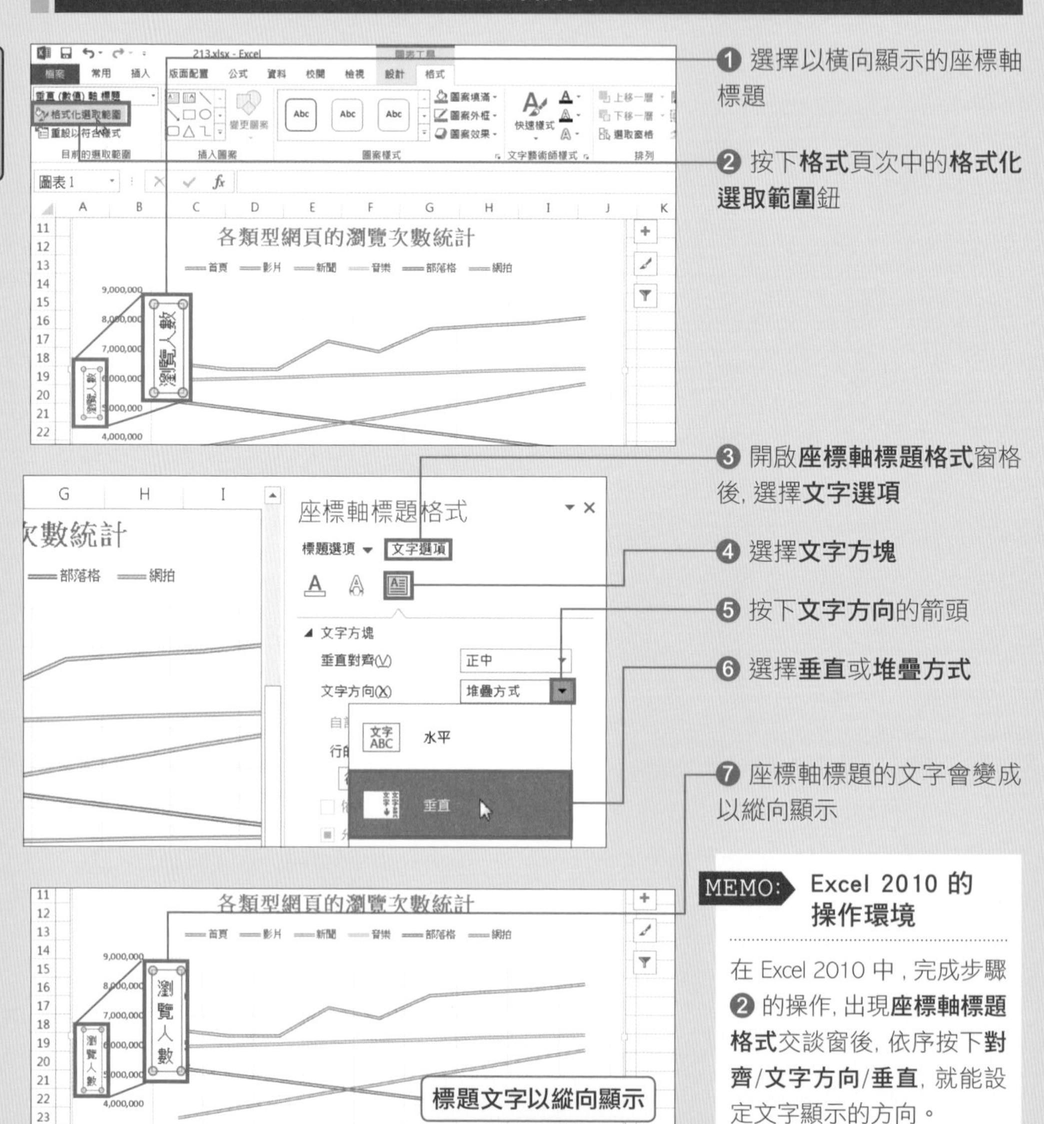

MEMO: Excel 2010 的操作環境

在 Excel 2010 中，完成步驟 ❷ 的操作，出現**座標軸標題格式**交談窗後，依序按下**對齊**/**文字方向**/**垂直**，就能設定文字顯示的方向。

傾斜顯示座標軸標籤以方便閱讀

當有多位數的數值顯示在水平座標軸，會因每個值的距離太近造成數字連在一起的情況。將水平座標軸的各數值旋轉，以傾斜方式顯示，就可以解決這個困擾。擴大每個值的間距，讓資料可以清楚顯示。

旋轉水平座標軸標籤的文字

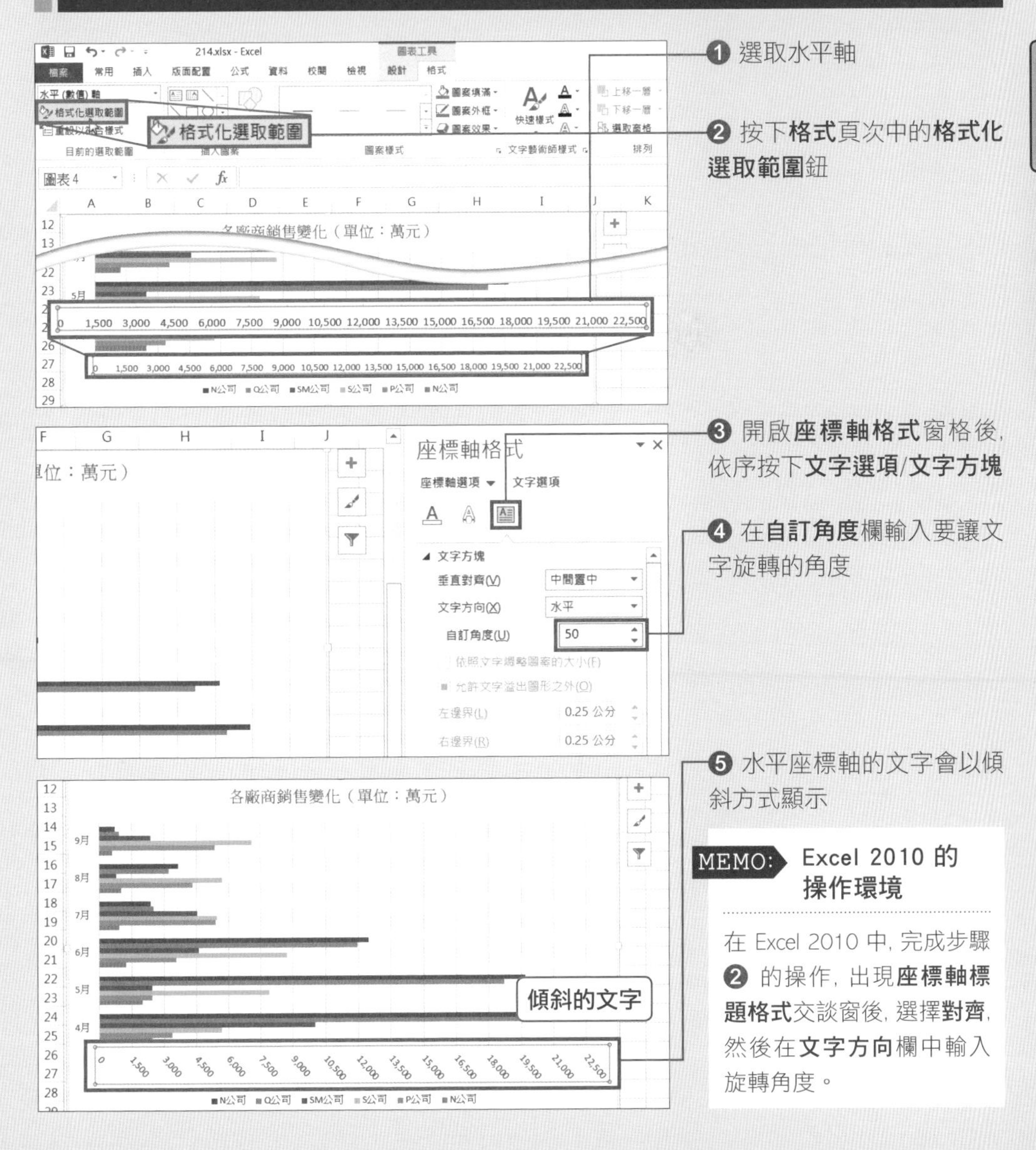

❶ 選取水平軸

❷ 按下**格式**頁次中的**格式化選取範圍**鈕

❸ 開啟**座標軸格式**窗格後，依序按下**文字選項/文字方塊**

❹ 在**自訂角度**欄輸入要讓文字旋轉的角度

❺ 水平座標軸的文字會以傾斜方式顯示

MEMO: Excel 2010 的操作環境

在 Excel 2010 中，完成步驟❷ 的操作，出現**座標軸標題格式**交談窗後，選擇**對齊**，然後在**文字方向**欄中輸入旋轉角度。

SECTION **181** 組合式圖表

製作包含直條圖與折線圖的圖表

組合式圖表可以用來比較資料發展趨勢或變化的程度。組合式圖表是由直條圖與折線圖所組成，按下**插入組合式圖表**鈕就能快速製作完成。

製作組合式圖表以便比較資料

	A	B	C	D	E	F	G	H	I	J
1	2015年4月份　業務報告書（員工編號：112111　姓名：王建國）									
2										
3		4/2	4/3	4/4	4/5	4/6	4/9	4/10	4/11	4/12
4	客戶件數	21	23	22	20	10	21	22	25	21
5	成交件數	4	7	5	6	2	6	8	8	5
6	銷售（單位：千元）	34	40	43	58	12	49	48	57	32
7	成交率	0.190	0.304	0.227	0.300	0.200	0.286	0.364	0.320	0.238
8										
9										
10		4/17	4/18	4/19	4/20	4/23	4/24	4/25	4/26	4/27
11	客戶件數	19	24	32	3	1	21	19	13	14
12	成交件數	1	12	11	0	0	9	4	7	5
13	銷售（單位：千元）	12	88	62	0	0	77	32	47	34
14	成交率	0.053	0.500	0.344	0.000	0.000	0.429	0.211	0.538	0.357

❶ 選取要製作成組合圖表的儲存格範圍

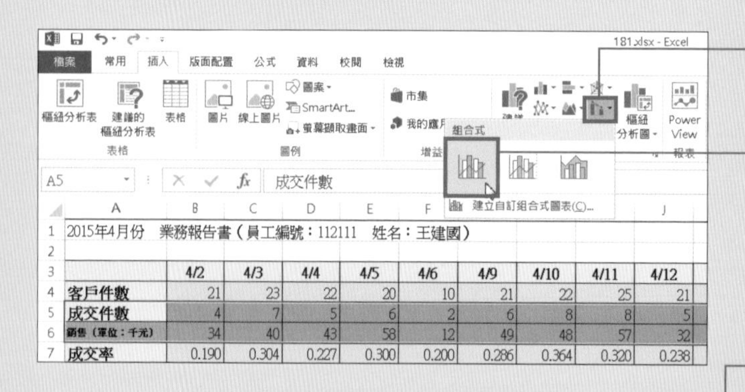

❷ 按下**插入**頁次中的**插入組合式圖表**鈕

❸ 選擇**群組直條圖-折線圖**

❹ 製作完成的組合式圖表

圖表標題

70 60 50 40 30 20 10 0

1 2 3 4 5 6

成交件數　銷售

製作完成的組合式圖表

MEMO: Excel 2010 的操作環境

在 Excel 2010 中，完成步驟 ❶ 的操作後，按下**插入**頁次中的**直條圖**鈕，完成直條圖的製作。選取要以折線圖顯示的資料數列，按下**設計**頁次中的**變更圖表類型**鈕後，選擇**折線圖**。

變更組合式圖表中的圖表類型

顯示在組合式圖表中的圖表類型可以依需求變更。變更圖表類型時，可以透過**變更圖表類型**交談窗來選擇想要變更的圖表類型。

變更圖表類型

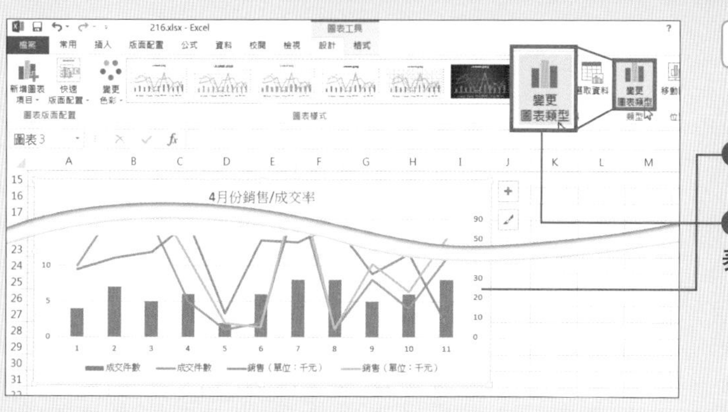

開啟組合式圖表

❶ 選取圖表

❷ 按下**設計**頁次中的**變更圖表類型**鈕

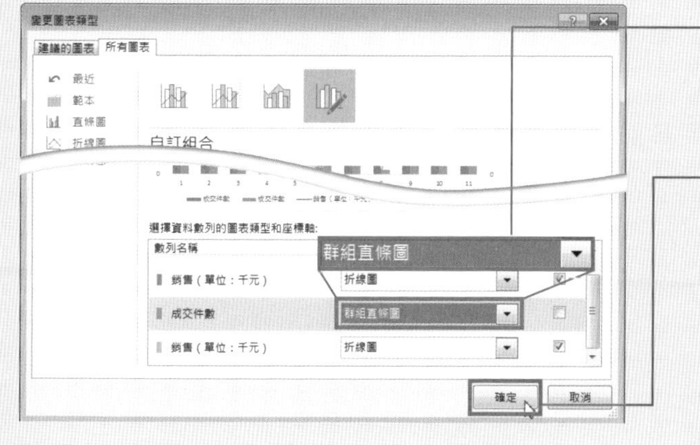

❸ 開啟**變更圖表類型**交談窗後，將灰色**成交件數**的**圖表類型**設定成**群組直條圖**

❹ 按下**確定**鈕

4月份銷售/成交率

變更後的圖表類型

❺ 灰色的「成交件數」資料改以直條圖顯示

MEMO: Excel 2010 的操作環境

在 Excel 2010 中，先選取要變更類型的資料數列，然後利用**單元 167** 的方法變更圖表類型。

新增組合式圖表的座標軸

在組合式圖表中，座標軸只能從直條圖或折線圖中決定要以誰為基準來顯示，為了讓資料在比較時可以清楚的看出差別，可以在圖表中新增副座標軸。

新增副座標軸

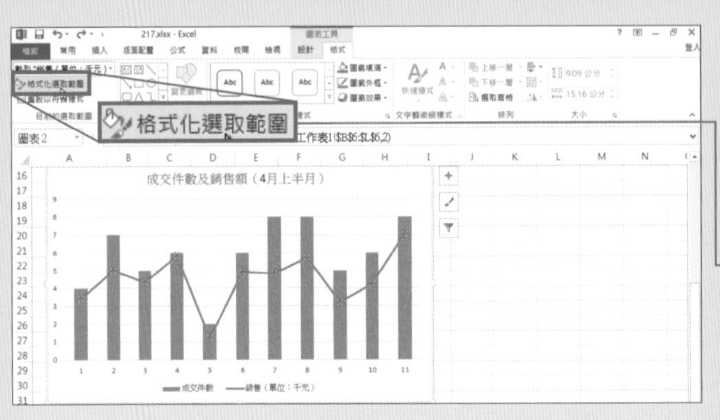

垂直座標軸是整合直條圖後的結果，因此折線圖資料無法清楚呈現

❶ 選取折線圖

❷ 按下**格式**頁次中的**格式化選取範圍**鈕

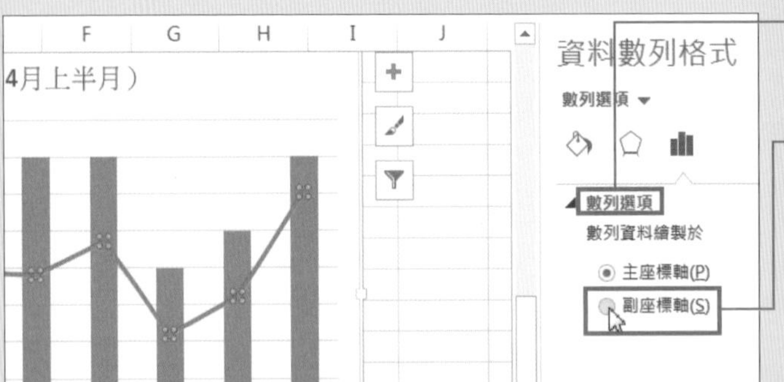

❸ 開啟**資料數列格式**窗格後，選擇**數列選項**鈕

❹ 選擇**副座標軸**

MEMO: Excel 2010 的操作環境

在 Excel 2010 中，完成步驟 ❷ 的操作後，在開啟的**資料數列格式**交談窗中選擇**數列選項**，然後選擇**副座標軸**。

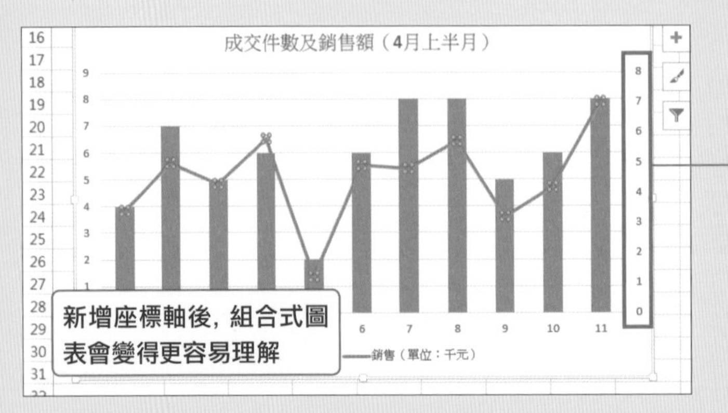

❺ 右座標軸為折線圖的座標軸，左座標軸為直條圖的座標軸，如此一來圖表資料會更讓人容易理解

顯示「堆疊直條圖」的數列線

堆疊直條圖是將同一資料數列中的多筆資料以堆疊的方式顯示，若遇到無法從圖表中清楚看出資料的變化時，可以在資料與資料間用數列線來連結。

新增圖表的數列線

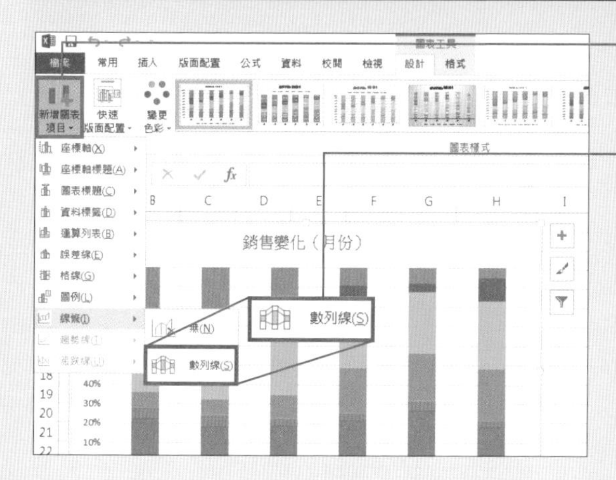

❶ 選取圖表後，按下**設計**頁次中的**新增圖表項目**鈕

❷ 選擇**線條/數列線**

MEMO: Excel 2010 的操作環境

在 Excel 2010 中，先選取圖表後，依序按下**版面配置/線段/數列線**。

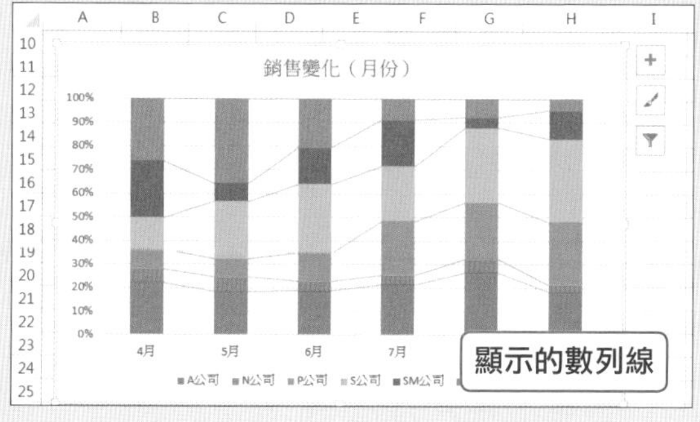

❸ 新增數列線後，各個數列中的資料變化即可清楚顯示

MEMO: 刪除數列線

在步驟 ❷ 中選擇**無**即可刪除數列線。

技巧補充

變更數列線的顏色及粗細

選取數列線後，按下**格式**頁次中的**格式化選取範圍**鈕。出現**數列線格式**窗格後，可以變更線條顏色、粗細等設定。

自動(U)
色彩(C) 變更色彩
透明度(T) 0%
寬度(W) 0.75 pt
複合類型(C) 變更粗細
虛線類型(D)

SECTION **185** 活用圖表

將 Excel 圖表貼到 Word 文件

在 Excel 中製作的圖表可以利用貼上連結的方式，貼到 Word 或 PowerPoint 的文件中。變更 Excel 的圖表來源的表格資料後，變更的內容也會自動反映到貼上的圖表中。

將圖表貼到 Word

❶ 在 Excel 中選取圖表

❷ 按下**常用**頁次中的**複製**鈕，複製圖表

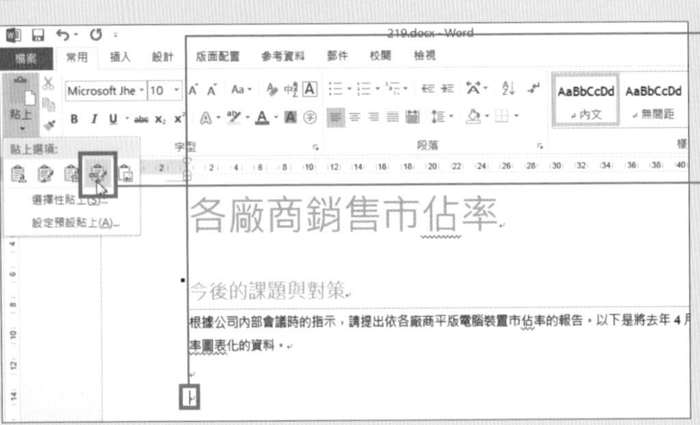

❸ 切換到 Word 視窗後，將滑鼠指標移動到要貼上圖表的位置上

❹ 按下**常用**頁次中的**貼上**鈕，然後從選單中選擇**保持來源格式設定並連結資料**

❺ Excel 的圖表被貼到 Word 中了。資料以連結方式貼上，因此在 Excel 中編輯資料來源表格的內容後，變更的內容也會反映在圖表中

SECTION
186
活用圖表

在儲存格中插入走勢圖

「走勢圖」是可以在儲存格中顯示折線圖或直條圖的功能。與另外製作的圖表不同在於，可以在表格中匯整資料與圖表，以便同時確認數值與資料發展趨勢或變化方向。

插入走勢圖

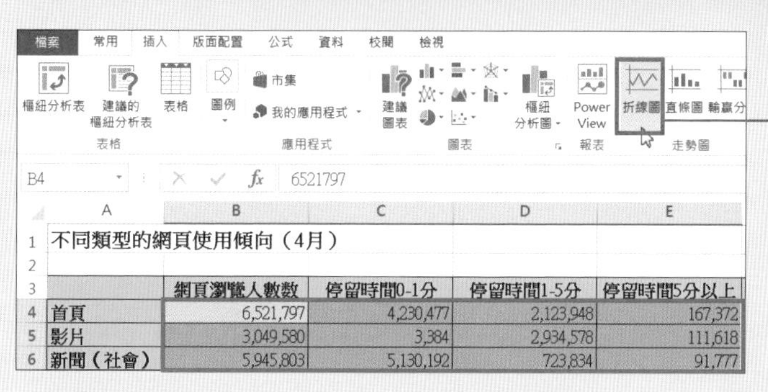

❶ 選取要圖表化的儲存格

❷ 在**插入**頁次的**走勢圖**區中，按下想要製作的圖表鈕（這裡為**折線圖**）

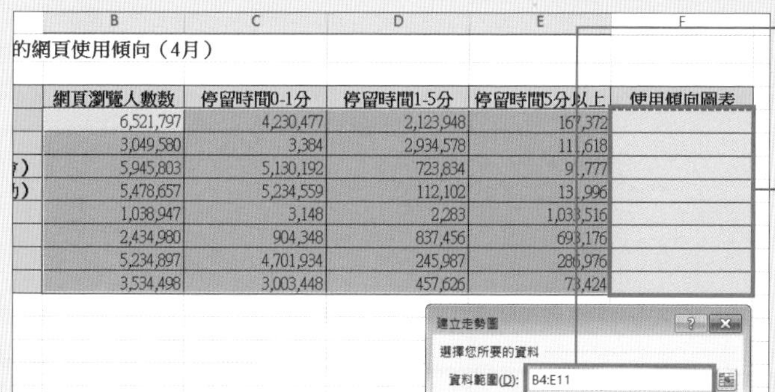

❸ 開啟**建立走勢圖**交談窗後，確認**資料範圍**欄是否為步驟 ❶ 所指定的儲存格範圍

❹ 選取要插入圖表的儲存格範圍後，選取的範圍會自動指定到**位置範圍**欄中

❺ 按下**確定**鈕

不同類型的網頁使用傾向（4月）

	網頁瀏覽人數數	停留時間1-5	停留時間5分以上	使用傾向圖表
首頁	6,521,797	2,12 48	167,372	
影片	3,049,580	2,9 578	111,618	
新聞（社會）	5,945,803	7 834	91,777	
新聞（運動）	5,478,657	2,102	131,996	
相簿	1,038,947	2,283	1,033,516	
音樂	2,434,980	837,456	693,176	
部落格	5,234,897	245,987	286,976	
網拍	3,534,498	457,626	73,424	

插入的走勢圖

❻ 圖表插入到儲存格中了。此圖表是依照各列資料的發展趨勢所製作的折線圖

MEMO: 走勢圖工具

在**走勢圖工具**的**設計**頁次中，可以變更圖表色彩、樣式及類型。另外，按下**清除**鈕，可以刪除走勢圖圖表。

COLUMN

依資料的特性選擇合適的圖表類型

雖然利用 Excel 的表格資料可以簡單且快速的繪製出圖表，但應該有不少人在製作的過程會猶豫要用哪種類型的圖表才能讓資料完整呈現吧！圖表的功能是將讓人不易理解的一連串數字資料，以視覺化的方式呈現，讓資料變得更有說服力。

例如，想要比較多個不同數值資料的大小時，可以選擇直條圖。要呈現一定期間內資料的變動、變化時，折線圖會比較適合。要確認特定範圍內各個資料的佔有率，則可以使用圓形圖。選擇圖表類型時，要選擇與「來源資料想要呈現的方式」相符的圖表。

在製作圖表時，還需要注意「不要讓圖表看起來很凌亂」。在 Excel 中的圖表設定或項目配置上，有很高的自由度，因此在製作時，要注意將表格簡化，儘可能將用不到的項目刪除，這樣才能直接將資料趨勢傳達給觀看者。

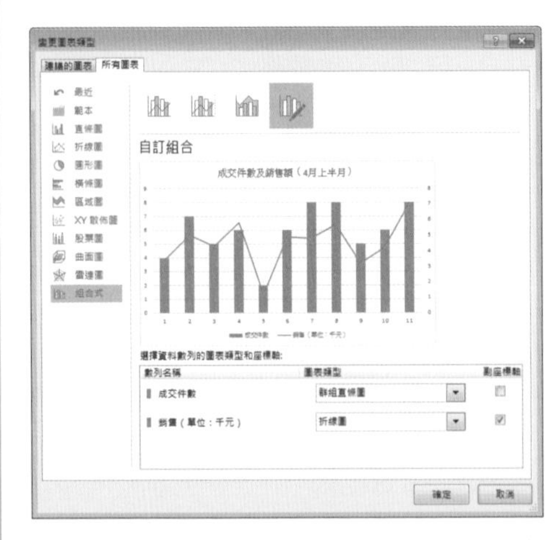

以資料想要呈現的方式為基準來選擇圖表。在 Excel 中可以製作出多種圖表類型，因此要掌握住每一個圖表的特性與功能

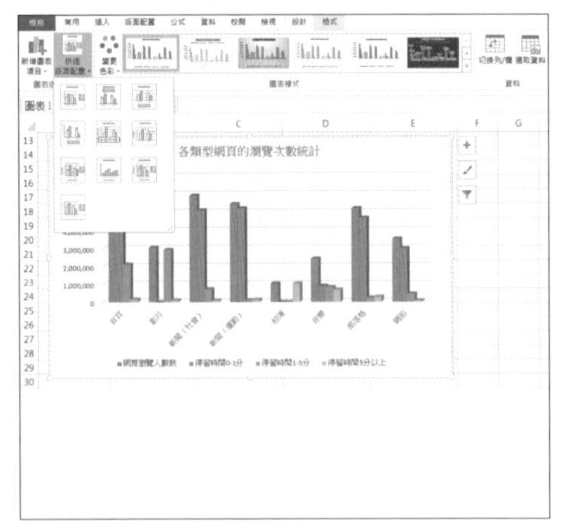

圖表呈現的重點不是要在圖表中呈現多少資料，而是要儘量將圖表簡單化。在繪製的過程中，以可以快速掌握資料趨勢的呈現方式，來考慮如何將不需要的項目刪除

第 7 章

大量資料的整理攻略！

資料的篩選與分析技巧

將資料升冪/降冪排序

想要替表格中的資料做排序，只要按下**排序與篩選**鈕就可以了。Excel 會自動將輸入在同一列的值當成同一筆資料，因此要以欄為單位執行排序。

選擇基準欄後將資料排序

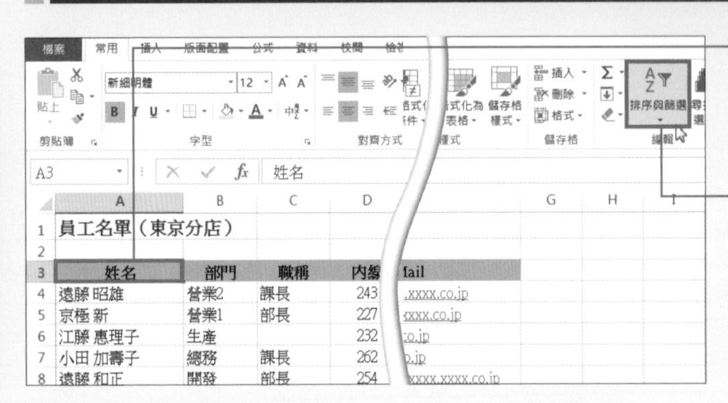

❶ 在要當成排序基準的欄上，選取任一個儲存格（這裡為**姓名**欄）

❷ 按下**常用**頁次中的**排序與篩選**鈕

❸ 從選單中選擇**從 A 到 Z 排序**

	A	B	C	D	E	F
1	員工名單（東京分店）					
2						
3	姓名	部門	職稱	內線	手機	Mail
4	大久保 道正	開發		256	080-xxxx-xxxx	ookubo@xxxx.xxxx.co.jp
5	大矢 美穗	開發		255	090-xxxx-xxxx	ooya@xxxx.xxxx.co.jp
6	大迫 雅彥	生產		234	090-xxxx-xxxx	oosako@xxxx.xxxx.co.jp
7	小田 加壽子	總務	課長	262	080-xxxx-xxxx	oda@xxxx.xxxx.co.jp
8	工滕 優一	營業2		245	090-xxxx-xxxx	kudou@xxxx.xxxx.co.jp
9	木村 哲治	生產		237	090-xxxx-xxxx	kimura@xxxx.xxxx.co.jp
10	加賀 健	生產		236	080-xxxx-xxxx	kaga@xxxx.xxxx.co.jp
11	加滕 沙月	總務	課長	263	090-xxxx-xxxx	katou-satsuki@xxxx.xxxx.co.jp
12	加滕 勇作	開發		257	080-xxxx-xxxx	katou@xxxx.xxxx.co.jp
13	石川 良太	生產	部長	231	090-xxxx-xxxx	ishikawa@xxxx.xxxx.co.jp
14	石井 美佐	開發		252	080-xxxx-xx	
15	伊良部 正美	營業2	課長	242	080-xxxx-xx	
16	伊部 洋子	開發	課長	253	080-xxxx-xxxx	

以升冪方式排序

❹ 以**姓名**為基準，將全部資料依筆劃由小到大排序

MEMO: 升冪與降冪

排序的方法有**升冪**或**降冪**可以選擇。**升冪**是指英文字母或數字依由小到大的方式排列，例如「ABCDE」或「1、2、3...」，**降冪**則相反。

一次排序多個欄位資料

資料的排序除了可以單一欄位為基準外，也可以多欄為基準。例如想要以部門及姓名的筆劃為基準將資料排序時，這會是很實用的技巧。

以多欄為基準將資料排序

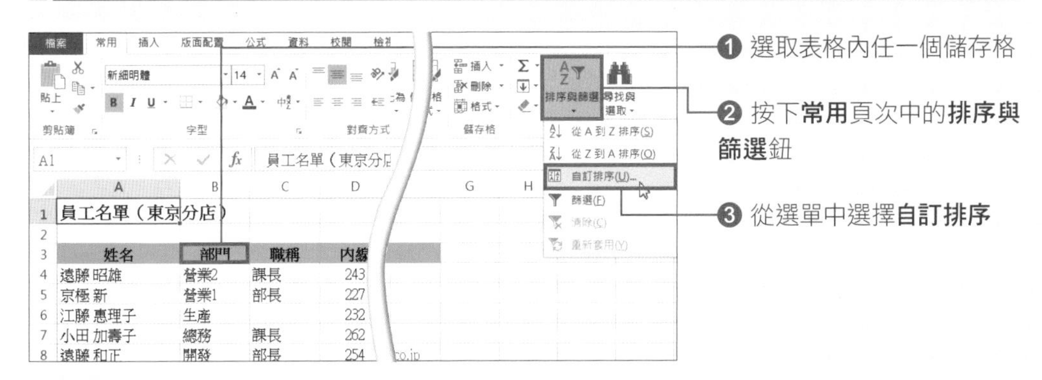

❶ 選取表格內任一個儲存格

❷ 按下**常用**頁次中的**排序與篩選**鈕

❸ 從選單中選擇**自訂排序**

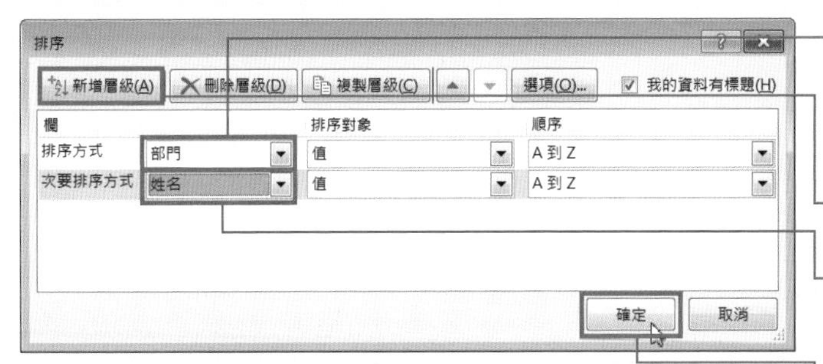

❹ 在**排序**交談窗的**排序方式**中選擇第 1 個基準欄 (這裡為**部門**)

❺ 按下**新增層級**鈕

❻ 在**次要排序方式**中選擇第 2 個基準欄 (這裡為**姓名**)

❼ 按下**確定**鈕

	A	B	C	D	E	F
1	員工名單（東京分店）					
2						
3	姓名	部門	職稱	內線	手機	Mail
4	大迫 雅彥	生產		234	090-xxxx-xxxx	oosako@xxxx.xxxx.co.jp
5	木村 哲治	生產		237	090-xxxx-xxxx	kimura@xxxx.xxxx.co.jp
6	加賀 健	生產		236	080-xxxx-xxxx	kaga@xxxx.xxxx.co.jp
7	石川 良太	生產	部長	231	090-xxxx-xxxx	ishikawa@xxxx.xxxx.co.jp
8	江滕 惠理子	生產		232	090-xxxx-xxxx	etou@xxxx.xxxx.co.jp
9	尾原 有記	生產		235	080-xxxx-xxxx	ohara@xxxx.xxxx.co.jp
10	阿部 洋二	生產		230	080-xxxx-xxxx	abe@xxxx.xxxx.co.jp
11	大久保 道正	開發		256	080-xxxx-xxxx	ookubo@xxxx.xxxx.co.jp
12	大矢 美穗	開發		255	090-xxxx-xxxx	ooya@xxxx.xxxx.co.jp
13	加滕 勇作	開發		257	080-xxxx-xxxx	katou@xxxx.xxxx.co.jp
14	石井 美佐	開發		252	080-xxxx-xxxx	
15	伊部 洋子	開發	課長	253	080-xxxx-xxxx	
16	芦田 優一	開發		251	090-xxxx-xxxx	

以 2 個基準將資料排序

❽ 資料會以**部門**及**姓名**的筆劃數將資料做排序

MEMO：層級

在**排序**交談窗中，排序的基準被稱為「層級」。

依照自訂的清單資料做排序

想要將部門資料依公司重視的程度來排序時，利用筆劃或字母順序排序，會無法依想要方式顯示，這時，可以先建立**自訂清單**來自訂排列順序，再將資料依照順序做排序。

建立使用者自訂清單

開啟想要變更排序的工作表

❶ 選取表格內的任一儲存格

❷ 按下**常用**頁次中的**排序與篩選**鈕，然後從選單中選擇**自訂排序**

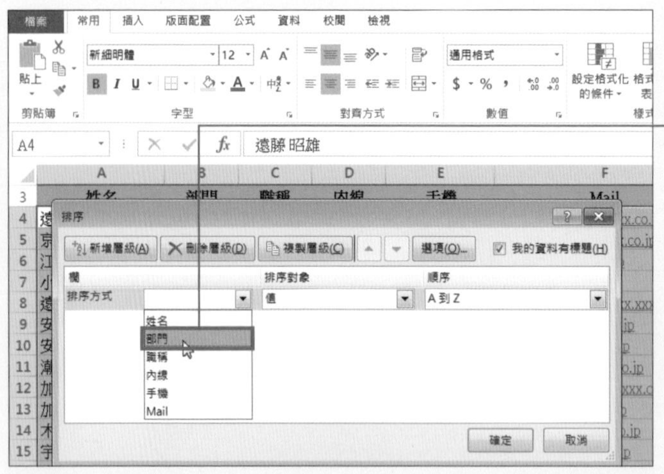

❸ 在**排序方式**中選擇要排序的欄位（這裡為**部門**）

❹ 在**順序**選單中選擇**自訂清單**

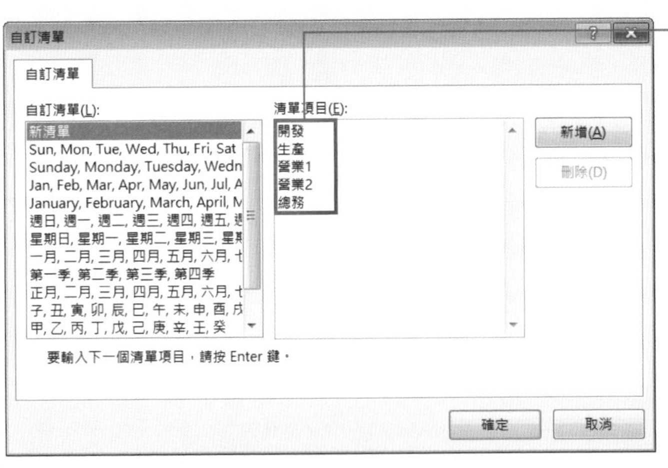

❺ 依想要的排序順序輸入值。值與值之間要按下 Enter 鍵換列，或以半形的「,」來區隔

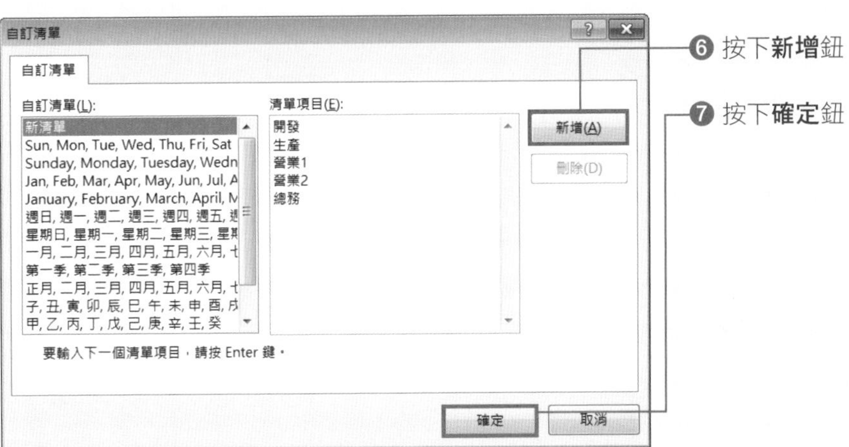

❻ 按下**新增**鈕

❼ 按下**確定**鈕

❽ 回到**排序**交談窗後，按下**確定**鈕

❾ 資料會依自訂順序將資料排序

MEMO: 在其他工作表中使用「自訂清單」

定義好的自訂排序順序也可以在其他工作表中使用。在步驟 ❺ **自訂清單**欄位中選擇自訂的排序順序，然後在**排序**交談窗中執行。

SECTION 190 排序

取消「合併儲存格」再做排序

當表格中含有合併儲存格時，執行排序後會出現警告訊息，資料無法進行排序。遇到這個情況時，要先取消表格中的合併儲存格。

取消合併儲存格

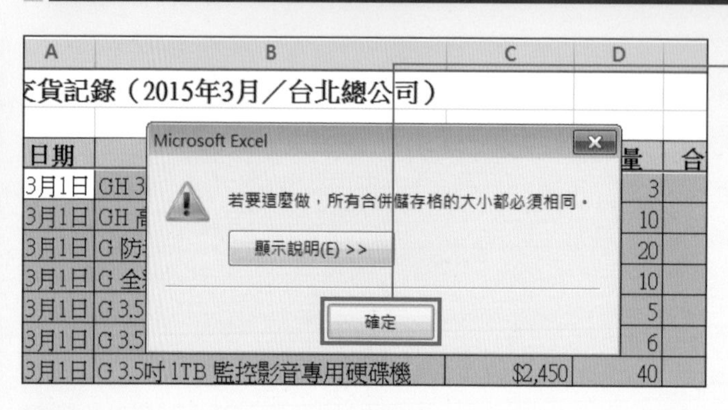

❶ 在有合併儲存格的表格中執行排序的話，就會出現警告訊息（Excel 2010 為「這項動作需要這些合併的儲存格具有同樣大小。」）。請按下**確定**鈕

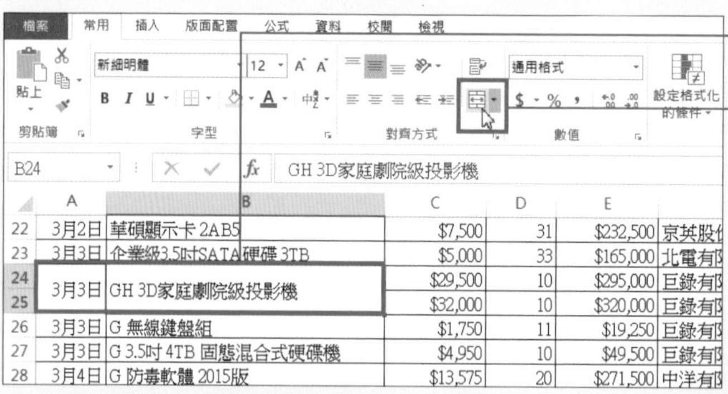

❷ 選取合併儲存格

❸ 按下**常用**頁次中的**跨欄置中**鈕

❹ 取消儲存格的合併後，表格就可以進行排序了。解除合併後的儲存格會出現空白儲存格，在空白儲存格中輸入適當的值或刪除空白儲存格

	A	B	C	D	E	
22	3月2日	華碩顯示卡 2AB5	$7,500	31	$232,500	京英股
23	3月3日	企業級3.5吋SATA硬碟 3TB	$5,000	33	$165,000	北電有
24	3月3日	GH 3D家庭劇院級投影機	$29,500	10	$295,000	巨錄有
25			$32,000	10	$320,000	巨錄有
26	3月3日	G 無線鍵盤組	$1,750	11	$19,250	巨錄有
27	3月3日	G 3.5吋 4TB 固態混合式硬碟機	$4,950	10	$49,500	巨錄有
28	3月4日	G 防毒軟體 2015版	$13,575	20	$271,500	中洋有
29	3月4日	GH 3D家庭劇院級投影機	$29,500	30	$885,000	良成有
30	3月4日	G 無線鍵盤組	$1,750	10	$17,500	良成有
31	3月4日	G 無線鍵盤組	$1,750	5	$8,750	良成有
32	3月4日	GH 3D家庭劇院級投影機	$29,5			股
33	3月4日	G 3.5吋 4TB 固態混合式硬碟機	$4,9			股
34	3月4日	G 防毒軟體 2015版	$13,575	21	$285,075	台港股

取消儲存格的合併

MEMO: 排序的情況下，不要將儲存格合併

表格中即使只有 1 個合併儲存格，也無法將資料排序。因此若想要執行排序時，就不要在表格中出現合併儲存格。

SECTION **191**

排序

套用「篩選」功能並排序資料

在表格中套用**篩選**功能後，就能直接從各欄的標題列將資料排序。常需要分析以單欄為基準的資料時，先將表格套用**篩選**功能，以便將資料排序。

套用「篩選」功能

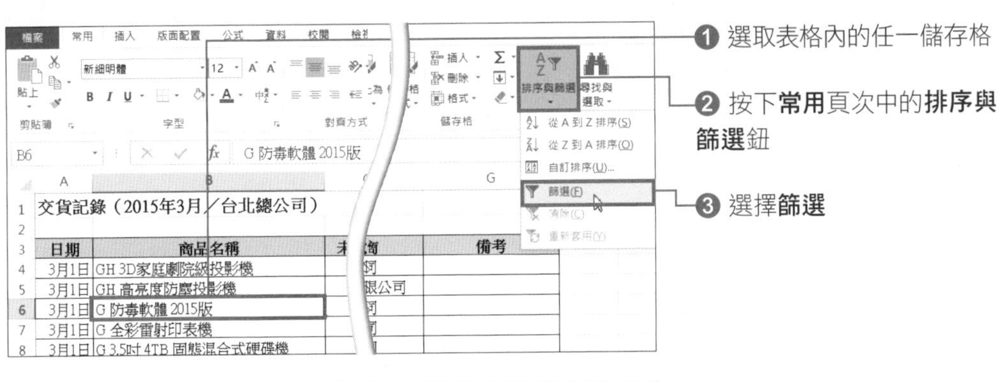

❶ 選取表格內的任一儲存格

❷ 按下**常用**頁次中的**排序與篩選**鈕

❸ 選擇**篩選**

交貨記錄（2015年3月／台北總公司）

日期	商品名稱	未稅價格	數量	合計金額	出貨商
3月1		$29,500	3	$88,500	北電有限公司
3月1E		$22,200	10	$222,000	來德股份有限公司
3月1E		$13,575	20	$271,500	北電有限公司
3月1E		$4,950	10	$49,500	北電有限公司
3月1E		$4,950	5	$24,750	北電有限公司
3月1E		$5,375	6	$32,250	京英股份有限公司
3月1E		$2,450	40	$98,000	巨錄有限公司
3月1E		$6,950	2	$13,900	巨錄有限公司

從 A 到 Z 排序(S)
從 Z 到 A 排序(O)
依色彩排序(T)
清除 "商品名稱" 的篩選(C)
依色彩篩選(I)
文字篩選(F)
搜尋
(全選)

❹ 出現此按鈕，表示已套用篩選功能，按下**商品名稱**欄旁的箭頭

❺ 選擇**從 A 到 Z 排序**

交貨記錄（2015年3月／台北總公司）

日期	商品名稱	未稅價格	數量	合計金額	出貨商
3月2日	8G(4G*2)超頻雙通道記憶體	$2,950	76	$224,200	北電有限公司
3月1日	G 3.5吋 1TB 監控影音專用硬碟機	$2,450	40	$98,000	巨錄有限公司
3月1日	G 3.5吋 3TB 監控影音專用硬碟機	$5,375	6	$32,250	京英股份有限公司
3月2日	G 3.5吋 3TB 監控影音專用硬碟機	$5,375	76	$408,500	七福股份有限公司
3月2日	G 3.5吋 3TB 監控影音專用硬碟機	$5,375	100	$537,500	來德股份有限公司
3月6日	G 3.5吋 3TB 監控影音專用硬碟機	$5,375	31	$166,625	七福股份有限公司
3月7日	G 3.5吋 3TB 監控影音專用硬碟機	$5,375	6	$32,250	七福股份有限公司
3月14日	G 3.5吋 3TB 監控影音專用硬碟機	$5,375	67	$360,125	耐普股份有限公司
3月15日	G 3.5吋 3TB 監控影音專用硬碟機	$5,375	21	$112,875	良成有限公司
3月17日	G 3.5吋 3TB 監控影音專用硬碟機	$5,375	13	$69,875	耐普股份有限公司
3月1日	G 3.5吋 4TB 固態混合式硬碟機	$4,950	5	$24,750	北電有限公司
3月3日	G 3.5吋 4TB 固態混合式硬碟機	$4,950	10	$49,500	巨錄有限公司
3月4日	G 3.5吋 4TB 固態混合式硬碟機	$4,950	1	$4,950	台港股份有限公司
3月7日	G 3.5吋 4TB 固態混合式硬碟機	$4,950	21	$103,950	台港股份有限公司
3月12日	G 3.5吋 4TB 固態混合式硬碟機	$4,950	76	$376,200	中洋有限公司
3月14日	G 3.5吋 4TB 固態混合式硬碟機	$4,950	30	$148,500	耐普股份有限公司
3月14日	G 3.5吋 4TB 固態混合式硬碟機	$4,950	10	$49,500	來德股份有限公司
3月14日	G 3.5吋 4TB 固態混合式硬碟機				
3月15日	G 3.5吋 4TB 固態混合式硬碟機				

工作表1

商品名稱以升冪方式排序

❻ 以**商品名稱**為基準，將資料以升冪方式排序

第 7 章 》排序

SECTION 192

取得資料

找出特定廠商的資料

在表格中套用**篩選**功能後，除了能將資料排序外，還可以找出指定條件的資料。即使在龐大的資料中，也能快速取得特定廠商的相關資料。

取得滿足條件的資料

	A	B	C	D	E	F
1	交貨記錄（2015年3月／台北總公司）					
2						
3	日期	商品名稱	未稅價格	數量	合計金額	出貨商
4	3月1日	GH 3D家庭劇院級投影機	$29,500	3	$88,500	北電有限公司
5	3月1日	GH 高亮度防塵投影機	$22,200	10	$222,000	來德股份有限公司
6	3月1日	G 防毒軟體 2015版	$13,575	20	$271,500	北電有限公司
7	3月1日	G 全彩雷射印表機	$4,950	10	$49,500	北電有限公司
8	3月1日	G 3.5吋 4TB 固態混合式硬碟機	$4,950	5	$24,750	北電有限公司
9	3月1日	G 3.5吋 3TB 監控影音專用硬碟機	$5,375	6	$32,250	京英股份有限公司
10	3月1日	G 3.5吋 1TB 監控影音專用硬碟機	$2,450	40	$98,000	[illegible]
11	3月1日	G 500GB 固態硬碟	$6,950	2	[illegible]	[illegible]
12	3月1日	G 雲端防毒軟體 2015版	$14,000	21	[illegible]	[illegible]
13	3月1日	G 原廠黑水匣組合包	$9,950	33	$328,350	七福股份有限公司

利用上個單元的方法，將表格套用篩選

3	日期	商品名稱	未稅價格	數量	合計金額	出貨商
4	3月1日	GH 3D家庭劇院級投影機	$29,500			
5	3月1日	GH 高亮度防塵投影機	$22,200			
6	3月1日	G 防毒軟體 2015版	$13,575			
7	3月1日	G 全彩雷射印表機	$4,950			
8	3月1日	G 3.5吋 4TB 固態混合式硬碟機	$4,950			
9	3月1日	G 3.5吋 3TB 監控影音專用硬碟機	$5,375			
10	3月1日	G 3.5吋 1TB 監控影音專用硬碟機	$2,450			
11	3月1日	G 500GB 固態硬碟	$6,950			
12	3月1日	G 雲端防毒軟體 2015版	$14,000			
13	3月1日	G 原廠黑水匣組合包	$9,950			
14	3月2日	G 3.5吋 3TB 監控影音專用	[illegible]			
15	3月2日	G 3.5吋 3TB 監控影音專用	[illegible]			
16	3月2日	G 無線鍵盤組	[illegible]			
17	3月2日	G 超清晰Wi-Fi 7吋聲控導航平板	$4,750			
18	3月2日	G 頭戴式立體聲AV耳機	$18,000			
19	3月2日	立體聲掛耳耳機 5z	$1,445			
20	3月2日	G 無線雙頻路由器	$1,070			
21	3月2日	8G(4G*2)超頻雙通道記憶體	$2,950	76	$224,200	北電有限公司

❶ 按下**出貨商**欄標題的箭頭

❷ 先取消勾選**全選**項目，再勾選想要顯示的值（這裡為出貨商的公司名稱）

❸ 按下**確定**鈕

3	日期	商品名稱	未稅價格	數量	合計金額	出貨商
9	3月1日	G 3.5吋 3TB 監控影音專用硬碟機	$5,375	6	$32,250	京英股份有限公司
19	3月2日	立體聲掛耳耳機 5z	$1,445	21	$30,345	京英股份有[illegible]
22	3月2日	華碩顯示卡 2AB5	$7,500	31	$232,500	京英股份有[illegible]
28	3月4日	GH 3D家庭劇院級投影機	$29,500	30	$885,000	良成有限公司
29	3月4日	G 無線鍵盤組	$1,750	10	$17,500	良成有限公司
30	3月4日	G 無線鍵盤組	$1,750	5	$8,750	良成有限公司
72	3月15日	G 3.5吋 4TB 固態混合式硬碟機	$4,950	20	$99,000	良成有限公司
73	3月15日	G 防毒軟體 2015版	$13,575	10	$135,750	良成有限公司
74	3月15日	G 無線鍵盤組	$1,750	5	$8,750	良成有限公司
75	3月15日	G 3.5吋 4TB 固態混合式硬碟機	$4,950	6	$29,700	良成有限公司
76	3月15日	G 防毒軟體 2015版	$13,575	40	$543,000	良成有限公司
77	3月15日	G 3.5吋 4TB 固態混合式硬碟機	$4,950	2	$9,900	良成有限公司
78	3月15日	G 3.5吋 3TB 監控影音專用硬碟機	$5,375	21	$112,875	良成有限公司
83	3月17日	GH 高亮度防塵投影機	$22,200	40	$888,000	京英股份有限公司
84	3月20日	GH 高亮度防塵投影機	$22,200	11	$244,200	京英股份有限公司
85	3月20日	G 無線鍵盤組	[illegible]	[illegible]	[illegible]	[illegible]
86	3月20日	G 防毒軟體 2015版	[illegible]	[illegible]	[illegible]	[illegible]
87	3月20日	GH 高亮度防塵投影機	[illegible]	[illegible]	[illegible]	[illegible]
88	3月24日	G 3.5吋 4TB 固態混合式硬碟機	$4,950	31	$153,450	京英股份有限公司

取得特定的出貨商資料

❹ 只會取得勾選值的資料。當在欄位中取得特定資料時，欄標題旁的按鈕會變成篩選圖示

找出比指定值大的資料

篩選功能中的**數字篩選**可以設定比指定值大（或小）等的條件後，取出滿足條件的數值。想要在銷售成績清單等資料中顯示高分數的資料時，會是很好用的功能。

利用「數字篩選」功能

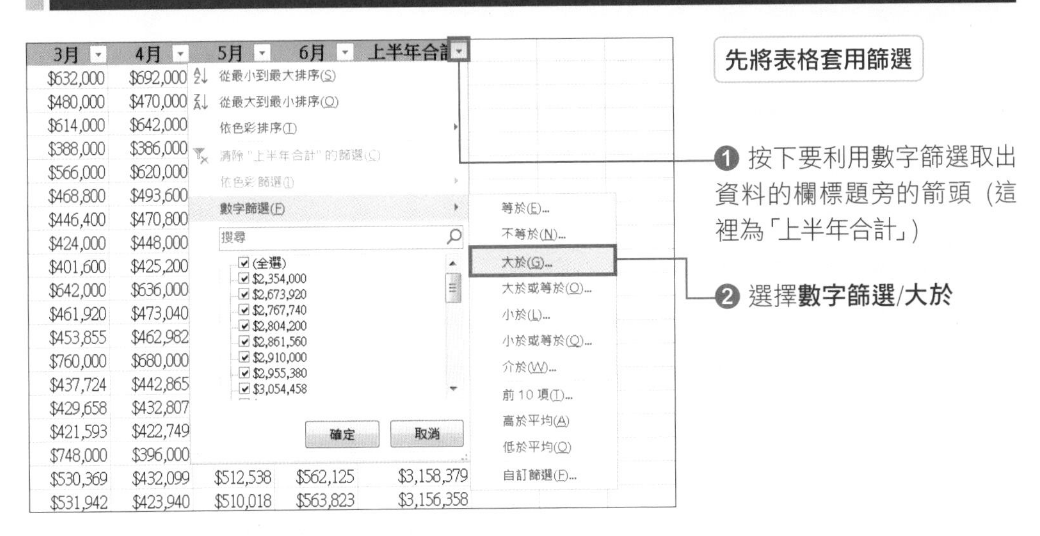

先將表格套用篩選

❶ 按下要利用數字篩選取出資料的欄標題旁的箭頭（這裡為「上半年合計」）

❷ 選擇**數字篩選/大於**

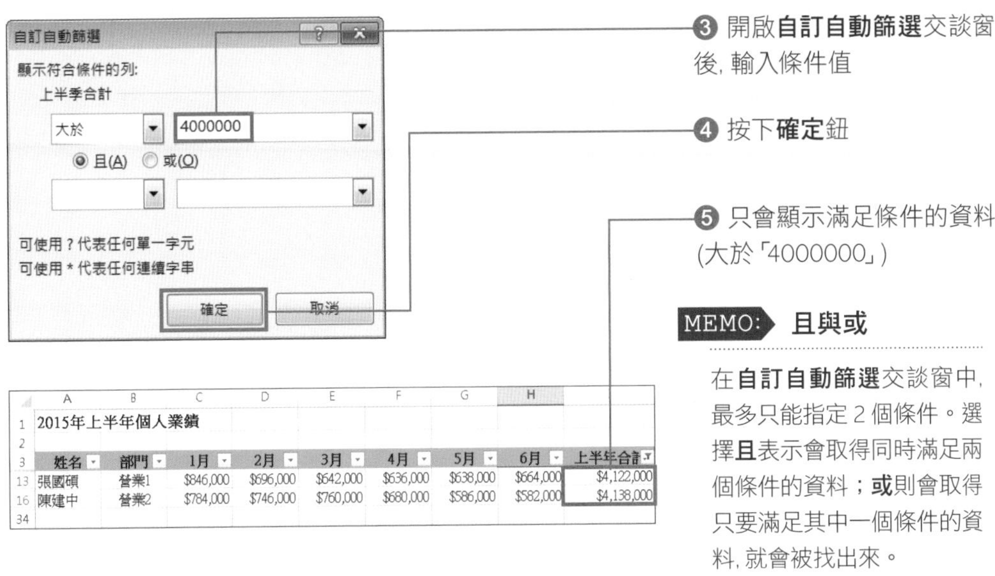

❸ 開啟**自訂自動篩選**交談窗後，輸入條件值

❹ 按下**確定**鈕

❺ 只會顯示滿足條件的資料（大於「4000000」）

MEMO: 且與或

在**自訂自動篩選**交談窗中，最多只能指定 2 個條件。選擇**且**表示會取得同時滿足兩個條件的資料；**或**則會取得只要滿足其中一個條件的資料，就會被找出來。

SECTION 194 取得資料

取得銷售前 10 名的資料

數字篩選中的**前 10 項**是指可以從資料中取出最前（或最後）資料的功能。除了可以任意指定想要取出的資料筆數外，還可以指定想要取得最前/最後的百分之幾的資料。

使用「前 10 項」功能

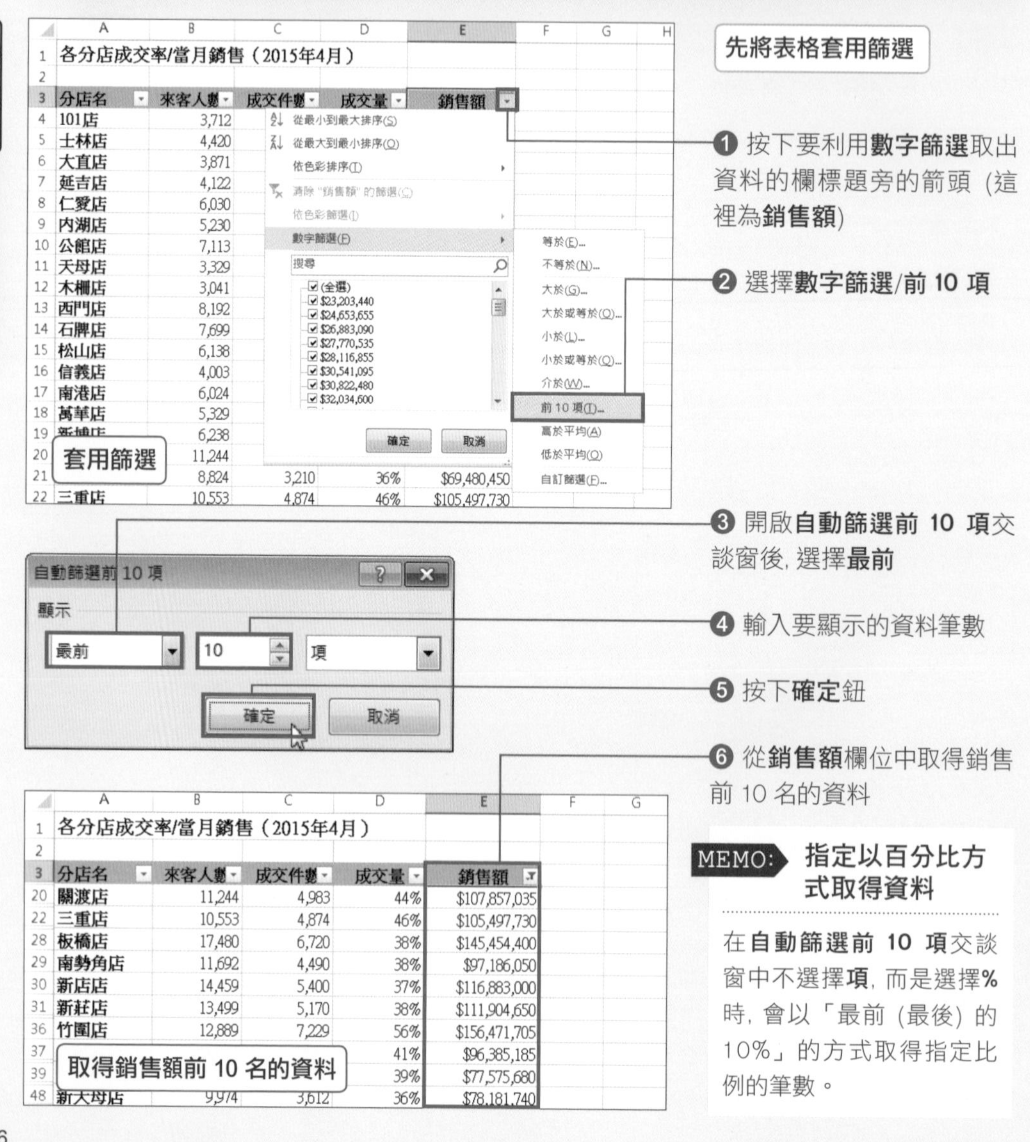

先將表格套用篩選

❶ 按下要利用**數字篩選**取出資料的欄標題旁的箭頭（這裡為**銷售額**）

❷ 選擇**數字篩選/前 10 項**

❸ 開啟**自動篩選前 10 項**交談窗後，選擇**最前**

❹ 輸入要顯示的資料筆數

❺ 按下**確定**鈕

❻ 從**銷售額**欄位中取得銷售前 10 名的資料

MEMO: 指定以百分比方式取得資料

在**自動篩選前 10 項**交談窗中不選擇**項**，而是選擇**%**時，會以「最前（最後）的 10%」的方式取得指定比例的筆數。

SECTION
195
取得資料

取得小於平均值的資料

在**數字篩選**中，可從特定欄的資料中計算出平均值，因此可以取得小於（或大於）平均值的資料。利用此方法可以輕鬆從員工名單中取得小於平均年齡的年輕員工。

使用「數字篩選」功能的「低於平均」

	A	B	C	D	E	F	G
3	姓名	部門	職稱	生日	年齡	內線	手機
4	遠滕 昭雄	營業2	課長	1971/4/3	[illegible]	243	080-xxxx-xxxx
5	京極 新	營業1	部長	1992/3/20	23	227	090-xxxx-xxxx
6	江滕 惠理子	生產		1973/5/20	42	232	090-xxxx-xxxx
7	小田 加壽子	總務	課長	1975/11/12	40	262	080-xxxx-xxxx
8	遠滕 和正	開發	部長	1960/4/7	55	254	090-xxxx-xxxx
9	安滕 勝男	營業1		1984/10/10	31	222	080-xxxx-xxxx

先將表格套用篩選

❶ 按下要利用**數字篩選**取出資料的欄標題旁的箭頭（這裡為**年齡**）

	姓名	部門	職稱	生日	年齡	內線	手機
4	遠滕 昭雄	營業2				243	080-xxxx-xxxx
5	京極 新	營業1				227	090-xxxx-xxxx
6	江滕 惠理子	生產				232	090-xxxx-xxxx
7	小田 加壽子	總務				262	080-xxxx-xxxx
8	遠滕 和正	開發				254	090-xxxx-xxxx
9	安滕 勝男	營業1					
10	安西 邦弘	營業1					x-xxxx
11	潮田 久美子	營業1					x-xxxx
12	加滕 沙月	總務					x-xxxx
13	加賀 健	生產					x-xxxx
14	木村 哲治	生產					x-xxxx
15	宇多田 輝	營業1					x-xxxx
16	大迫 雅彥	生產					x-xxxx
17	伊良部 正美	營業2					x-xxxx
18	足立 幹夫	營業2					x-xxxx
19	石井 美佐	開發					x-xxxx
20	神田 瑞樹	營業2					x-xxxx
21	大久保 道正	開發		1983/10/1	31		x-xxxx

從最小到最大排序(S)
從最大到最小排序(O)
依色彩排序(T)
清除 "年齡" 的篩選(C)
依色彩篩選(I)
數字篩選(F)
搜尋
(全選)
23
24
26
27
28
29
30
31
確定
取消

等於(E)...
不等於(N)...
大於(G)...
大於或等於(O)...
小於(L)...
小於或等於(Q)...
介於(W)...
前 10 項(T)...
高於平均(A)
低於平均(O)
自訂篩選(F)...

❷ 選擇**數字篩選/低於平均**

	姓名	部門	職稱	生日	年齡	內線	手機
5	京極 新	營業1	部長	1992/3/20	23	227	090-xxxx-xxxx
9	安滕 勝男	營業1		1984/10/10	30	222	080-xxxx-xxxx
10	安西 邦弘	營業1		1988/8/21	26	223	080-xxxx-xxxx
11	潮田 久美子	營業1		1982/12/27	32	225	080-xxxx-xxxx
13	加賀 健	生產		1991/8/10	24	236	080-xxxx-xxxx
16	大迫 雅彥	生產		1989/7/20	26	234	090-xxxx-xxxx
18	足立 幹夫	營業2		1981/2/1	34	241	090-xxxx-xxxx
20	神田 瑞樹	營業2	部長	1985/6/30	30	244	080-xxxx-xxxx
21	大久保 道正	開發		1983/10/1	31	256	080-xxxx-xxxx
22	大矢 美穗	開發		1984/5/20	31	255	090-xxxx-xxxx
23	芦田 優一	開發		1986/10/14	28	251	090-xxxx-xxxx
24	工滕 優一	營業2		1988/7/1	27	245	090-xxxx-xxxx
25	尾原 有記	生產		1980/8/19	34	235	080-xxxx-xxxx
26	加滕 勇作	開發		1990/8/19	24	257	080-xxxx-xxxx
27	神山 由紀子	總務		1981/3/3	34	264	090-xxxx-xxxx
28	荏田 由美	總務	部長	1982/4/14	33	261	090-xxxx-xxxx
29	伊部 洋子	開發	課長	1983/11/21	31	253	080-xxxx-xxxx
32	石川 良太	生產	部長	1980/9/3	34	231	090-xxxx-xxxx
33	柿沢 敬	開發		1985/10/16	29	258	080-xxxx-xxxx

❸ 從**年齡**欄位中取得小於平均值的資料

MEMO: 按右鍵篩選

想要在範例的表格中只取得「年齡為 25 歲」的資料時，可以在**年齡**欄位中輸入「25」的儲存格上按下滑鼠右鍵，然後從選單中選擇**篩選/以選取儲存格的值篩選**。

第7章 》取得資料

SECTION
196 取得儲存格中填滿特定色彩的資料

取得資料

篩選中的**依色彩篩選**可以取得在儲存格或字串中設定「顏色」的資料。與格式化的條件相互配合使用的話, 可以輕鬆取得套用特定色彩的資料。

利用「色彩篩選」功能

F	G	H	I	J	K
4月	5月	6月	上半年合計	銷售目標	達成率
$692,000	$598,000	$622,000	$3,784,000	$3,000,000	126%
$470,000	$490,000	$492,000	$2,804,200	$4,000,000	70%
$642,000	$620,000	$604,000	$3,702,000	$4,000,000	93%
$386,000	$400,000	$402,000	$2,354,000	$3,000,000	78%
$620,000	$610,000	$616,000	$3,540,000	$4,000,000	89%
$493,600	$523,800	$516,600	$2,955,380	$3,000,000	99%
$470,800	$517,200	$506,400	$2,861,560	$5,000,000	57%
$448,000	$510,600	$496,200	$2,767,740	$4,000,000	69%
$425,200	$504,000	$486,000	$2,673,920	$3,000,000	89%
$636,000	$638,000	$664,000	$4,122,000	$4,000,000	103%
$473,040	$547,040	$540,880	$3,103,040	$3,000,000	103%

先將表格套用篩選

❶ 按下套用色彩儲存格的欄標題旁的箭頭 (這裡為**達成率**)

❷ 選擇**依色彩篩選**

❸ 從色彩選單中選擇想要取得的儲存格或文字的色彩

MEMO: **與格式化的條件功能配合使用**

利用**單元 080~083** 的方法在表格中設定格式化的條件, 然後再使用**色彩篩選**, 就能快速將想要的資料取出。

F	G	H	I	J	K
4月	5月	6月	上半年合計	銷售目標	達成率
$642,000	$620,000	$604,000	$3,702,000	$4,000,000	93%
$620,000	$610,000	$616,000	$3,540,000	$4,000,000	89%
		$516,600	$2,955,380	$3,000,000	99%
		$486,000	$2,673,920	$3,000,000	89%
$680,000	$586,000	$582,000	$4,138,000	$5,000,000	83%

套用色彩篩選

❹ 只會取得填滿指定色彩的資料

清除資料篩選

在前面的單元中，介紹使用**篩選**功能可以只取得滿足條件的資料，若要再次顯示表格中的所有資料，則要將篩選設定清除。清除篩選時，可以從欄標題的選單中執行。

清除篩選，顯示表格中的所有資料

在表格中取得篩選後的資料

F3 出貨商

3	日期	商品名稱	未稅價格	數量	合計金額	出貨商
9	3月1日	G 3.5吋 3TB 監控影音專用硬碟機	$5,375	6	$32,250	京英股份有限公司
19	3月2日	立體聲掛耳耳機 5z	$1,445	21	$30,345	京英股份有限公司
22	3月2日	華碩顯示卡 2AB5	$7,500	31	$232,500	京英股份有限公司
29	3月4日	GH 3D家庭劇院級投影機	$29,500	30	$885,000	良成有限公司
30	3月4日	G 無線鍵盤組	$1,750	10	$17,500	良成有限公司
31	3月4日	G 無線鍵盤組	$1,750	5	$8,750	良成有限公司
73	3月15日	G 3.5吋 4TB 固態混合式硬碟機	$4,950	20	$99,000	良成有限公司
74	3月15日	G 防毒軟體 2015版	$13,575	10	$135,750	良成有限公司
75	3月15日	G 無線鍵盤組	$1,750	5	$8,750	良成有限公司
76	3月15日	G 3.5吋 4TB 固態混合式硬碟機	$4,950	6	$29,700	良成有限公司
77	3月15日	G 防毒軟體 2015版	$13,575	40	$543,000	良成有限公司
78	3月15日	G 3.5吋 4TB 固態混合式硬碟機	$4,950	2	$9,900	良成有限公司
79	3月15日	G 3.5吋 3TB 監控影音專用硬碟機	$5,375	21	$112,875	良成有限公司

❶ 按下欄標題的箭頭

F3 出貨商

3	日期	商品名稱	未稅價格	數量	合計金額	出貨商
9	3月1日	G 3.5吋 3TB 監控影音專用硬碟機	$5,375			
19	3月2日	立體聲掛耳耳機 5z	$1,445			
22	3月2日	華碩顯示卡 2AB5	$7,500			
29	3月4日	GH 3D家庭劇院級投影機	$29,500			
30	3月4日	G 無線鍵盤組	$1,750			
31	3月4日	G 無線鍵盤組	$1,750			
73	3月15日	G 3.5吋 4TB 固態混合式硬碟機	$4,950			
74	3月15日	G 防毒軟體 2015版	$13,575			
75	3月15日	G 無線鍵盤組	$1,750			
76	3月15日	G 3.5吋 4TB 固態混合式硬碟機	$4,950			
77	3月15日	G 防毒軟體 2015版	$13,575			
78	3月15日	G 3.5吋 4TB 固態混合式硬碟機	$4,950			
79	3月15日	G 3.5吋 3TB 監控影音專用硬碟機	$5,375			
84	3月17日	GH 高亮度防塵投影機	$22,200			
85	3月20日	GH 高亮度防塵投影機	$22,200			

從 A 到 Z 排序(S)
從 Z 到 A 排序(O)
依色彩排序(T)
清除 "出貨商" 的篩選(C)
依色彩篩選(I)
文字篩選(F)
搜尋
■ (全選)
☐ 七福股份有限公司
☐ 中洋有限公司
☐ 北電有限公司
☐ 台港股份有限公司
☐ 巨錄有限公司
☑ 良成有限公司
☑ 京英股份有限公司
☐ 來德股份有限公司

❷ 選擇**清除 "(欄標題)" 的篩選**項目

F3 出貨商

3	日期	商品名稱	未稅價格	數量	合計金額	出貨商
4	3月1日	GH 3D家庭劇院級投影機	$29,500	3	$88,500	北電有限公司
5	3月1日	GH 高亮度防塵投影機	$22,200	10	$222,000	來德股份有限公司
6	3月1日	G 防毒軟體 2015版	$13,575	20	$271,500	北電有限公司
7	3月1日	G 全彩雷射印表機	$4,950	10	$49,500	北電有限公司
8	3月1日	G 3.5吋 4TB 固態混合式硬碟機	$4,950	5	$24,750	北電有限公司
9	3月1日	G 3.5吋 3TB 監控影音專用硬碟機	$5,375	6	$32,250	京英股份有限公司
10	3月1日	G 3.5吋 1TB 監控影音專用硬碟機	$2,450	40	$98,000	巨錄有限公司
11	3月1日	G 500GB 固態硬碟	$6,950	2	$13,900	巨錄有限公司
12	3月1日	G 雲端防毒軟體 2015版	$14,000	21	$294,000	中洋有限公司
13	3月1日	G 原廠黑水匣組合包	$9,950	33	$328,350	七福股份有限公司
14	3月2日	G 3.5吋 3TB 監控影音專用硬碟機	$5,375	76	$408,500	七福股份有限公司
15	3月2日	G 3.5吋 3TB 監控影音專用硬碟機	$5,375	100	$537,500	來德股份有限公司
16	3月2日	G 無線鍵盤組	$1,750	13	$22,750	北電有限公司
17	3月2日	G 超清晰Wi-Fi 7吋聲控導航平板	$4,750	40	$190,000	北電有限公司
18	3月2日	G 頭戴式立體聲AV耳機	$18,000	11	$198,000	北電有限公司

❸ 清除篩選後，所有資料就會重新顯示

MEMO: 一次清除所有篩選

想要一次清除套用在多個欄位的篩選時，要按下**常用**頁次中的**排序與篩選**，然後從選單中選擇**清除**。

SECTION **198** 表格

將資料轉換成表格

想要輕鬆的輸入、分析資料時，可以將資料轉換成「表格」。轉換時，只要從原本內建的豐富「樣式」選單選擇想要套用的樣式後，標題欄、儲存格色彩、字型等，都會自動套用其樣式。

轉換成「表格」並套用樣式

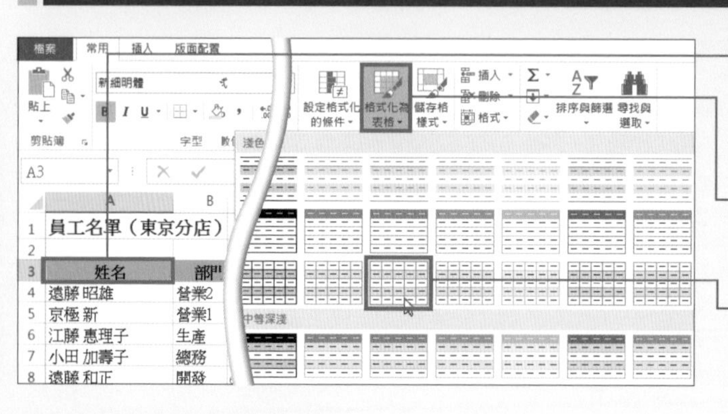

❶ 在要轉換成表格的資料中完成輸入後，選取資料中的任一儲存格

❷ 從**常用**頁次中按下**格式化為表格**鈕

❸ 從出現的樣式選單中選擇想要套用的樣式

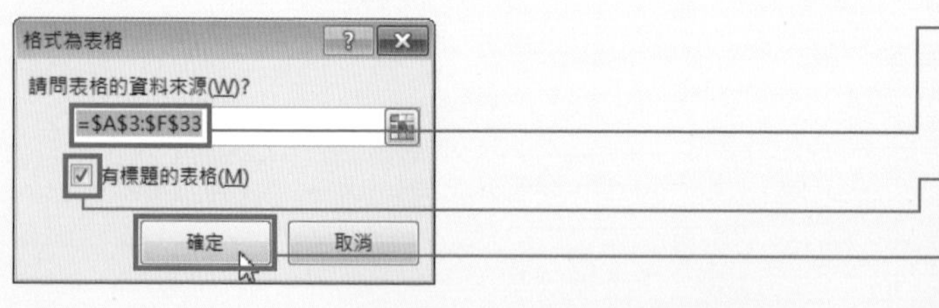

❹ 確認設定資料來源是否為整個表格的儲存格範圍

❺ 勾選**有標題的表格**

❻ 按下**確定**鈕

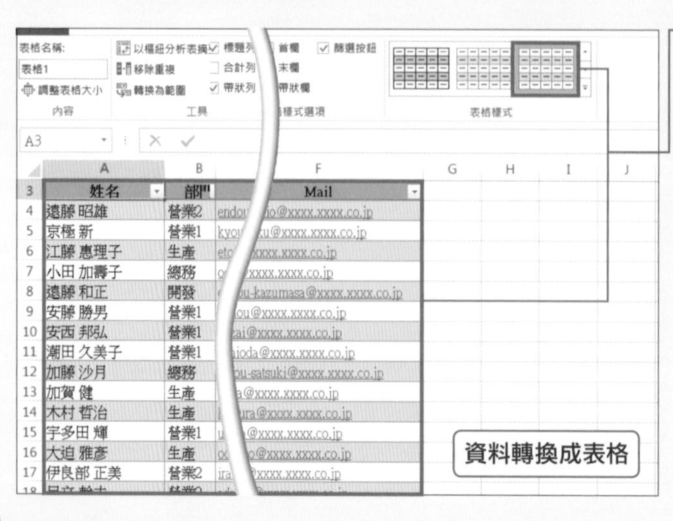

❼ 資料依照選擇的樣式自動變更格式後轉換成表格

MEMO: 表格

「表格」是指將資料輸入或合計等專業化的特殊資料格式。將資料轉換成表格後，新增加的資料，其格式會自動設定成統一的格式，也可以快速插入合計列 (參照**單元 199**)。另外，會在表格中自動套用**篩選**功能，因此資料的取得、排序都會變得較省力。

在表格中增加合計列

將資料轉換成表格後，可以在表格中插入合計列。合計列會插入在表格的最後一列，這個特殊的合計列可以計算出各欄輸入值的加總、平均值、項目個數等。

加上合計列並執行加總

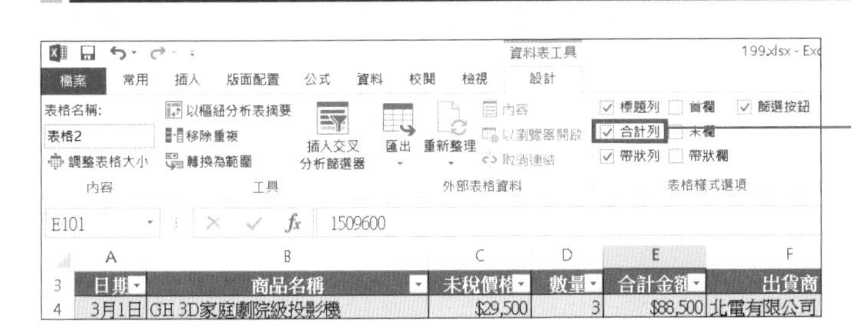

先將資料轉換成表格

❶ 選取表格中的任一儲存格，勾選**設計**頁次中的**合計列**

	日期	商品名稱	未稅價格	數量	合計金額	出貨商
99	3月30日	G 全彩雷射印表機	$4,950	21	$103,950	巨錄有
100	3月30日	GH 高亮度防塵投影機	$22,200	67	$1,487,400	巨錄有
101	3月30日	GH 高亮度防塵投影機	$22,200	68	$1,509,600	巨錄有
102	3月30日	G 無線鍵盤組	$1,750	31	$54,250	巨錄有
103	3月30日	G 3.5吋 4TB 固態混合式硬碟機	$4,950	5	$24,750	巨錄有
104	合計					
105						

❷ 合計列會插入在表格的最後一列

❸ 選取合計列上的任一儲存格後，按下出現的 ▾ 鈕

❹ 從清單中選擇想要合計的方法

	日期	商品名稱	未稅價格	數量	合計金額	出貨商
100	3月30日	GH 高亮度防塵投影機	$22,200	67	$1,487,400	巨錄有
101	3月30日	GH 高亮度防塵投影機	$22,200	68	$1,509,600	巨錄有
102	3月30日	G 無線鍵盤組	$1,750	31	$54,250	巨錄有
103	3月30日	G 3.5吋 4TB 固態混合式硬碟機	$4,950	5	$24,750	巨錄有
104	合計					

無
平均值
項目個數
數字項個數
最大值
最小值
加總
標準差

選擇合計方法

❺ 資料合計的結果會顯示在合計列的儲存格

	日期	商品名稱	未稅價格	數量	合計金額	出貨商
100			$22,200	67	$1,487,400	巨錄有
101			$22,200	68	$1,509,600	巨錄有
102	3月30日	G 無線鍵盤組	$1,750	31	$54,250	巨錄有
103	3月30日	G 3.5吋 4TB 固態混合式硬碟機	$4,950	5	$24,750	巨錄有
104	合計				$29,859,535	
105						

輕鬆的在合計列中完成計算

MEMO: 橫向的合計方法

Excel 沒有與合計列一樣可以將資料以橫向計算的功能。要將資料以合計欄方式計算時，先在表格的最右邊插入合計欄（參照**單元 039**），然後輸入可以合計出欄資料的函數（參照 **單元 107**），完成以上步驟才能將資料以橫向方式計算。

SECTION
200
表格

刪除表格中重複的資料

將資料轉換成表格後，按下**設計**頁次中的**移除重複**鈕，執行重複資料的刪除工作。重複的資料會自動被整合並將原始資料外的重複資料刪除。

刪除重複資料

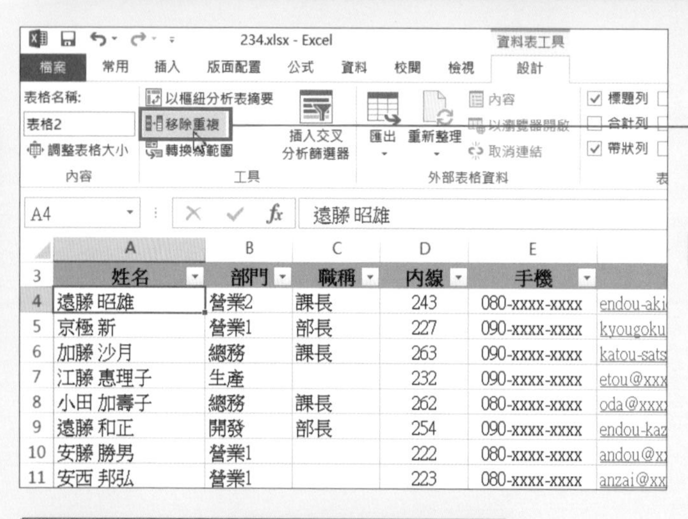

將資料轉換成表格

❶ 按下**設計**頁次中的**移除重複**鈕

MEMO: 手動刪除重複資料

所謂的**移除重複**是指重複資料不經過使用者的確認，自動刪除。要將每筆資料一邊確認一邊刪除時，可以將篩選資料排序，讓重複資料顯示在一起後，再以手動方式刪除。

移除重複
若要刪除重複值，請選取一或多個包含重複項目的欄。
全選(A)　取消全選(U)　我的資料有標題(M)
欄
姓名
部門
職稱
內線
手機
確定　取消

❷ 開啟**移除重複**交談窗後，勾選要判斷重複資料值的欄位名稱

❸ 按下**確定**鈕

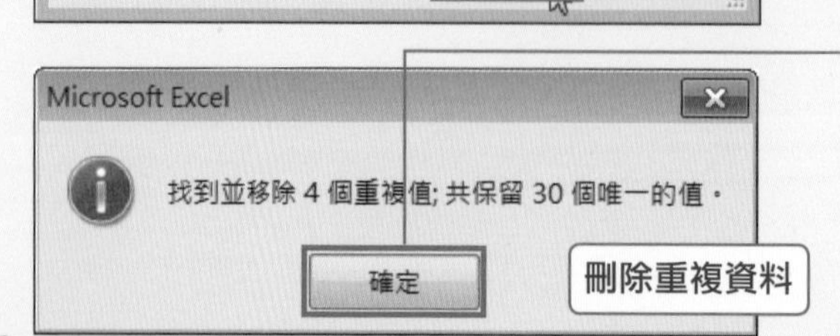

刪除重複資料

❹ 執行重複資料的搜尋及刪除。按下**確定**鈕完成

在表格中建立大綱

假如想找出「台北或高雄的各分店」、「各縣市的合計值」、「銷售額的總計」、…等資料, 可以在這些由多個項目所構成的表格中建立**大綱**, 讓資料的分析更簡便。而且還可以依需求, 切換顯示/隱藏某個項目資料。

在表格中建立大綱並確認合計值

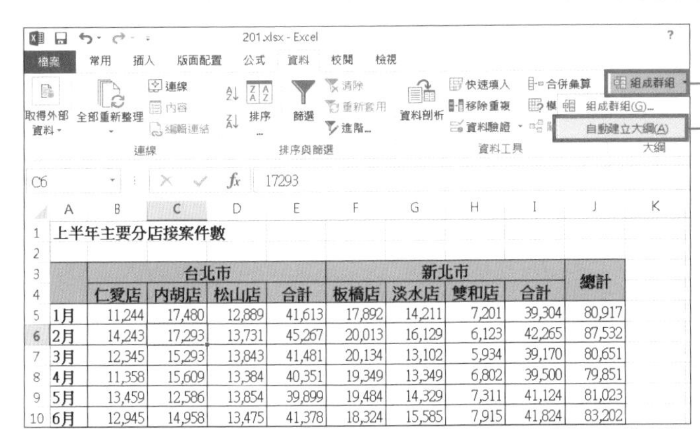

上半年主要分店接案件數

	台北市				新北市				總計
	仁愛店	內胡店	松山店	合計	板橋店	淡水店	雙和店	合計	
1月	11,244	17,480	12,889	41,613	17,892	14,211	7,201	39,304	80,917
2月	14,243	17,293	13,731	45,267	20,013	16,129	6,123	42,265	87,532
3月	12,345	15,293	13,843	41,481	20,134	13,102	5,934	39,170	80,651
4月	11,358	15,609	13,384	40,351	19,349	13,349	6,802	39,500	79,851
5月	13,459	12,586	13,854	39,899	19,484	14,329	7,311	41,124	81,023
6月	12,945	14,958	13,475	41,378	18,324	15,585	7,915	41,824	83,202

❶ 選取表格內的任一儲存格, 然後按下**資料**頁次中**組成群組**鈕旁的箭頭

❷ 選擇**自動建立大綱**

MEMO: 大綱

大綱是指將表格群組化後, 可以將資料在顯示/隱藏間做切換的功能。只要掌握住重點後, 資料的詳細內容也能被隱藏。

上半年主要分店接案件數

	台北市				新北市				總計
	仁愛店	內胡店	松山店	合計	板橋店	淡水店	雙和店	合計	
1月	11,244	17,480	12,889	41,613	17,892	14,211	7,201	39,304	80,917
2			13,731	45,267	20,013	16,129	6,123	42,265	87,532
3			13,843	41,481	20,134	13,102	5,934	39,170	80,651
4月	11,358	15,609	13,384	40,351	19,349	13,349	6,802	39,500	79,851

依各縣市群組化

❸ 大綱顯示在工作表範圍外

❹ 分別按下顯示在大綱中「台北」、「新北市」群組的 [-] 鈕

上半年主要分店接案件數

	台北市	新北市	總計
	合計	合計	
1月	41,613	39,304	80,917
2月	45,267	42,265	87,532
3月	41,481	39,170	80,651
4月	40,351	39,500	79,851
5月	39,899	41,124	81,023
6月	41,378	41,824	83,202

資料被折疊起來

❺ 各分店資料以折疊方式隱藏, 只顯示各群組的**合計**及**總計**欄位

MEMO: 清除大綱

按下**資料**頁次中的**取消群組**鈕, 從選單中選擇**清除大綱**, 可以清除建立的大綱。

在樞紐分析表中合計大量的資料

樞紐分析表可以將大量資料做多元化合計、分析表格資料。因為設定的彈性大，因此很多人會覺得是一個難懂的功能，但只要掌握住使用方法的話，就能輕鬆取得需要的資料及合計值。

建立樞紐分析表

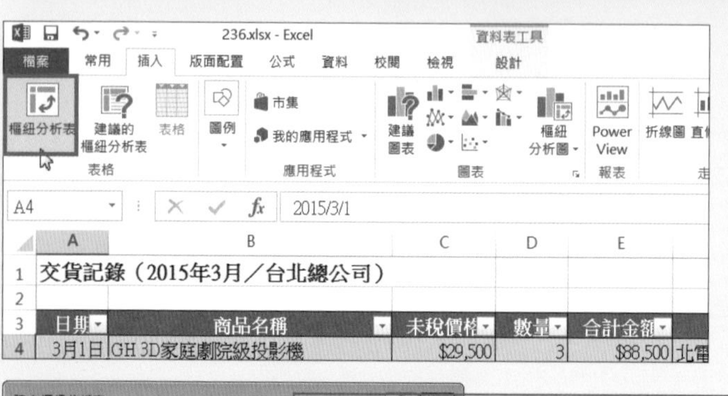

❶ 選取表格內任一個儲存格，按下**插入**頁次中的**樞紐分析表**

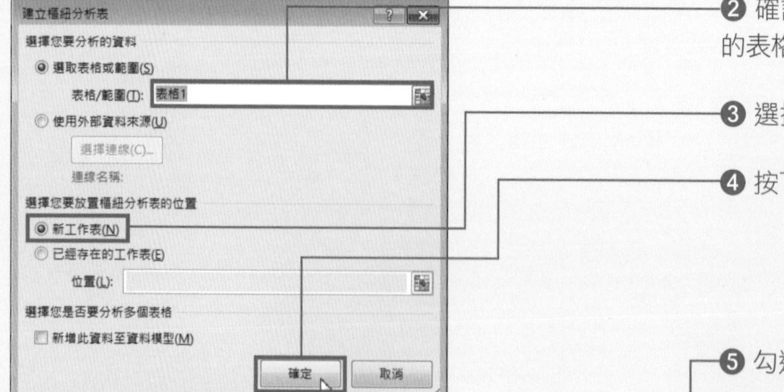

❷ 確認指定範圍是否為原來的表格

❸ 選擇**新工作表**

❹ 按下**確定**鈕

	A	B
3	列標籤	加總 - 合計金額
4	8G(4G*2)超頻雙通道記憶體	224200
5	G 3.5吋 1TB 監控影音專用硬碟機	98000
6	G 3.5吋 3TB 監控影音專用硬碟機	1720000
7	G 3.5吋 4TB 固態混合式硬碟機	1178100
8	G 500GB 固態硬碟	13900
9	G 全彩雷射印表機	1881000
10	G 防毒軟體 2015版	3556650
11	G 原廠黑水匣組合包	328350
12	G 無線鍵盤組	661500
13	G 無線雙頻路由器	71690
14	G 超清晰Wi-Fi 7吋聲控導航平板	190000
15	G 雲端防毒軟體 2015版	294000
16		198000
17		10885500
18		7525800
19	立體聲掛耳耳機 5z	30345

新增的樞紐分析表

樞紐分析表欄位
選擇要新增到報表的欄位:
日期
商品名稱
未稅價格
數量
合計金額
出貨商
備註
其他表格...
在以下區域之間拖曳欄位:
篩選
欄
列
Σ 值

❺ 勾選**商品名稱**及**合計金額**

❻ 在新工表中建立的表格，是由這裡勾選的欄位所組成

MEMO: 樞紐分析表

樞紐分析表具有從原來表格中分別取出個別欄位後，將它們重新組合，製作成可將資料多元化合計或分析的功能。

認識「樞紐分析表」的各部分名稱

製作樞紐分析表的過程有高度的調整彈性，因此在還沒有熟練的情況下，會不容易掌握什麼樣的欄位組合較適當。首先，先記住構造及各部分名稱，以加快熟悉使用方法。

認識「樞紐分析表」

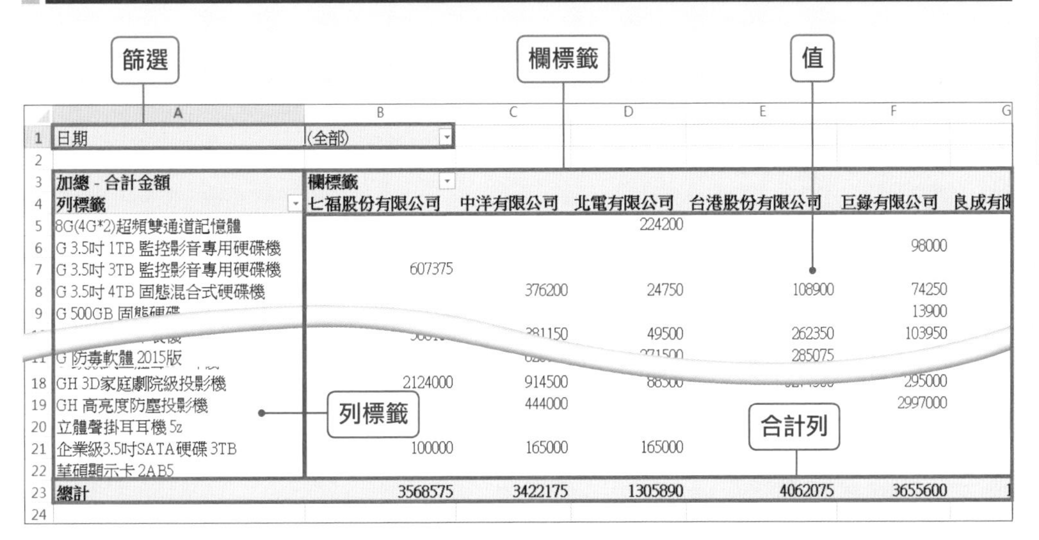

名稱	功能
篩選	指定條件後，從欄標籤、列標籤的資料中取得符合的資料
欄標籤	橫向配置的欄位標題。按下 ▾ 鈕後，可套用篩選
列標籤	縱向配置的欄位標題。按下 ▾ 鈕後，可套用篩選
值	顯示資料合計的結果
合計欄	顯示各欄合計的結果

技巧補充

何謂欄位？

「欄位」是指樞紐分析表的來源表格的標題。欄位要如何配置在樞紐分析表中，則要從**樞紐分析表欄位**工作窗格中設定。

欄位

	A	B	
1	交貨記錄（2015年3月／台北總公司）		
2			
3	日期	商品名稱	未稅價格
4	3月1日	GH 3D家庭劇院級投影機	$29,500
5	3月1日	GH 高亮度防塵投影機	$22,200
6	3月1日	G 防毒軟體 2015版	$13,575
7	3月1日	G 全彩雷射印表機	$4,950
8	3月1日	G 3.5吋 4TB 固態混合式硬碟機	$4,950

SECTION
204
樞紐分析表

在樞紐分析表中找出指定出貨商的銷售資料

製作好樞紐分析表後，可以自由勾選想要篩選的欄位，例如只想找出特定出貨商的商品銷售額及銷售合計，就可以從**樞紐分析表欄位**窗格中做勾選。

篩選出特定出貨商的銷售資料

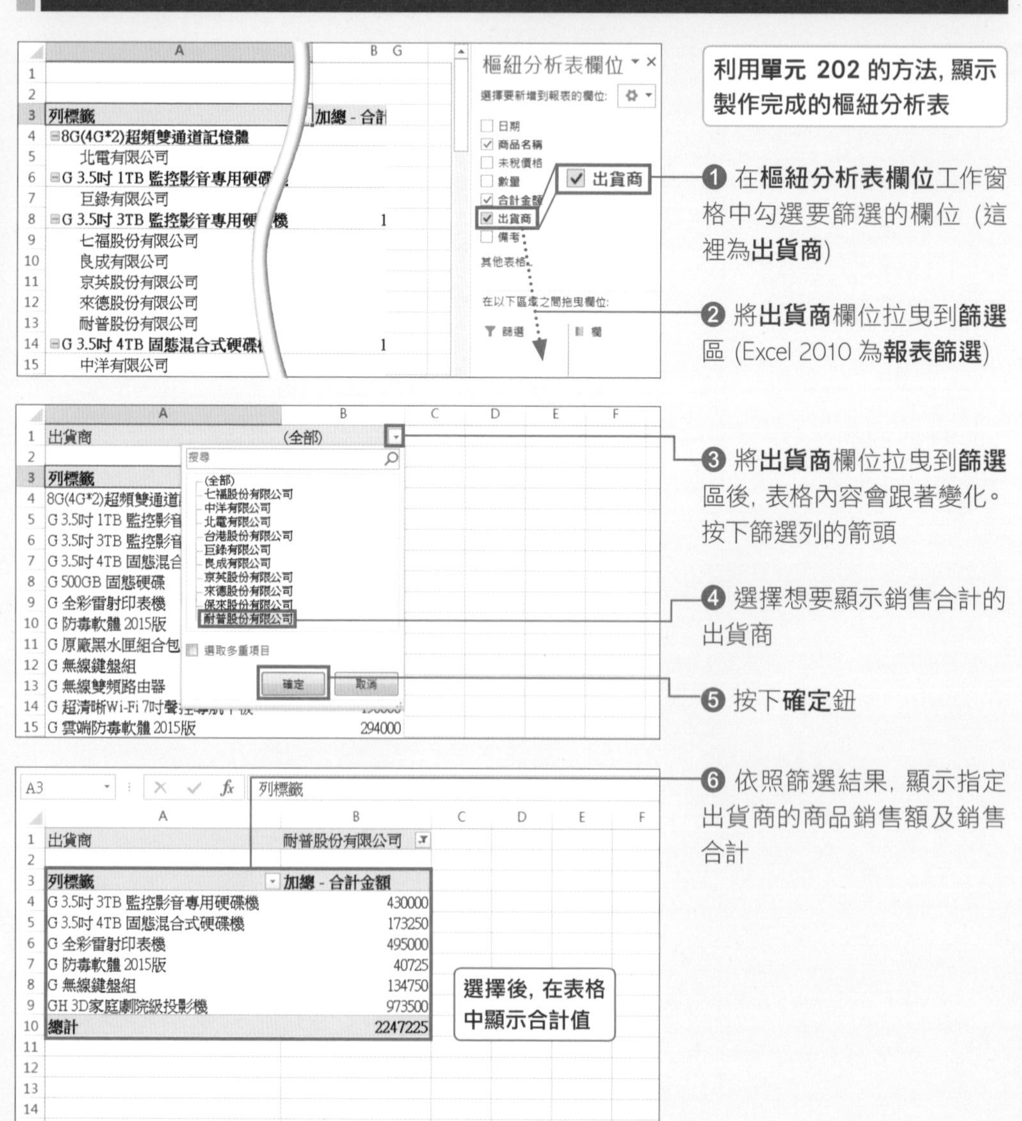

SECTION 205 樞紐分析表

快速加總樞紐分析表中的資料

使用樞紐分析表中的**插入交叉分析篩選器**功能，能將表格的各個資料按鈕化。按下按鈕後，就能計算出該資料的合計結果，因此就算不熟悉 Excel 的人也可以取得想要的資料。

利用「插入交叉分篩選器」取得合計

在製作完成的樞紐分析表中，將「合計金額」欄位拉曳到「值」區

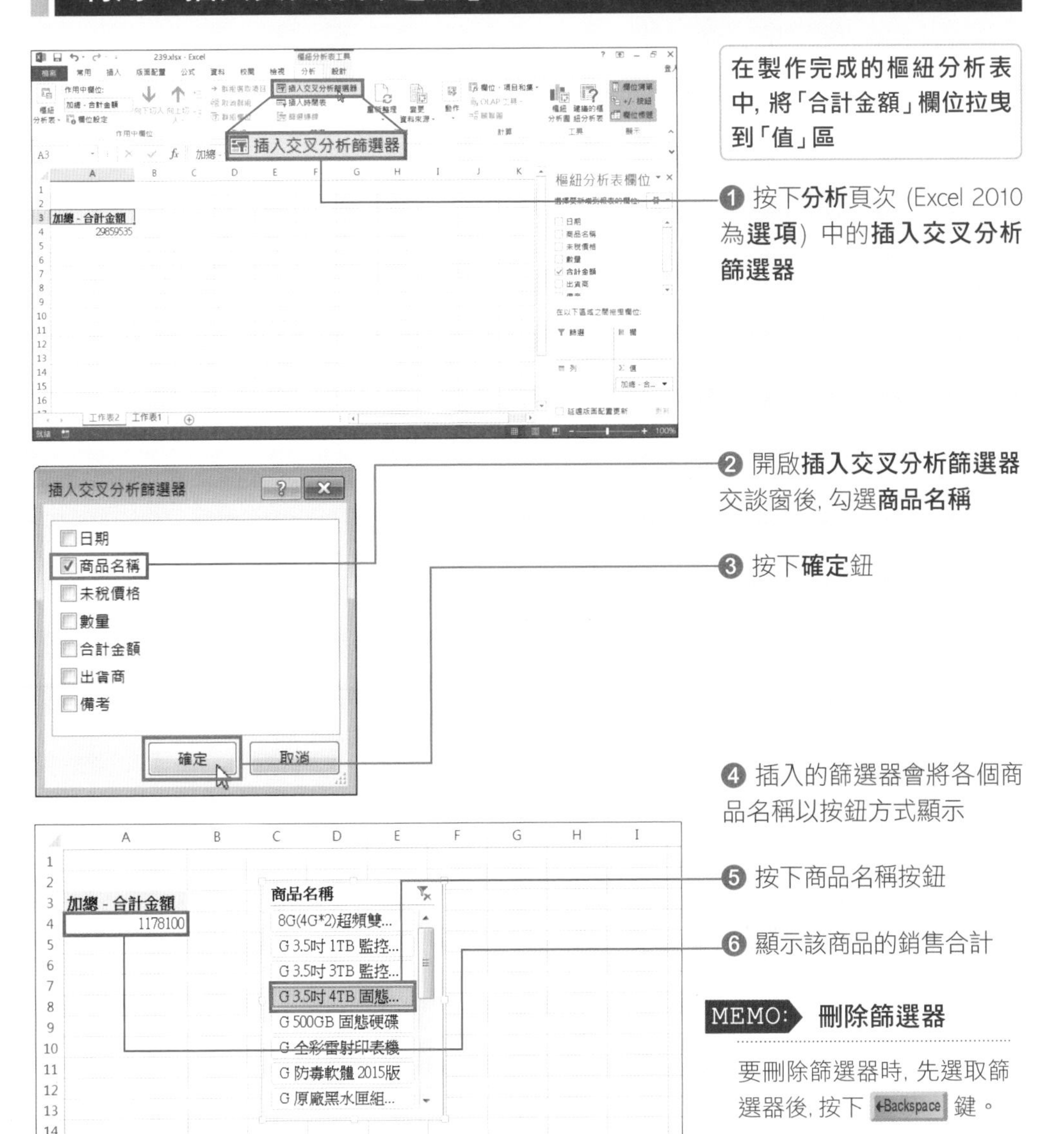

❶ 按下**分析**頁次 (Excel 2010 為**選項**) 中的**插入交叉分析篩選器**

❷ 開啟**插入交叉分析篩選器**交談窗後，勾選**商品名稱**

❸ 按下**確定**鈕

❹ 插入的篩選器會將各個商品名稱以按鈕方式顯示

❺ 按下商品名稱按鈕

❻ 顯示該商品的銷售合計

MEMO: 刪除篩選器

要刪除篩選器時，先選取篩選器後，按下 Backspace 鍵。

COLUMN

讓 Excel作業自動化的「巨集」是指？

在 Excel 中可以使用**巨集**。巨集就如同攝影機，會把在 Excel 中操作的步驟記錄下來，被錄製下來的步驟會依操作順序自動執行。如在資料中加入連續編號的簡單操作開始，接著將表格資料製作成圖表，一直到把製作好的圖表列印出來為止。將需要一直重複操作的步驟以巨集方式記錄下來的話，之後，只要執行巨集，就可以得到相同的結果。只要事先設定好，就能大大提升資料編輯的效率。這裡，將介紹錄製**巨集**的方法及記錄完成後執行巨集的方法。

要錄製巨集請按下**檢視**頁次的**巨集**鈕，選擇**錄製巨集**

輸入巨集名稱後，按下確定鈕

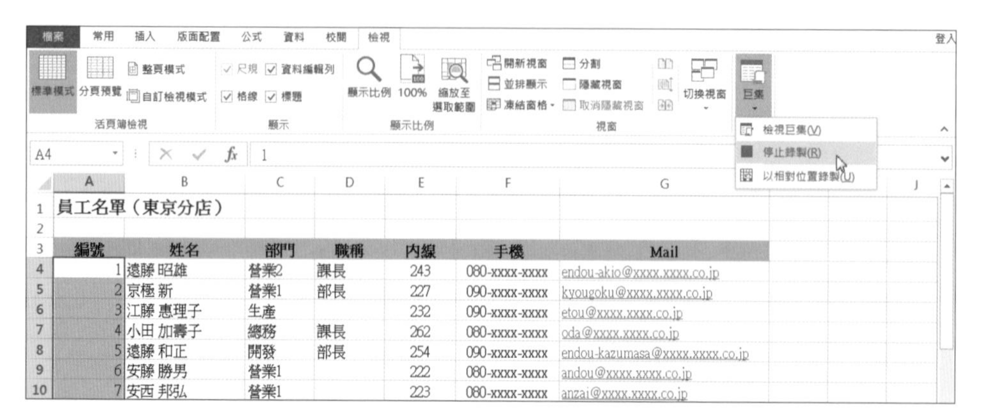

先執行要錄製的操作（此例在 A 欄中建立編號），錄製完成後，按下**檢視**頁次下的**巨集**鈕，選擇**停止錄製**
要執行錄製完成的巨集時，按下**巨集**鈕，選擇**檢視巨集**，接著選擇要執行的巨集後，再按下**執行**鈕